移动通信原理

王竹毅 刘帅奇 庞姣 赵淑欢 李飞 王玉江◎编著

北京理工大学出版社
BEIJING INSTITUTE OF TECHNOLOGY PRESS

图书在版编目（CIP）数据

移动通信原理 / 王竹毅等编著. -- 北京：北京理
工大学出版社, 2023.5
高等学校信息技术精品教材
ISBN 978-7-5763-2337-5

Ⅰ. ①移… Ⅱ. ①王… Ⅲ. ①移动通信—通信理论—
高等学校—教材 Ⅳ. ①TN929.5

中国国家版本馆 CIP 数据核字(2023)第 078979 号

出版发行 / 北京理工大学出版社有限责任公司
社　　　址 / 北京市海淀区中关村南大街5号
邮　　　编 / 100081
电　　　话 / （010）68914775（总编室）
　　　　　　（010）82562903（教材售后服务热线）
　　　　　　（010）68944723（其他图书服务热线）
网　　　址 / http://www.bitpress.com.cn
经　　　销 / 全国各地新华书店
印　　　刷 / 文畅阁印刷有限公司
开　　　本 / 787毫米×1020毫米　1 / 16
印　　　张 / 17.25　　　　　　　　　　　　　　　　责任编辑 / 王晓莉
字　　　数 / 378千字　　　　　　　　　　　　　　　　文案编辑 / 王晓莉
版　　　次 / 2023年5月第1版　　2023年5月第1次印刷　　责任校对 / 刘亚男
定　　　价 / 69.80元　　　　　　　　　　　　　　　　责任印制 / 施胜娟

图书出现印装质量问题，请拨打售后服务热线，本社负责调换移动通信技术从诞生至今已有 50 年左右的历史。随着计算机技术和电子信息技术的发展，几乎每十年都会有新一代移动通信技术产生。目前用于本科教学的移动通信教材有的侧重于数学理论，有的侧重于具体的 3GPP 通信协议技术。前者内容比较晦涩难懂，并且仅限于理论层面，和实际的通信技术有一定的距离；而 3GPP 涉及面很广，具体的实现过程非常繁杂，各种术语对于初学者来说非常头疼，要持续学习下去也很难。

本书在作者多年的教学基础上，按照从原理到实践的思路展开讲解。首先从简单的无线通信技术入手，分析无线通信的特点与难点，这样可以让已经学习过通信原理和数字通信的读者顺利过渡到移动通信的学习上，让读者从宏观上了解移动通信系统，从而掌握移动通信系统的脉络；然后在此基础上分析移动通信的目的，从原理上阐述移动通信的两大基本技术：多天线技术和 OFDM 技术。在实践方面，本书详细介绍 4G 技术，并对 5G 技术进行概述，帮助移动通信的初学者从零开始学习，轻松打好基础，然后逐步学习并掌握新的移动通信技术。

本书特色

1. 内容丰富，讲解详细

本书首先介绍移动通信的功能和发展需求，然后介绍 OFDM 和 MIMO 的基本原理与实现技术，最后详细介绍 4G LTE 和 5G 技术，可以让读者真正掌握移动通信系统各个模块的实现细节。

2. 循序渐进，讲解透彻

本书对保障移动通信系统正常运行的管理过程进行详细的分析，并结合对 4G LTE 和 5G 移动通信技术的介绍，帮助读者更好地理解移动通信的基本原理。

3. 图文并茂，生动直观

本书讲解时给出了大量的示意图，可以帮助读者更加高效、直观地理解移动通信的相关技术原理与细节，从而取得更好的学习效果。

4. 完善的教学支持

本书提供专业的教学 PPT，可以方便相关授课老师教学时使用，也可以帮助读者梳理书中的知识点；另外每章后都提供了习题，可以帮助读者巩固和提高所学的知识。

本书内容

本书从原理和应用两个部分对移动通信技术进行介绍。第 1～5 章介绍移动通信的基本技术和原理，第 6～9 章介绍 4G LTE 和 5G 技术。下面简单介绍一下本书各章的主要内容。

第 1 章概述移动通信技术的发展历程，详细介绍移动通信系统的简单模型——点对点的无线通信模型，以及无线通信系统的基本信息处理模块，并从宏观上介绍移动通信网络及其功能，让读者从宏观上对移动通信系统有一个了解。

第 2 章介绍香农公式，利用香农公式分析移动通信中高数据传输速率的解决方案，从需求的角度分析在移动通信中为什么采用 OFDM 和 MIMO 等关键技术。

第 3 章介绍移动通信的各种多址技术，重点介绍 OFDMA 的原理，并介绍 OFDMA 在实际移动通信系统中的处理过程。

第 4 章介绍移动通信中的 MIMO 技术，重点分析 MIMO 技术在提高数据传输速率和信道可靠性方面的基本原理，并介绍在实际的移动通信系统中，不同天线工作模式下的多天线技术的实现方式。

第 5 章从移动通信系统组成的宏观视角出发，介绍保障移动通信的主要管理机制和技术手段，包括混合自动重传（Hybrid Automatic Repeat Request，HARQ）机制、动态资源调度机制和移动性管理机制。

第 6 章从整体上概述 4G LTE 技术，主要包括 LTE 网络架构、LTE 无线接口协议栈、LTE 的信道、LTE 的帧结构与物理资源，以及 LTE 中的资源映射方式等内容。

第 7 章从移动通信控制过程和数据传输过程介绍 4G LTE 的物理信道和物理信号等相关技术，涵盖物理广播信道、物理下行共享信道、物理下行控制信道、物理控制格式指示信道、物理 HARQ 指示信道、物理随机接入信道、小区专用参考信号、解调参考信号、信道状态信息参考信号、主同步信号和辅同步信号等内容。

第 8 章概述 5G 技术，涵盖 5G 的主要特点、三大典型应用场景、网络架构、无线协议栈、帧结构、工作频率、频域资源、同步和系统信息块等内容。

第 9 章从移动通信控制过程和数据传输过程介绍 5G 的物理信道和物理信号等相关技术，涵盖物理信道的一般处理过程、物理广播信道、物理下行控制信道、物理下行和上行共享信道、物理上行控制信道、随机接入信道和物理参考信号等内容。

本书读者对象

阅读本书需要读者有一定的通信基础知识，尤其要对通信原理有一定的了解。具体而言，本书主要适合以下读者阅读：

- 通信工程或电子信息工程专业的本科生和研究生；
- 想深入学习 4G 和 5G 移动通信技术的人员；
- 想全面、深入学习移动通信原理的人员；
- 从事移动通信开发的工程技术人员；
- 对移动通信感兴趣的其他人员。

本书阅读建议

- 本书第 1～5 章介绍基本理论知识，第 6～9 章介绍实际的通信技术，入门读者请按照章节顺序进行阅读。
- 第 2 章介绍基本的香农公式，第 3 章介绍 OFDM 技术，第 4 章介绍多天线技术，这 3 章相互独立，读者如果已经熟悉相关内容，则可以略过。
- 第 5 章介绍移动通信系统的运行机制，该章是后面几章的理论基础，需要读者仔细研读，以便更好地理解后面章节所讲的内容。
- 第 6、7 章介绍 4G LTE 技术，第 8、9 章介绍 5G 技术，读者可以根据自己的兴趣选择阅读。

教学 PPT 获取

读者搜索并关注微信公众号"方大卓越"，然后回复"移动通信 wzy"，即可获取本书配套教学 PPT 的下载地址。相关院校的授课老师也可以直接发送电子邮件到 627173439@qq.com 获取。

本书作者

本书主要由王竹毅、刘帅奇、庞姣、赵淑欢、李飞和王玉江负责编写，河北大学的赵玲博士以及苗思雨、雷钰和张璐瑶等同学也参与了部分内容的编写工作。另外，本书在编写过程中得到了河北大学的相关老师及国内其他院校同仁的大力支持与帮助，在此表示衷心的感谢！

限于编者水平，书中可能还存在一些疏漏之处，敬请读者指正，我们会及时进行调整和修改。联系邮箱：bookservice2008@163.com 或 2372393493@qq.com。

编著者

目录

第 1 章　绪　　论

移动通信（Mobile Communication）指移动用户通过无线信道的电磁波进行通信，这里包含两层含义。首先，移动通信是"移动"的。我们知道，手机可以随身携带，作为移动通信的一种终端，随时随地在"运动"，这是由通信发展的需求决定的，这使得用户摆脱了固定电话的束缚；其次，移动通信是无线通信，通信的信道是广阔的空间电磁波，无线信道是瞬息万变的。移动性要求移动通信网络可以随时随地地保证用户的通信数据顺利地传输，无线通信方式需要克服无线信道的随机性和时变性，这些都给移动通信带来了挑战。

1.1　移动通信技术发展

移动通信从诞生之日起就给人们的生活带来了不可思议的变化，之后移动通信技术更是以日新月异的速度在发展，每十年就会发生较大的变化，从 1G、2G、3G 到 4G、5G 和 6G，每一次都有一个质的飞跃，这里的 G 是 Generation，就是"代"的意思。下面简单介绍一下移动通信的发展过程，其详细的技术理论在后面的章节中会展开讨论。

1. 第一代移动通信技术——1G

在 1G 时代，由于数字信号处理技术比较落后，采用的是模拟通信技术，数据传输速率最高为 2.4Kbps。专用的模拟移动通信系统开始于 20 世纪 40 年代，彼时还没有走进老百姓的生活。20 世纪 60 年代，贝尔实验室的研究成果促进了模拟移动通信技术的发展，主要包括频分多址和频率复用技术等。20 世纪 70 年代为 1G 的鼎盛时期，其支持多种业务，但语音通话仅限于国内。

中国于 1987 年在上海首先开通了 900MHz 的蜂窝网络，以摩托罗拉为代表的通信公司占据了中国的市场。1G 主要提供模拟语音业务，带宽很窄，信号质量差。"大哥大"使用的就是第一代移动通信技术，"大哥大"有一斤多重，体积和砖头不相上下，而且它只能打电话，保密性差，网络的覆盖范围也有限。

2. 第二代移动通信技术——2G

2G 是数字通信系统，其数据传输速率最高可以达到 64Kbps，主要包括时分多址和码分多址的多址方式，在接收和发送端增强了信号处理能力（包括调制编码、均衡和交织等技术）。2G 开始提供数字语音、短信、GPRS（General Packet Radio Service，通用分组无线服务技术）上网和漫游功能，主流的 2G 系统是 GSM（Global System for Mobile Communications，全球移动通信系统）和 IS-95。

在 1G 时代，移动通信技术几乎被美国垄断，到了 2G 时代，欧洲各国意识到移动通信技术的重要性，考虑到各个欧盟成员国太小，难以与美国抗衡，于是欧洲各国联合起来成立了 GSM。GSM 是一种非常成功的 2G 网络，1988 年欧盟正式发布了 GSM 标准，1992 年投入商用。GSM 在 2G 时代占据主导优势。

1993 年，GSM 在中国开始商用。中国的 GSM 系统有 900MHz 和 1800MHz 两个频段，在 900MHz 频段，GSM 上下行频率间隔 45MHz，相邻载频间隔 200kHz，每个载频采用时分多址的方式。GSM 从 2G 时代一直使用到现在，目前，在 5G 快速推进建设的背景下，2G 用户越来越少，为了让有限的网络资源创造出最大的价值，工信部开始鼓励运营商引导用户迁移转网，2G 的黄金频段可以给 5G 提供重要的频谱资源，以促进 5G 网络的发展。

IS-95 是美国推出的 2G 移动通信标准，是窄带 CDMA（Code Division Multiple Access）系统，后来演进为 3G 中的 CDMA2000。CDMA 由高通公司开发，其核心就是扩频技术。扩频技术最初是由女演员海蒂·拉玛（Hedy Lamarr）和作曲家乔治·安塞尔（George Antheil）在 1940 年提出的，这项技术当时并没有得到重视，直到美国高通公司在这项技术上研发出 CDMA 无线数字通信系统。后来，海蒂·拉玛被称为"CDMA 之母"。CDAM 技术的主要作用是提高系统的保密性和抗干扰能力，IS-95 和 GSM 相比有较高的系统容量，因此 CDMA 后来成为 3G 的核心技术。

虽然 CDMA 技术优于 GSM，但是高通公司的 CDMA 收的专利费很高，因此在 2G 时代还是以 GSM 为主。

3. 第三代移动通信技术——3G

3G 是窄带向宽带的演进，它是将无线通信与国际互联网等多媒体通信相结合的移动通信系统，支持高速数据传输，可以实现全球漫游的多媒体信息服务，可以通过手机实现网站浏览、电话会议和电子商务等功能，支持的数据传输速率可以达到 2Mbps。

3G 存在 3 种标准：美国 IS-95 的演进 CDMA2000、GSM 的演进 WCDMA（Wideband Code Division Multiple Access）、中国移动推出的 TD-SCDMA（Time Division-Synchronization Code Division Multiple Access）。美国和韩国支持 CDMA2000，欧洲和日本支持 WCDMA，中国支持 TD-SCDMA。

3G 的发展历史是中国通信技术创新的历史，也是中国通信技术为获得属于自己的国际标准而不懈奋斗的历史。由中国移动开发的 TD-SCDMA 网络是拥有中国自主知识产权的第三代通信技术，并且最终成为 3G 标准之一，打破了长期以来欧美对国际通信网络标准的垄断。3G 时代形成了欧洲、美国、中国三足鼎立的格局。

TD-SCDMA 集 CDMA 和 TDD 的优势于一体，具有系统容量大、抗干扰能力强和频谱利用率高等优点，是中国第一个具有知识产权的国际通信技术标准，集合了具有波束赋形的智能天线和软件无线电等技术。

4. 第四代移动通信技术——4G

第四代移动通信技术是真正的高速移动通信系统，它采用正交频分复用（OFDM）、多输入多输出（MIMO）（也叫多天线）、自适应编码（AMC）和混合自动重传（HARQ）等技术，实际的数据传送速率达到几百兆，通过手机可以观看视频。4G 的通信标准主要有 3GPP 的 LTE_A（LTE-Advanced）和 IEEE 的移动 WiMAX 802.16（World Interoperability for Microwave Access）。

随着移动互联网业务的暴发式增长，互联网技术也随之发展，传统的有线宽带技术发展为无线宽带技术。2001 年 12 月，IEEE 颁布了第一套标准 WiMAX 802.16，它是基于 IP 网络的无线宽带通信技术。2004 年，随着大批电信设备商加入 WiMAX 论坛，WiMAX 技术不断进行增强和扩展。2005 年，韩国建立了首个基于 WiMAX 的移动宽带网络，能实现 50km 的无线信号传输，网络覆盖面积是 3G 发射塔的 10 倍，在 20M 带宽时，可以实现上行 30Mbps、下行 70Mbps 的数据传输速率，而 3GPP 制定的 3G WCDMA 的数据传输速率是上行 128Kbps、下行 14.4Mbps，对比之下，WiMAX 有明显的优势。WiMAX 的主要支持者是美国，WiMAX 技术的主导者是 Intel、IBM、摩托罗拉、北电网络及北美的一些运营商。

WiMAX 技术的发展给 3G 标准带来了极大的挑战，迫于压力，3GPP 在 2004 年推出了 LTE（Long Term Evolution）技术标准与 WiMAX 抗衡。相对 3G 来说，LTE 的网络性能更好，成本更低，但 LTE 不属于 4G 技术，有人称其为 3.9G，意思是 3G 和 4G 的过渡。2008 年 12 月推出的 3GPP R8（Release 8，第 8 版规范）标准是真正意义上完整的 LTE 标准。LTE 也演进为 4G 标准，有了无法撼动的正统地位。

LTE 的指标有如下几项：

- 带宽配置灵活：1.4MHz、3MHz、5MHz、10MHz、15MHz 和 20MHz。
- 峰值速率：上行 50MHz，下行 100MHz。
- 时延：控制面小于 100ms，用户面小于 5ms。
- 支持高速：速度>350km/h 的用户支持最少 100Kbps 的业务接入。
- 简化结构：取消电路（CS）域，取消无线网络控制（RNC）节点。
- 业务：支持多种业务，包括浏览网页、FTP、视频流、VoIP、实时语音和视频通话等业务。

最初，LTE 网络不支持 CS 域（电路域），用户打电话时需要从 LTE 网络回落到原来的 2G 和 3G 网络上进行通话。2013 年，中国移动将 VOLTE（Voice over Long-Term Evolution，长期演进语音承载）作为 LTE 语音解决方案，真正实现了端到端的 IP 语音。

3GPP 在 2008 年 3 月启动了 LTE-A 项目研究，2011 年 3 月推出的 3GPP R10 标准是真正的 4G 技术标准，在 4G 中通过载波聚合达到了更宽的频带并采用了更先进的天线技术。

LTE 有两种制式，即 FDD 和 TDD。中国移动 4G 采用了 LTE 标准中的 TDD-LTE，简称为 TD-LTE。在 TD-LTE 的所有专利中，中国拥有大部分专利，起主导作用。

5．第五代移动通信技术——5G

为了进一步提升局域接入能力，满足多种场景需求，适应更快的移动速度和更高的数据传输速率，5G 采用了大规模天线、软件定义网络/网络结构虚拟化（SDN/NFV）、移动边缘计算和网络切片等新技术。5G 具有高速率、大容量和低时延的特性，在物联网、智慧家居、远程服务、外场支援、虚拟现实和增强现实等领域有了新的应用。

2018 年 9 月，3GPP 最终确定了 R15（Release 15，第 15 版规范）标准，迈向了 4G 向 5G 演进的道路。5G 有非独立组网 NSA 和独立组网 SA 技术，在演进初期以非独立组网为主。2020 年 7 月，3GPP 宣布 R16 标准冻结，标志着第一个演进版本标准完成，各厂商可依据该标准进行相应产品的研发、制造，极大地丰富了 5G 的应用场景，加快了全球 5G 网络部署的进程。2020 年 10 月，中国已建设开通 5G 基站超 60 万个，5G 终端连接数超过 1.5 亿，5G 网络加速成型。

6．第六代移动通信技术——6G

6G 旨在建立一个自由连接的物理与数字融合世界，提供更加丰富的业务应用场景，提升科技给人们带来的幸福指数。2018 年，已开始着手研究 6G，6G 系统将融合多种接入技术，其用户终端的种类和形态更加丰富，将实现物理世界与数字世界的高度融合，6G 的带宽将会达到每秒 1T 的数据传送速率。6G 在 2020 年投入研发，正式商用将在 2030 年。

1.2　无线通信模型

移动通信是无线通信，实际的通信过程是非常复杂的，为了简化问题，下面以点对点的无线通信系统为例进行介绍。点对点的无线通信系统是最简单的一种无线通信模型，其处理流程如图 1-1 所示。

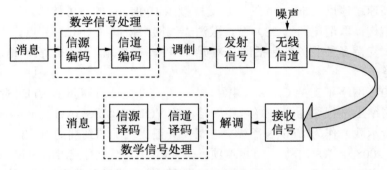

图 1-1　无线通信系统处理流程

　　信号是消息的表现形式和传输载体，信号经过信源编码、信道编码和调制送到发射机上并经过处理后变为无线电波，然后通过无线信道将其发送出去。在接收端，经过接收机的处理，将无线电波转为接收信号，经过解调、信道译码和信源译码提取出携带的信息，完成通信的过程。下面分别介绍几个相关的概念。

1.2.1　信源编码

　　移动通信中的信源编码指对要发送的信息进行压缩编码，以减少信息的冗余度，提高信息发送的效率。从信息处理角度来说，就是对发送信息特性进行分析，根据某种特性进行编码，尽可能对表示原始信息的比特进行压缩，去除冗余的信息比特，增大发送信息的比特信息量，同时提高通信中的信息发送效率。进行信源压缩编码时，既要考虑减少冗余，也要考虑在接收端的解码过程，保证无失真地恢复原来的发送信息。

　　在移动通信技术中，经常有打电话、发送图片和直播等业务，此时的信源就可能是语音、图像或视频等多媒体信息，对应不同的信息，有不同种类的编码方案。1G 是模拟通信，没有复杂的信源编码技术，2G 主要是语音通信，采用了语音压缩编码技术，3G 和 4G 引入了图像压缩编码（JPG2000、h.261 和 h.264 等）和视频多媒体压缩编码（MPEG-x 和 h.264 等），5G 多媒体采用我国具有自主知识产权的 AVS 编码标准。

1.2.2　信道编码

　　当你和家人进行语音通话时，数据在手机和基站之间以无线信号——电磁波的形式在广阔的空间进行传送，由于移动通信所处的传送空间——无线信道让人难以捉摸，它变幻莫测，极易受干扰，会影响通信质量，发送的数据和收到的数据有时候会不一致。例如，你的手机发送的信息是 1 0 0 1 0，而基站接收到的信息却是 1 1 0 1 0，那么你说的话和家人听到的话可能就大相径庭了。为了保证发送和接收数据的一致性，移动通信系统引入了信道编码技术。

　　信道编码是在发送端对数据添加冗余信息，这些冗余信息和原数据相关，在接收端根据冗余信息的计算方法来检测和纠正在传输过程中产生的错误，除去无线信道的干扰。例如简单的奇偶校验，就是在原有数据上增加一比特信息，用来保存发送数据中的 1 的个数是奇数还是偶数，在接收端，对接收的数据进行检测，同附加的奇偶位进行对比，如果不一致，说明传送的数据出错，通信系统会进行校正或重发。这个过程由差错控制技术来完成。

　　常用的重发控制是：如果系统对接收的数据通过校验发现有错误，则会要求发送端重新发送一次，直到接收的数据正确为止，这就是移动通信中的自动重传技术（ARQ）。

　　通过信道编码的方法可以对接收的数据进行纠错，使接收方的数据解码尽可能正确，也叫前向纠错技术，它经常和 ARQ 联合使用以保证通信数据的正确性。

在信道编码中有码率的概念，即如果传送的数据有 m 比特，通过信道编码以后为 n 比特，一般情况下，$n>m$，那么码率就是 m/n，常见的码率有 1/3 和 1/2 等。如果编码数据在传送过程中出现错误，接收方通过冗余信息可以纠正，那么这就是前向纠错。

在信道编码中增加了冗余信息，降低了误码率，提高了系统的可靠性，但是因为有冗余信息，似乎降低了数据的传输效率。其实，在相同的系统带宽、信噪比和误码率的条件下，经过信道编码的数据传输效率更高。因此人们在研究信道编码技术时，编码性能好坏的判断条件之一就是数据传输速率是否接近香农极限。

最早的信道编码是汉明提出的汉明编码，它是为了校正计算机存储数据的错误而提出的，在传输的消息流中插入校验码进行纠错。后来，研究者综合考虑计算复杂度和香农定理的极限，不断提出了新的信道编码技术，如卷积码、Viterbi 编码、Turbo 码、LDPC 和 Polar 码。

在移动通信系统中，具有代表性的信道编码技术有 2G 中的循环冗余校验（CRC）码、前向纠错码、交织编码和卷积码；在 3G/4G 中引入了 Turbo 码，结合循环冗余校验（CRC）码、前向纠错码、交织编码和卷积码，可以使信道编码效率接近香农极限。5G 中加入了新的编码技术，如华为倡导的 Polar 码和美国倡导的 LDPC，根据各自的信道编码性能，在 5G 的 eMBB 场景中，数据信道采用的是 LDPC 编码技术，控制信道采用的是 Polar 编码技术。

1.2.3　调制

调制是从基带的数字信号变换为射频的电磁波的过程，通过改变信号的频率、相位和幅度等特性使信号更好地传输。

基带信号就是由通信设备数字芯片来处理的数字信号，其工作频率通常较低，数字芯片处理起来没有压力。射频信号是模拟信号，其工作频率较高。射频信号经过采样、量化和编码以后，才能由基带芯片来处理。

调制方式按照调制信号的性质分为模拟调制和数字调制两类；按照载波的形式分为连续波调制和脉冲调制两类。数字调制技术在现代通信系统中有着广泛的应用，与模拟调制技术相比，数字调制技术具有抗噪声能力强、健壮性高、灵活性高和安全性好等优点。本书只讨论和数字调制有关的几种方式：振幅键控（ASK）、频移键控（FSK）、相移键控（PSK）和正交振幅调制（Quadrature Amplitude Modulation，QAM）等。

1.　振幅键控

振幅键控是最早研究的数字调制方式，通过载波幅度的变化来传输数字信息。二进制振幅键控（2ASK）是指调制信号为二进制数字基带信号的振幅键控。对于 2ASK 而言，当信号为 1 时，载波通过开关，为大信号；当信号为 0 时，载波截止，没有传输信号，只有系统噪声，如图 1-2a 所示。

2．频移键控

在频移键控中，正弦载波的频率随着数字基带信号的变化而变化，数字信息的传输通过载波频率的变化来实现。如果频移键控中的数字基带信号为二进制数字信号，则产生二进制频移键控（2FSK）。在 2FSK 信号中，当二进制基带信号为 1 时，载波频率为 f_0，当信号为 0 时，载波频率变为 f_1，如图 1-2b 所示。

3．相移键控

在相移键控中，正弦载波的相位随数字基带信号的变化而变化，数字信息的传递通过载波相位的变化来实现，而信号的振幅和频率保持不变。如果把载波的 360^0 相位分成两个，即 π 和 0，那么一般情况下二进制信号 0 和 1 分别对应初始相位 π 和 0，这是最简单的 BPSK 调制，如图 1-2c 所示，它对应的 BPSK 星座如图 1-2d 所示。如果把载波的 360^0 相位分成 4 个，则是 QPSK 调制，如图 1-2e 所示。这种调制方式在移动通信系统中占有很重要的地位。例如，在 LTE 中，物理 HARQ 指示信道采用的是 BPSK 调制，广播信道采用的是 QPSK 调制方式。

4．正交振幅调制

PSK 调制只依靠不同的相位来区分信息的比特，正交振幅调制不但需要通过相位的差别来区分信息比特，同时还需要通过正弦波的不同振幅来区分信息比特的内容。正交振幅调制也称为振幅和相位联合键控，通过利用两个独立的基带波形对两个相互正交的同频载波进行抑制载波双边带调制获得，并且已调信号在同一带宽内频谱正交，因此可以实现两路并行数字信息的传输。mQAM 同时进行幅度和相位的调制，其常用的调制阶数有 4、16、64、256 和 1024 等，在不同的调制阶数下，一个符号携带的信息比特分为 2bit、4bit、6bit、8bit 和 10bit，4QAM 和 QPSK 的星座图相同，如图 1-2e 所示。通常，4QAM 也可以当作一种 QPSK（详细介绍请参考第 3 章）。通过 mQAM 调制方式可以进一步提升频谱的利用率，使其具有更强的信息传输能力，因此其在 4G、5G 和 WiMAX 802.16 中被广泛应用。

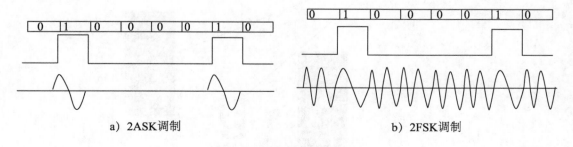

a）2ASK调制　　　　　　　　　　　b）2FSK调制

图 1-2　各种调制方式示意

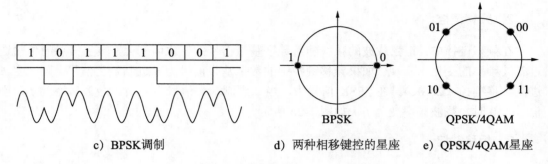

c）BPSK调制   d）两种相移键控的星座   e）QPSK/4QAM星座

图 1-2 各种调制方式示意（续）

1.2.4 无线信道

无线信道是对无线通信中发送机和接收机之间通路的一种形象比喻。对于无线通信来说，无线信道指的是广阔空间的电磁波；从信号与系统的角度来说，无线信道指的是从发送机传送到接收机之间通信系统的冲击响应。

在无线通信中，利用电磁波可以在自由空间中传送信号，电磁波在自由空间中传播时会因为空气中的微尘和颗粒等产生损耗，电磁波在遇到通信障碍物（建筑物、花草、树木、森林等）时也会产生损耗，如图 1-3 所示。从光的传播方式来说，在接收端的无线信号一般是电磁波经过直射、绕射（即衍射，电磁波在传播时遇到体积小于波长的物体，产生电磁波绕过物体继续传播的现象）、反射、散射和地表波合成的。由于这些原因，接收信号的功率会有不同程度的衰落，其衰落特性取决于无线电波的传播环境。在移动通信中，和无线信道有关的三大损耗分别为路径损耗、慢衰落损耗和快衰落损耗。人们一般通过建模的方式来研究这些损耗，但是，由于移动的无线信道的多变性，不可能得到一个严格的数学理论模型，所以一般是凭借工程经验进行建模。

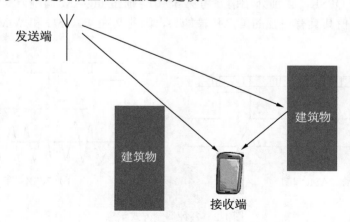

图 1-3 电磁波传播方式示意

1. 路径损耗

无线电磁波在传输的过程中功率会减弱，这种现象就是路径传播损耗，是无线电磁波在传输过程中由于空气中的传输介质的因素而造成的损耗，俗称路损。这些损耗既有自由空间损耗，又有散射、绕射等引起的损耗。

在自由空间中，电磁学定义了电磁波的功率和传播距离的关系，如公式（1-1）所示。P_{tx} 是信号的发送功率，P_{rx} 是接收功率，G_{rx} 是接收天线的增益，G_{tx} 是发射天线的增益，R 是传播距离。可以看出，接收信号强度和频率（波长 λ）、发射天线增益 G_{tx}、接收天线增益 G_{rx}、传播距离 R 有关，信号的发送功率随着距离的增加而降低。

$$P_{rx} = \frac{P_{tx}}{4\pi R^2} \frac{\lambda^2}{4\pi} G_{rx} G_{tx} \tag{1-1}$$

移动通信中的无线传播模型非常复杂，涉及各种不同的环境特征。人们凭借多年的工程经验对路损做了很多数学建模和定量分析。从广义上来分，无线传播模型分为室外无线传播模型和室内无线传播模型。这里通过室外的宏基站奥村-哈塔模型来了解一下影响路损的主要因素。

$$L_{50}\left(\text{市区}\right)\left(\text{dB}\right) = 69.55 + 26.16\lg f_c - 13.82\lg h_b - \alpha\left(h_m\right) + \left(44.9 - 6.55\lg h_d\right)\lg d - K$$

$$\tag{1-2}$$

公式（1-2）是在基站天线高度为 50m 时的经验值，f_c 是载波频率，h_b 是基站有效高度，h_m 是移动台的天线高度，d 表示收发天线之间的距离，K 是修正参数。

从千米级的传输距离来看，影响接收信号强度的主要因素有载波频率、基站有效高度和收发天线之间的距离。也就是说，载波频率越大，路损越大；距离越大，路损越大；基站越高，路损越小。

对于室内无线传播来说，其信号衰减容易受到装饰材料、建筑材料和家具布局的影响，由于室内的环境更加复杂，很难建立统一的衰减模型。由于大部分的通信发生在室内，因此室内通信也是移动通信的一个研究热点。

2. 慢衰落损耗

慢衰落损耗是在电磁波的传播路径上遇到障碍物的阻碍产生阴影效应而造成的衰落。它反映了较大范围的接收信号功率的平均起伏变化。在这种情况下，变化率比传送信息速率慢，所以称为慢衰落。如图 1-4 所示，当太阳光照向建筑物时会投下建筑物的影子，太阳光在阴影区受到阻挡，当通信卫星发出的电磁波在空中传输时，遇到建筑物也会在阴影区被阻挡，由此会产生慢衰落。

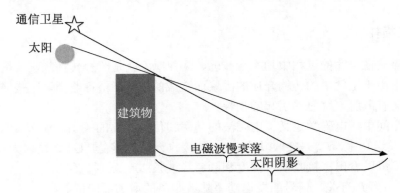

图 1-4　阴影效应和慢衰落示意

3．快衰落损耗

快衰落损耗主要反映的是小范围移动的接收电平平均值的起伏变化趋势。它的起伏变化速率比慢衰落要快，因此称为快衰落。根据不同的衰落原因，有时间、空间位置和频率衰落特性不同的现象，分别称为时间选择性信道、空间选择性信道和频率选择性信道。其中，引起快衰落损耗的主要原因有多径效应和多普勒效应。

1）多径效应

在无线通信过程中，接收端接收的信号有直射信号和经过各种障碍物（如建筑物、树、起伏的山脉等）反射的信号。同一时刻从发射端发送的电磁波沿不同的方向在不同的时间到达接收端，因为电磁波通过各个路径的距离不同，所以各路径的信号到达接收端的时间也不同，相位也就不同，如图 1-5 所示。不同相位的多个信号在接收端叠加，有时是同相叠加而加强，有时是反相叠加而减弱，从而引起多径效应。

多径效应对不同频率的电磁波的传播特性是不一样的，因此随着传送的电磁波频率的变化，其信道响应也不停地变化，称作频率选择性。

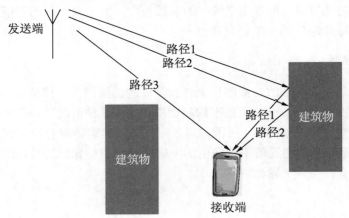

图 1-5　电磁波的多径传播示意

　　如果多径之间的时延超过符号周期，则会引起频率选择性衰落。为了有效地利用多径传输信号，符号周期应该远远大于各多径之间的时延。4G 中各路径之间的传播距离的时差一般是纳秒（室内场景）或微秒（室外场景），为了对抗多径引起的频率选择性衰落，在 4G 中采用了正交频分复用（OFDM）技术，该技术将带宽所在的频域分成很多子载波发送出去，符号的周期远大于各径的时延，从而减少甚至避免频率选择性衰落。

　　2）多普勒效应

　　当移动终端在运动中特别是在高速情况下通信时，移动终端和基站接收端的信号频率会发生变化，这种现象为多普勒效应。多普勒效应所引起的频移称为多普勒频移。

　　如图 1-6 所示，当火车从远处开过来时，我们听到的声音越来越大，而火车离开站台时我们听到的声音越来越小，这就是多普勒效应。

听到的声音小

听到的声音大

图 1-6　多普勒效应示意

　　假设火车发送的声波波长为 λ，波速为 c，火车移动速度为 v，则当火车驶近我们时，电磁波频率为 $(c+v)/\lambda$，当火车远离我们时，电磁波频率为 $(c-v)/\lambda$。因此，火车朝着我们的方向时运动频率升高，远离我们的方向时运动频率降低。

　　这里简单分析一下多普勒频移。如图 1-7 所示，基站在 S 处，终端从 X 点移动到 Y 点。

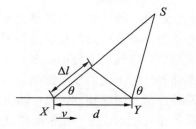

图 1-7　多普勒频移示意

　　设：θ 为终端移动方向和基站发射的电磁波方向的夹角；v 是终端运动速度；c 为电磁波传播速度，$c=3\times10^5\text{km/s}$；f 为载波频率；f_d 是多普勒频移。

　　终端在 X 点与 Y 点接收信号时，所走的路径差为：

$$\Delta l = d\cos\theta = v\Delta t\cos\theta \qquad (1\text{-}3)$$

由路径差造成的接收信号相位变化值为：

$$\Delta\varphi = \frac{2\pi\Delta l}{\lambda} = \frac{2\pi\Delta t}{\lambda}\cos\theta \qquad (1\text{-}4)$$

由此可得出频率变化值，即多普勒频移为：

$$f_d = \frac{1}{2\pi}\frac{\Delta\varphi}{\Delta t} = \frac{v}{\lambda}\cos\theta = \frac{f}{c}\times v\times\cos\theta \qquad (1\text{-}5)$$

从公式（1-4）中可以看出：当 $\theta\in[0,\frac{\pi}{2})$ 时，用户朝着基站的方向移动，多普勒频移为正；当 $\theta=\frac{\pi}{2}$ 时，没有多普勒频移；当 $\theta\in(\frac{\pi}{2},\pi]$ 时，用户向远离基站方向移动，多普勒频移为负。

从时域上看，多普勒频移效应是由于相对速度的变化引起频率随着变化，在一个符号周期内接收信号的频率随时间不断变化会引起时间选择性衰落。表 1-1 给出通过测试得到的运动速度和频移的关系。

表 1-1　运动速度和频移的关系

相 对 速 度	中心频率为 2GHz 时的 f_d/Hz	2 倍频差/Hz
200	370	740
250	463	926
300	555	1110
430	796	1592

例如，当火车的时速为 300km/h 时，频偏可以达到 1110Hz。4G 系统的子载波带宽只有 15kHz。频偏对通信的影响较大，对于高速移动的场景，由于存在多普勒效应，基站和用户的相干解调性能降低，所以会直接影响小区选择、小区重选和小区切换等功能，从而影响通信质量。

3）瑞利衰落

还有一种快衰落损耗是由瑞利衰落引起的。由于实际的发射体表面不是光滑的镜面，所以在某处反射点的反射路径不是真的单一路经，而是由多条微路径组成的。例如，在建筑物的窗户玻璃上会形成多条反射微路径，它们到达接收端的时间差不大。也就是说，一条路径实际上是由多条微路径构成的，相当于信道的冲击响应是一个展宽的脉冲。每条微路径的信号频率相同，相位随机变化，在接收端接收的叠加信号或因为同相增强，或因为反相相互抵消，由于相位的快速变化导致信道的增益快速变化，形成快衰落。瑞利衰落属于小尺度的衰落效应。

在移动通信中，产生瑞利衰落的环境通常是离基站较远和反射物较多的地区，发射端和接收端之间没有直射波路径，存在大量反射波，从接收端到达接收天线的方向较随机，各路径的幅度和相位都具有统计独立性。例如，城市繁忙街道上的信道主要是瑞利衰落。

4）时间选择性衰落和频率选择性衰落

在时域上，快衰落信道的变化速度可以用相干时间来描述。相干时间是指信道基本上不发生变化的时间。快衰落信道在不同的时间有不同的衰落情况，这就是时间选择性衰落，多普勒效应会产生时间选择性衰落。

在频域上，快衰落信道的变化可以用相干带宽来描述。也就是说，在相干带宽内，信道衰落基本不变，如果信道在不同的频率上有不同的衰落情况，则是频率选择性衰落。多径效应往往会产生频率选择性衰落。频率选择性衰落对无线信道的影响程度与传输带宽有关，传输带宽越大，影响越大。另外，频率选择性衰落还与实际的通信环境有关，如果环境中产生反射的物体越多，则频率选择性衰落越大，如城市环境。反之，在空旷的原野上传输，频率选择性衰落较小。

另外，如果无线信号在整个传输带宽内的衰落差别不大，带宽内衰落情况基本相同，则这种情况属于平坦衰落。

4．移动通信中的干扰

干扰是移动通信的孪生子，自移动通信诞生以来，人们就一直在跟干扰斗智斗勇。在移动通信飞速发展的今天，网络规模和容量不断增大，新技术不断得到应用，新的网络运营商日益发展，射频资源日趋紧张，各种潜在的干扰源正在以惊人的速度不断产生。主要的干扰有互调干扰、邻道干扰及同频干扰等。

互调干扰是指两个或多个信号作用在通信设备的非线性器件上，产生同有用信号频率相近的组合频率，在移动通信系统运行过程中对正常信号造成干扰。

邻信道干扰是指相邻或邻近的信道（或频道）之间的干扰，是由于一个强信号串扰弱信号而造成的干扰。例如，有两个用户距离基站位置差异较大，并且这两个用户所占用的信道为相邻或邻近信道时，距离基站近的用户信号较强，而距离基站远的用户信号较弱，因此，距离基站近的用户有可能对距离基站远的用户造成干扰。为解决这个问题，在移动通信设备中采用了自动功率控制电路，以调节发射功率。

同频干扰是指相同载频之间的干扰。由 4G 移动通信采用同频复用来规划小区，这就使系统中相同频率小区之间的同频干扰成为其特有的干扰。例如，大名鼎鼎的模三干扰，它是由与 4G 网络中的同频组网而引起的。如果产生模三干扰，则会对用户的速率、切换和接入速度有严重的影响。导致干扰的原因是 PCI 规划不合理或者是越区覆盖，可以通过网络优化，重新进行 PCI 规划或者调整天线等方式解决。

1.3　移动通信网络

1.3.1　蜂窝网络

手机之间的通话和网络通信是靠网络基站相连的，单个基站的力量是非常渺小的，只能覆盖方圆几百米的范围，在密集的城区，一个 1.8GHz 频段的 4G 基站的覆盖半径大约是 300m 左右。因此，需要把多个基站紧密地连接起来，组成一张蜂窝移动通信网，才能正常提供服务。假设用户边打电话边走路，势必会从一个基站的覆盖范围进入另一个基站的覆盖范围，要保证用户的通话一直通畅，在这两个基站间必须无缝对接。

孤立的基站是无法提供良好服务的，需要众多的基站在同一协议下联合工作，协同工作才能满足移动通信需求。众多基站协作进行数据传输和控制，就组成了一张网。基站的覆盖范围是正六边形，因为正六边形的连接点最少，覆盖面积最大，为了节约网络的建设成本，正六边形是最好的选择。因此整个数据网络就成为如图 1-8 所示的蜂窝状覆盖方式。多个基站整齐地排布在一起，每一个正六边形的"蜂房"就叫一个小区（Cell），多个这样的小区组成的系统就叫作蜂窝网络（Cellular Network）。

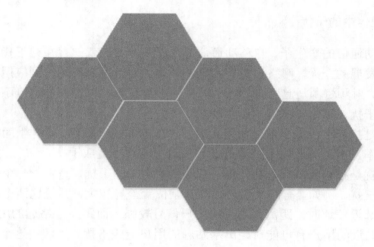

图 1-8　蜂窝网络示意

1.3.2　移动用户的通信保证

在现实生活中，人们要上学、上班、旅游和出差等，当人们从一个地方移动到另一个地方，从一个城市移动到另一个城市时，在移动的过程中有随时随地使用通信业务的需求，移动通信就要保证用户能随时随地通话和上网。在移动通信网络系统中，提供用户业务保证的是小区选择、小区重选、位置跟踪和切换等功能。

例如，当你的手机刚开机，你想使用微信，首先需要找到一个可以使用的网络，根据手机所支持的通信频段进行全网搜索，在检测到的频点周围搜索可用小区，然后在可用小区中检测哪个小区的信号强。强信号的小区被确认为服务小区，手机信号就会驻扎在这个小区里，通过和通信网络的信息交互获得各种系统信息。如果一切正常，则手机上就会出现目前的网络标识信息，表示可以上网了，这个过程叫作小区选择，如图 1-9 所示。

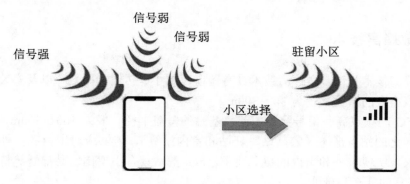

图 1-9　小区选择

如果你在旅行的途中刷微信（假设你坐在火车上），此时你已经获得了网络信息，通信系统正在进行网络数据的传输工作，每个小区的覆盖范围是有限的距离，如果超出小区的覆盖距离，手机信号会变弱，那么通信系统会切换到信号更好的小区。这个过程就叫作小区切换。

那么移动通信网络如何找到用户呢？在移动通信网络中，每个小区都有位置区编码，基站要不断地向用户发送自己的位置区编码。手机开机后会检测用户所在的位置区并向通信网络报告，这样网络就知道了手机的位置，方便以后通信。手机如果是在开机状态下，则会周期性地汇报自己所在的区域位置，这样就保证了带着手机去旅行时可随时随地进行通信。

1.3.3　宏蜂窝小区

蜂窝移动通信系统中的小区是指在其中的一个基站或基站的一部分（扇形天线）所覆盖的区域。为了取得尽可能大的地域覆盖率，宏蜂窝在每个小区的覆盖半径大多为 1～25km，而且基站天线要尽可能做得很高。

在实际的宏蜂窝小区内通常存在两种特殊的微小区域。

- 盲点：在电磁波的传播路径上遇到障碍物的阻碍产生阴影效应而造成的衰落，该区域的通信质量严重低劣。
- 热点：由于空间业务负荷的不均匀分布而形成的业务繁忙区域。例如人流分布密集的机场、火车站、景区、交通枢纽站、体育场、展览馆等大容量场景。

以上两点的解决方法往往依靠设置小基站和分裂小区等办法。除了经济方面的原因外，从原理上讲，这两种方法不能无限制地使用。如果扩大系统覆盖区域，则通信质量会下降；如果提高通信质量，则往往要牺牲容量。随着用户的增加，宏蜂窝小区进行了小区分裂，变得越来越小。一方面，当小区小到一定程度时，建站成本就会急剧增加，小区半径的缩小也会带来严重干扰；另一方面，盲区仍然存在，热点地区的高话务量也无法得到很好的吸收，微蜂窝技术就是为了解决以上难题而产生的。

1.3.4 微蜂窝技术

与宏蜂窝技术相比，微蜂窝技术具有覆盖范围小、传输功率低，以及安装方便、灵活等特点，该小区的覆盖半径为 30～300m。

由于 5G 的频点高、信号穿透力差，基站的覆盖半径一般为 100～300m，并且 5G 基站具有多样化的站点形态（宏基站、杆站和室内站等），能够应对室内和室外全覆盖部署的场景需求，实现室外和室内的覆盖要求。5G 基站具有小型化、易部署等特点，可以作为 4G 宏蜂窝的补充和延伸。

例如，高楼的室内信号不好，可以按照数字化室分方案进行部署，把 5G 小基站的射频收发单元放在窗口、阳台上，或挂在阳台的吊顶上，以实现室内覆盖的需求。

1.3.5 频率复用

通过前面的介绍可以知道，电磁波在空中进行传输的过程中，由于各种损耗，当某个频率的无线信号传播到较远的区域时能量已经很小了，此时的干扰已降到系统可以接受的程度，频率复用就是利用无线信号的这种特性。在移动通信网络中，一个频率可以在不同的区域供不同的基站同时使用，其实复用就是再用一次的意思。如图 1-10 所示，A、B、C、D 为复用簇，各字母分别代表不同的频率资源。在一个复用簇内，小区的个数为复用因子，用字母 K 表示，图 1-10 中的复用因子是 4，同一频率资源不会在相邻的小区中出现，如果出现则会产生干扰。复用因子越大，复用簇就越大，使用相同频率的小区距离就越大，同频小区的干扰就越小。但是复用因子不能无限增大，因为小区可以使用的频谱资源等于总频谱资源的 $1/K$，随着复用因子的增大，每个小区可以使用的频谱资源会减少，在实际应用中要根据通信网络的要求进行综合设计，即要考虑频谱效率又要降低干扰。

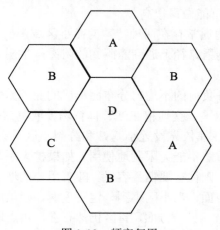

图 1-10　频率复用

　　4G 技术为了解决小区边缘用户干扰严重的问题，提出了干扰协调技术（Inter-Cell Interference Coordination，ICIC）。它的核心思想在于采用频率复用技术，使得相邻小区之间的频率集的距离尽可能远，从而抑制相邻小区的干扰，达到改善传输质量，提高吞吐量的效果。例如，可以将处于小区中心和边缘的用户采用不同的复用因子集：对于处在小区中心的用户，由于其距离基站比较近，信道条件较好，并且本身对其他小区的干扰不大，所以可以将其分配在频率复用因子为 1 的复用集上；而对于处在小区边缘的用户，其距离自身的服务基站较远，信道条件较差，但其对其他小区处于相同频率的信号干扰又较大，所以将其分配在频率复用因子为 3 的频率复用集上。

1.4　习　　题

1. 简述移动通信的发展过程。
2. 简述点对点的无线通信模型。
3. 什么是信源编码和信道编码？简述它们的作用。
4. 无线信道的特征有哪些？
5. 什么是移动通信中的小区？
6. 打电话时移动网络如何保证通话顺畅？
7. 什么是频率复用？
8. 简述 4G 中的干扰协调技术。

第 2 章　通信技术中的数据传输速率

在移动通信发展的过程中，1G 是模拟信号通信技术，它支持的最高数据传输速率是 2.4Kbps，仅仅支持语音通话，并且只限于国内，语音质量也很差。基于 GSM 的 2G 通信系统是数字信号，最高的数据传输速率可以达到 64Kbps，不仅支持语音通话，还支持短信和图片等业务方式，网络通信质量比 1G 提高了不少，但还不能支持上网功能。从 2.5G（介于 2G 和 3G 之间的无线技术）开始，网络开始支持分组无线网络（General Packet Radio Service，GPRS），可以支持网页浏览和电子邮件业务，数据传输速率在 64~144Kbps。到了 3G 时代，数据传输速率得到大幅提升，最高的数据传输速率可以达到 2Mbps，因此 3G 支持的上网功能就增强了，不仅可以收发邮件，快速浏览网页，还可以进行视频会议。4G 网络融合了 Wi-Fi 和 WiMAX 功能，数据传输速率可以达到 100Mbps~1Gbps，所支持的业务种类更加丰富，支持在高速移动过程中随时随地更快地上网、进行图像和视频交互等业务。5G 支持的数据传输速率是以 Gbps 为单位的，支持超高清的视频和音频交互等业务。当然，5G 网络的目标不仅仅是提高数据传输速率，还考虑了物联网和移动互联网的需求，如低时延和大连接。

1G 到 5G 的发展过程可以看作提高网络数据传输速率的过程，从这个过程来看，移动通信网络的主要目标是提高数据传输速率，较高的数据传输速率是移动通信追求的基本目标。对用户而言，好的通信网络体验是指上网高速，各种应用下载快速，语音、视频流畅，这些都和数据的传输速率有关。本章从数据传输速率的角度来介绍移动通信技术。

2.1　频　　率

移动通信的主要特点是无线通信，依靠电磁波在无线信道中进行信息传输。描述电磁波的参数有波速、波长（或频率）和振幅。电磁波的波速是恒定的光速，振幅由其发射功率决定，比较重要的是频率。电磁波的功能特性是由它的频率决定的。不同频率的电磁波有不同的属性特点，频率越高，衰减越快，因此不同频率的电磁波有不同的用途。电磁波的划分及其用途如表 2-1 所示。

表 2-1　电磁波的划分及其用途

波　段	波　长	频　率	频段名称	用　途
超长波	10～100km	30～3kHz	甚低频	海岸潜艇远距离通信
长波	1～10km	300～30kHz	低频	越洋、中距离和地下岩层通信
中波	0.2～1km	1.5MHz～300kHz	中频	船用通信、无线电广播通信、无线电爱好者通信、移动通信
中短波	50～200m	6～1.5MHz	中高频	船用通信、无线电爱好者通信、移动通信
短波	10～50m	30～6MHz	高频	无线电广播、无线电爱好者和移动通信
米波	1～10m	300～30MHz	甚高频	无线电广播、电视、导航、无线电爱好者通信、移动通信
分米波	1～10dm	3GHz～300MHz	特高频	电视、雷达、无线电导航和移动通信
厘米波	1～10cm	30～3GHz	超高频	雷达、卫星通信和移动通信
毫米波	1～10mm	300～30GHz	极高频	雷达、无线电导航和移动通信

从表 2-1 中可以看出，移动通信使用的频段在中频至极高频之间，2G 网络的 GSM 工作频段在 900MHz，属于特高频，4G 网络在 1GHz 到 3GHz 之间，属于特高频和超高频，5G 的工作频段分为 6GHz 以下和 6GHz 以上两个频段，6GHz 以下的超高频使用的是 450MHz～6GHz 的频段，6GHz 以上频段属于毫米波通信技术。目前比较受关注的是 20～50GHz 范围内的毫米波频段，当然，还有卫星通信和导航业务也占用了一部分频谱资源。下一代通信技术 6G 的通信频段可能在 70～80GHz，因为这段频率范围有较好的传播特性。

当频率较低时，电磁波可以绕过障碍物，随着频率升高，路径衰减增大，障碍穿透性变差（频率是 1.8GHz 的无线信号，穿过一堵钢筋水泥墙的损耗为 15dB），其传输的距离也变短。尤其对毫米波来说，衍射能力非常弱，如果用户移动到障碍物里，可能不能保持网络畅通，从而造成网络中断。例如，我们可以看见建筑物的影子，就是由于波长为微米级的可见光不能穿透建筑物传输而造成的。虽然毫米波有诸多不利于信号传输的特性，但是毫米波能很好地与大规模的 MIMO 技术和波束赋形技术相结合，补偿其传输损耗，显著提高其覆盖性能，提升系统的数据传输速率和频谱利用率。目前，关于毫米波频段移动通信技术的研究正如火如荼地展开，已经成为 5G 标准的一个热点。

从 1G 到 5G 的发展来看，通信使用的频率越来越高。这是因为频率越高，能实现的数据传输速率就越高。这里有两方面的原因：一个是客观上的，由于通信技术和器件的限制，高频的应用开发较少，可以使用的频率资源丰富；另一个原因是高频率在相同时间传输的码元数目多（用时间间隔相同的符号来表示一个二进制数，该时间间隔内的信号称为二进制码元），为了提高数据传输速率，采用较高的载频必然更有效，即使在较低的调制方式下，也很容易实现较高的数据传输速率，高的频率一般需要配置更宽的信道带宽，5G 网络的毫米波带宽将达到 1GHz 以上。

虽然高频能提高数据传输速率，但是，在移动通信中数据传输速率的提升不可能只通过频率的提升来解决。原因有以下 3 点：

- 频率很珍贵，是稀缺的资源，一般通过专门的机构进行管理。国际上，通过国际电联无线委员会（ITU-R）对通信频段进行管理，这个组织将频段划分为航海、陆地、航空、卫星和广播电视等通信可用频率，各个国家的频谱资源都是统一规划使用的。我国的频率资源管理机构是各省、市的无线电管理局，移动通信中的频率资源由这个机构进行协调和分配。频率资源在我国是免费发放给运营商的，在国外就没有这么幸运了，运营商想要获得频率资源，需要通过竞拍的形式获得并且其价格不菲，1MHz 的频谱资源的价值可达上亿美元。
- 根据公式 $c=\lambda v$（c 代表光速，$c=3\times10^8$m/s，λ 代表波长，v 是频率）可知，频率越高，波长越小，电磁波的衰减越严重，其传输距离就越小。为了克服高频传输的衰减影响，需要引入复杂的系统设计和信号处理技术。
- 高频信号处理会带来集成电路元件的一些技术难题，需要研发新材料并使用新的生产工艺来解决，而这不是一朝一夕所能完成的。

2.2 数据传输速率

1．数据传输速率简介

数据传输速率是描述通信系统的重要技术指标之一。数据传输速率在数值上等于每秒传输的二进制比特数，单位为比特/秒（bit/second），记作 bps。对于二进制数据，其数据传输速率为 $R=1/T$(bps)，其中，T 为发送每一比特所需要的时间。

例如，如果系统发送 1bit 的 0、1 信号所需要的时间是 0.001ms，那么信道的数据传输速率为 1000000bps。在实际应用中，常用的数据传输速率单位有 kbps、Mbps 和 Gbps。

2．峰值速率简介

在通信协议中经常会提到峰值速率这个词，它指的就是处于理想状态的无线环境中的单个用户，工作在最大的带宽和最高的调制编码方式时所能达到的最高的数据传输速率。在移动通信中，为了满足人们的各种需求，需要不断提高数据的峰值速率。

在实际的网络测试中，当一个用户独占小区的所有带宽、位置靠近基站、相邻小区干扰极小时，这时的实际速率有可能达到峰值速率。事实上，用户只有在实验室的理想条件下才可以达到系统设计的峰值速率，在实际的网络中不可能出现某个用户独占整个带宽的情况，大多数用户处于资源共享模式下，那么此时基站的数据传输速率是达不到峰值速率的。

国际电信联盟（ITU）给 4G 的定义是，在静止状态下，下行峰值速率为 1Gbps，上行峰值速率为 500Mbps 的数据传输速率。

在 5G 的 eMBB 场景中，理论上上行峰值速率为 10Gbps，下行峰值速率为 20Gbps。在不同的频率、带宽和天线配置情况下，实际的峰值速率差别较大。例如，系统的工作频率为 3.4～3.5GHz 时，采用 100MHz 的带宽，64T64R（64×64 个天线端口）时，峰值速率为 4.65Gbps；系统的工作频率为 28GHz 时，采用 800MHz 的带宽，4T4R（4×4 个天线端口）时，峰值速率为 13.33Gbps。

在移动通信中，数据传输速率与信道带宽的关系可以用奈奎斯特（Nyquist）准则与香农（Shanon）定律来描述。这两个定律从定量的角度描述带宽与速率的关系。

2.3　奈奎斯特准则

奈奎斯特准则：在理想信道中传输的窄脉冲信号，假设各码元之间不存在干扰，对于最大码元传输速率（每秒传输码元的数目）MR_{max} 与信道带宽 BW（单位：Hz）的关系可以写为式（2-1）的形式：

$$MR_{max} = 2BW \qquad\qquad (2\text{-}1)$$

奈奎斯特准则描述了无噪声信道的最大码元传输速率与信道带宽的关系：最大码元传输速率是信道带宽的 2 倍。

2.3.1　波特率和比特率

码元传输速率的单位为波特率，英文为 bps。一个码元可以携带的信息量由不同的调制技术决定，码元携带的比特数乘以码元传输速率可以得到数据传输速率，用比特率表示，单位是 bps，我们通常说的数据传输速率指的是比特率。

例如，对 15MHz 的带宽采用 QAM 调制，一个码元携带 2 个 bit，那么在理想的没有噪声的情况下，最大的码元传输速率为 $2×15×10^6$=30Mbps。因为一个码元有 2bit 的数据，所以最大的数据传输速率是 $2×15×10^6×2$=60Mbps。

2.3.2　信道容量

最大的数据传输速率就是信道容量。上面例子中的信道容量就是 60Mbps。奈奎斯特给出了理想的没有噪声情况下信道带宽对最大数据传输速率的限制，实际上不存在这样的信道，实际信道或多或少都会有噪声影响。1948 年，香农进一步研究了受噪声干扰的信道情况，总结出了在该信道下单位时间内最多能无差错传输的信息量。

2.4 香农公式

在加性高斯白噪声（Additive White Gaussian Noise，AWGN）干扰的信道中，通信网络没有干扰。假设在通信网络中只有一个基站，基站下只有一个用户，这就是一种理想的信道条件，在信号传输过程中，只有噪声的影响。

白噪声是指在每一个时间点上的噪声都是独立的且互不影响，它是最无序的一种噪声，在自然界普遍存在。高斯噪声是指噪声的随机分布呈高斯分布，高斯白噪声既是白噪声又是高斯噪声，是白噪声中的一种类型。加性高斯白噪声是指信号经过信道传输，在接收端接收的信号是原信号加上高斯白噪声的信号模型，如果是乘性噪声，就是原信号和噪声相乘的信号模型。由于高斯正态分布方面的研究成果非常丰富，所以在通信中很多研究理论是基于 AWGN 信道模型的。

香农（Shanon）公式定义了噪声、带宽和信道容量的关系，在 AWGN 信道条件下，最多能无差错传输的信息量 C 的计算如式（2-2）所示。这是通信领域非常重要的公式之一，它决定了通信数据传输速率的极限。

$$C = \text{BW} \cdot \log_2 (1 + S/N) \tag{2-2}$$

其中，S 为信号功率，N 为影响接收信号的白噪声功率，BW 为信道可用带宽。例如，当信道带宽为 10MHz，S/N=8dB 时，假设每个码元携带一个比特的数据信息，此时的无差错传输的最高数据传输速率（信道容量）为 26.57Mbps。

在信号功率、噪声功率和信道可用带宽中，噪声的功率是不可控的，由通信中的无线信道决定。可以调整的参数有信号功率 S 和信道带宽 BW。噪声功率也可以表示为噪声功率谱密度×带宽的形式，用 N_0 表示恒定的噪声功率谱密度，噪声功率可以表示为 $N = N_0 \cdot \text{BW}$，随着带宽增大，噪声功率随之提高，信噪比 S/N 将会下降，如果要保持原有的信道容量，信道带宽 BW 增加，则可以降低信号功率 S；反之，如果 BW 减小，则可以提高信号功率 S 来保持信道容量。

显然，信道容量与信道带宽和系统信噪比成正比，信道的带宽或信道中的信噪比越大，则信道容量越高。根据香农公式可以推出两个结论：

- 当信噪比 S/N 趋于无穷大时，如果带宽保持不变，那么只需要增加信号功率 S，信道容量即可以无穷大。
- 如果带宽 BW 趋于无穷大时，由于噪声分布在整个带宽上，噪声功率 N 趋于无穷大，信噪比 S/N 趋于无穷小，那么信道容量不会变大，而是趋向于一个和 S 有关的数，即 $1.44S/N_0$。

香农定理指出，只要数据传输速率低于信道容量，那么在理论上肯定存在一种方法可使数据能够以任意小的差错概率通过信道传输，如果数据传输速率高于信道容量，则没有任何办法传递这样的数据。

从式（2-2）可以知道，影响最大数据传输速率的因素有两个：接收信号的信噪比 S/N 和信道带宽 BW。

2.5　带宽利用率、数据传输速率和信号功率的关系

在 AWGN 信道中，S 为信号功率，N_0 为影响接收信号的白噪声功率谱密度，BW 为信道可用带宽。如果信息以某个数据传输速率无误地进行传输，那么传输每比特的信息至少需要多少功率？设：D_R 为数据传输速率，B_E 为传输每比特信息所需要的功率。信号的总功率如式（2-3）：

$$S = B_E \cdot D_R \tag{2-3}$$

由于数据传输速率小于或等于信道容量（最大的数据传输速率），根据香农公式可以得到式（2-4）：

$$D_R \leqslant \mathrm{BW} \cdot \log_2 (1 + S / N) \tag{2-4}$$

式（2-4）也可以表示为式（2-5）的形式。

$$D_R \leqslant \mathrm{BW} \cdot \log_2 (1 + (B_E \cdot D_R) / (N_0 \cdot \mathrm{BW})) \tag{2-5}$$

这里介绍一下带宽利用率的概念。带宽利用率是单位频带内所能实现的数据传输速率，用 η 表示，可以用式（2-6）来描述。在带宽一定时，带宽利用率和数据传输速率成正比。

$$\eta = D_R / \mathrm{BW} \tag{2-6}$$

把式（2-6）带入式（2-5）得式（2-7）：

$$\eta \leqslant \log_2 (1 + \eta \cdot B_E / N_0) \tag{2-7}$$

可以对式（2-7）进一步变形得式（2-8）：

$$\frac{B_E}{N_0} \geqslant (2^\eta - 1) / \eta \tag{2-8}$$

当带宽趋于无穷大时，η 趋于 0，对式（2-8）求 η 趋于 0 时的极限，得到式（2-9）：

$$\frac{B_E}{N_0} \geqslant \ln 2 = -1.59 \mathrm{dB} \tag{2-9}$$

式（2-9）说明，当带宽无限大，频谱利用率很低，每比特的信息功率 B_E 为常数 $\ln 2 \cdot N_0$ 时，在理论上可以实现无差错率的数据传输。一般把此时的 $\frac{B_E}{N_0} = -1.59 \mathrm{dB}$ 称为香农极限。

如果 N_0 恒定，即当噪声一定时，则传输每比特信息所需要的最小功率 B_E 和带宽利用率 η 的关系如图 2-1 所示。

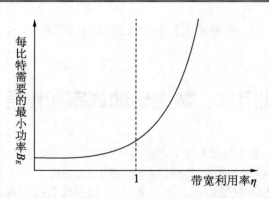

图 2-1　每比特信息所需要的最小功率 B_E 和带宽利用率 η 的关系

从图 2-1 中可以看出，传输每比特所需的最小功率和带宽利用率在 $\eta=1$ 两边呈现两种变化趋势。在 $\eta<1$ 时接收功率变化缓慢，在 $\eta>1$ 时接收功率变化很快。

在 $\eta<1$ 部分，当 $\eta\ll1$ 时，每比特的最小传输功率基本上是一条和横轴平行的线，可以说最小功率恒定，即 $B_E=\ln2\cdot N_0$，此时的带宽利用率较低，数据传输速率远小于带宽；而在 η 接近于 1 的部分，随着数据传输速率的增长，带宽利用率变大，此时的传输功率也跟着增长一点。因此，在噪声一定的情况下，当带宽利用率较低的时候，总的传输功率为 $D_R\cdot B_E=D_R\cdot\ln2\cdot N_0$，数据传输速率和总功率是线性关系，数据传输速率的提高需要总功率成比例地增加，即可实现无差错的数据传输，那么此时的数据传输速率就只和总传输功率有关。如果想提高数据传输速率，只需要提高传输功率即可实现，和带宽没有任何关系，因此，这个低带宽利用率的区域也叫作功率受限区域。

在 $\eta>1$ 部分，带宽的利用率较高，此时数据传输速率大于或等于系统带宽，当带宽利用率 $\eta\gg1$ 时，如果此时可用带宽一定，则带宽利用率增大相当于数据传输速率提高。从图 2-1 所示的曲线可以看出，随着带宽利用率的提高，数据传输速率也随之提高，需要每比特最小传输功率成倍提高，总功率也要成倍提高才能实现数据无差错传输。一个小的数据传输速率增长，需要总功率增长很多。对于高带宽利用率的情况，不能仅靠提高功率来换取数据传输速率的提高，这样做的代价有些高。如果降低带宽利用率，增大系统带宽，对每比特最小传输功率的需求也会降低，总功率也会降低，此时，在相同的总功率下，可以实现更多比特数据的无差错传输。在这种情况下，数据的传输速率主要取决于带宽，带宽越大，可以传输的数据比特越多，和功率大小的关系不大，因此高频谱利用率的区域也叫带宽受限区域。

因此，当噪声 N_0 一定时，带宽利用率、数据传输速率和总功率有如下关系：

- 当带宽一定时，如果要提高数据传输速率，那么信号总功率也要有相应的提高。在理论上，如果系统能提供任意高的信号功率，则在一定带宽内，基本上可以实现任意高的数据传输速率。

- 当带宽利用率低的时候，要提高数据传输速率，仅需要信号总功率有近似的提高即可。在这种情况下，系统带宽对数据传输速率的影响不大。

- 当带宽利用率高的时候，一种情况是带宽利用率不变，数据传输速率增长，带宽跟着增长，带宽和数据传输速率成正比例增长，此时数据传输速率提高，信号总功率不变。另一种情况是利用率变化，数据传输速率的增长速度大于系统带宽的增长速度，此时提高数据传输速率需要有更高的信号总功率，系统带宽的提高会降低对应所需的功率（带宽可以降低所需的信号功率）。

2.6　高数据传输速率解决方案

1．提升发射功率

要提高数据传输速率，最简单和有效的方法就是提升信号发射功率。通过 2.5 节的分析可以知道，在带宽利用率较小的情况下是可行的，但是当带宽利用率远大于 1 时，较小幅度的数据传输速率的提升，需要大幅度增大传输功率。发射功率和功放的功耗成正比，功率的提升会带来功放的体积、重量和成本的改变，是不可承受之重。

例如，基站中的射频处理单元的最大发射功率是 20W，体积大约是 20L，功耗至少为 100W。如果发射功率增加 10 倍，体积将变为 200L，这庞大的体积会导致施工困难。如果发射功率再提高 100 倍甚至 1000 倍，其结果可想而知。

对于用户来说，提升功率会带来功耗的增加，待机时间减少。功放性能的改进，随之会增加用户的成本。另外，用户端发射功率的提升还会产生额外的通信网络干扰问题。因此，用户的最大发射功率是受控的，而且用户会以尽可能小的功率来工作。一般由基站对用户的功率进行控制，4G 系统中的用户（UE）最大发射功率为 200mW，也就是 $10\lg200=23\text{dBm}$。

在实际的移动通信网络中，大功率的功放只在基站端设置，基站侧的发射功率也不是无限制的。在一般情况下，基站的发射功率和小区的覆盖面积有关，可以控制在 10W、20W 和 40W 等。

2．减小发射端和接收端之间的距离，缩小小区的覆盖范围

减少传播距离，本质上也是增大信号的功率。在自由空间中，由于路径损耗，信号的传输功率和传播距离成反比关系，信号的传输功率随着距离的增加而降低。如果减小传输过程中的能量损耗（路损），等同于增大了信号的发射功率。路损和传播距离有关，距离越小，损耗越小，信号的功率越大。

为了提高数据传输速率，可以减小电磁波信号的传输距离，在移动通信系统中，可以通过减少基站的覆盖面积来实现。热点覆盖就是覆盖面积较小的情况，但在全网的部署中不能仅考虑提高数据传输速率，还要考虑成本和运维等其他问题。随着基站覆盖面积的减

少，意味着需要部署更多的基站，需要更多的建设和维护成本，同时也会使各小区之间的干扰变得更加严重。

3．提高信噪比

根据香农公式可知，提高信噪比可以提升数据传输速率。在移动通信中，提升信噪比的方法主要包括信源编码、信道编码和干扰预测技术等数字信号处理过程。在发送端，通过信源编码对需要传输的数据进行冗余压缩，减少实际传输的信息比特数；在接收端，通过解码过程恢复原始信息，因此信源编码相当于提高了数据传输速率。不同的信源有不同的处理算法。

信道编码具有检错和纠错的能力，可以减少在传输过程中由于无线信道的各种噪声和干扰而造成的数据传输错误，优化了信道传输功能。

业内有一种说法，某种信道编码可以接近香农极限，则说明这种编码的性能很好。其实，如果给定一种调制方式和编码方式，要保证无差错的传输还要看其信噪比，如果信噪比较高，则错误率会很小，反之，错误率会很高。在某个信噪比下，任何编码方式的信道容量不可能超过香农极限 $1.44 S/N_0$ dB（S/N_0 为信噪比）。

从 1948 年香农创立了香农公式以后，就诞生了信息论。信息论主要讨论信道编码方法，以及如何通过信道编码提高信道容量。信道编码技术也是通信技术的一个重要部分，研究者们在这方面做了大量的研究。

Turbo 码是 1993 年提出的，在计算复杂度和接近香农极限方面取得了很大的进步，并且成为 4G 移动通信的工业标准。但是在数据传输速率较高时，Turbo 码会带来较大的时延，并且在一定的情况下，无论怎么提高信噪比，误码率也不会再下降。

LDPC（Low-Density Parity Check Code，低密度奇偶校验码），是由 Gallager 于 1963 年提出的，有较高的译码性能，在数据传输速率较高时的时延较小，其长码的误码性能接近香农极限，相差为 0.04dB。Polar（极化）码是 2008 年提出的，从理论上被证明达到了香农极限的信道编码技术，但长码时延较大。

在实际的移动通信系统中，选择适用的信道编码更有效，即要考虑其编码性能又要考虑其实现的复杂度。5G 根据 Polar 码和 LDPC 编码性能在实际传送数据信息的特点，在 eMBB 场景中数据信道采用 LDPC 编码技术，在控制信道中采用 Polar 编码技术。

4．增加带宽——支持多载波传输的更宽带宽

提高数据传输速率最直接的方式是增加带宽。从移动通信发展的过程来看系统带宽的变化：1G 系统的带宽范围小于 30kHz；2G 系统的带宽不大于 200kHz；3G 系统的最大带宽是 20MHz；4G 系统的最大带宽是 100MHz；在毫米波频段，5G 系统的最大带宽为 3250MHz。可以看出，随着带宽的增加，数据传输速率的确随之提升了。

但是，通过前面的讨论可以知道：如果带宽的利用率很高，想要提高数据传输速率，需要系统有不成比例的更高的信噪比（在噪声一定的情况下，需要更高的功率）。可以通

过增加带宽来降低对所需功率的要求。

为了提高数据传输速率，直接增加系统带宽的方法不可取，主要原因如下：

- 由于频率资源是有限的，在低频段已经很难找到足够宽的传输带宽进行高数据传输速率的传输。
- 更宽的带宽需要在发送端和接收端进一步提升元器件的性能，以支持对宽传输带宽的信号处理，但这样会使发送端和接收端的成本加大。
- 在无线信道中，随着传输带宽的增大，信道的频率选择性衰落影响会更大，不同的电磁波反射路径传输的信号会引起数据的失真。虽然可以通过在接收端的均衡技术消除频率选择性的影响，但是随着系统带宽的增大，高性能的均衡技术复杂度也随之加大，同样增加了发送端和接收端的成本。

虽然不能直接增加带宽，但是可以通过多载波传输多路数据流的方法降低数据传输速率。这里的多载波传输是指把传输带宽分解为带宽更窄的子载波，并行数据在各个窄带的子载波内进行传输，各子载波通过频分复用的方式在相同的无线信道中传输数据。由于相对于系统带宽来说子载波有更小的传输带宽，其子载波带宽内部可以认为是一种平坦的信道，不会产生频率选择性的衰落，而数据是并行在各个子载波上进行传输的，所以降低了数据传输速率。

例如，有 M 个子载波，那么数据传输速率会下降为原来的 $1/M$，对于相同比特的传输数据，在信噪比相同的情况下，无差错地传输所需要的带宽为原来的 $1/M$，如果系统带宽相同，则可以实现的数据传输速率为原来的 M 倍。因此多载波传输实际上相当于增加了传输带宽。

在移动通信系统中，通常采用的 OFDM 技术是一种多载波传输，把高速的比特数据流转换为低速的数据流，对于相同比特的数据，OFDM 系统所需要的带宽相对要小很多。所以说，在带宽相同的情况下，OFDM 调制可以极大地提高数据传输速率。OFDM 多载波的传输方案详细介绍见第 3 章。

5．高阶调制——有限带宽下更快的数据传输速率

高阶调制主要通过调制技术实现一个码元携带更多的信息比特，因此在有限带宽下可以实现更快的数据传输速率。如图 2-2 所示，QPSK 调制星座图上有 4 个位置不同的星座点，每个星座点可以传输 2bit 的信息；16QAM 调制星座图上有 16 个位置不同的星座点，每个星座点可以传输 4bit 的信息；更高的 64QAM 调制星座图上有 64 个位置不同的星座点，每个星座点传输 6bit 的信息。以此类推，如果是 256QAM 调制，则星座图上会有 256 个位置不同的星座点，每个星座点传输 8bit 的信息。

虽然高阶调制可以提高数据传输速率，但是高阶调制对信道的质量要求比较高，在信噪比高的信道条件下可以选用较高的调制方式提高数据传输速率，在信道干扰较大时，应尽量选用较低的调制方式提高健壮性。调制方式和信道编码速率经常结合使用，一般在移动通信系统中根据信道情况选用调制方式和信道编码速率，使高阶调制提高数据传输速率成为可能。

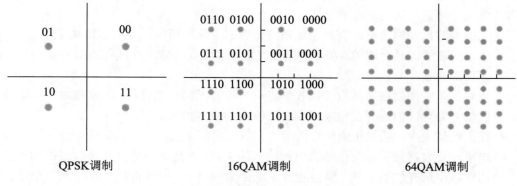

图 2-2　3 种调制方式的星座

6. 多天线技术

多天线技术（MIMO）是 1995 年提出的。该技术利用空间的信道资源，在接收端或发射端使用多个接收天线或发射天线进行数据传输，在发射端和接收端采用数字信号处理技术提取所需的信息。

根据多天线信道容量理论，多天线技术主要利用多通道进行数据传输，在并行的多个通道中，可以使用相同的频域、时域或码域的资源，从而在不增加带宽和天线发送功率的情况下，提高信道容量及频谱利用率。多天线技术是移动通信系统的关键技术，大致分为两大类：分集和复用。分集可以提高数据传输的可靠性，复用可以提高数据传输速率。

前面介绍的信道容量是单个天线的情况。在带宽一定的情况下，信道容量和信噪比的对数近似于正比关系。当信噪比高到一定程度之后，再增加信噪比时，系统的信道容量变化不大。而对于多天线技术，在理想情况下，通过增加天线数目就可以使信道容量得到线性提升。

例如，系统有 m 个天线且存在 m 个通道，工作在复用模式下，每个通道独立进行数据传输，如果在 m 个通道中每个通道的信道容量表示为 $\mathrm{BW}\log_2(1+S/N)$，那么在信噪比较高的情况下，此时的容量也可以近似表示为 $\mathrm{BW}\log_2(S/N)$，系统总的信道容量是 m 个通道的信道容量之和，可以近似表示为 $m\mathrm{BW}\log_2(S/N)$，信道容量（最大数据传输速率）明显提升了 m 倍。

在很多无线标准中都采用了多天线技术，以增加信道容量，提高数据传输的可靠性。例如：在 IEEE 802.11n/11ac 标准中定义的 WLAN 通信技术，802.11n 最多 4 根天线，支持的最大数据传输速率为 600Mbps；IEEE 802.11ac 支持最多 8 根天线的数据传输，支持的最大数据传输速率为 3.6Gbps。IEEE 802.11ac 也是俗称的 5G Wi-Fi。3GPP 组织在 R8 中开始引入 MIMO 技术，该技术在 4G 中已经得到广泛的应用，与载波聚合相结合的 8 天线数据传输可以支持的最大数据传输速率为 3Gbps（基于 100MHz 的带宽）。这些标准中的天线数目一般为 2～8 根，这种技术也称为非大 MIMO 技术。

如果不断增加天线个数，信道容量也会随之增加，那么可以在不增加带宽的情况下，通过增加更多的发送和接收天线的数目来获得更高的数据传输速率。如果天线的数目达到几十个甚至几百个，那么这种技术的优势就更明显，这就是 5G 中的关键技术之一——大规模 MIMO。基站可以同时和更多的用户发送和接收数据，从而提高网络的容量，可以实现的数据传输速率在 Gbps 数量级上，大规模 MIMO 结合波束赋形技术让每个天线阵列的能量集中在一个很窄的波束上，从而减少了系统中的干扰。多天线技术的详细介绍见第 4 章。

2.7 习　　题

1．如果通过一个信噪比为 20dB，带宽为 3kHz 的信道传送数据，请根据香农公式计算其最大数据传输速率。

2．根据香农公式分析系统的带宽利用率、数据传输速率和信号功率的关系。

3．移动通信中的高数据传输速率的解决方案有哪些？

第 3 章　移动通信的多址技术

第 1 章介绍的移动通信的相关概念，是以最简单的点对点的移动通信系统为基础的，目的是让读者掌握基本的移动通信术语和基本原理。本章我们将介绍移动通信系统中多对一的情况，实际场景中，往往是很多用户同时和基站之间进行通信，为了保证每个用户的信息能够被正确传输，基站需要实现对各用户的鉴别能力。移动通信的多址技术就是研究多个用户和基站通信时，基站如何识别用户的问题。

3.1　基　本　概　念

3.1.1　复用

复用（Multiplexing），从字面上看就是重复使用，在移动通信系统中是指将多个数据流的信息在同一信道中同时传输的一种技术，示意如图 3-1 所示。也可以这么理解：在发送端，采用复用技术，使得多个数据流的信息在一个传输信道中相互独立，互不影响地进行传输；在接收端，通过逆操作实现各数据流的信息提取。复用技术可以提高物理资源的利用率，让有限的资源支持更多的网络设备和用户终端，让基站为更多的用户提供服务。

根据移动通信中对可用物理资源的定义，可以将物理资源分为频域、时域、码域和空域等资源。复用方式也可分为频分复用（FDM）、时分复用（TDM）、码分复用（CDM）和空分复用（SDM）等。频分复用是各个数据流占用不同的频率资源，在时域、码域或空域上进行复用（占用相同的资源），基站根据不同的频率资源进行数据流的鉴别。同样的道理，时分复用是不同的数据流占用不同的时间资源，码分复用是不同的数据流使用不同的码字，空分复用是不同的数据流使用不同的天线端口。因此，复用是针对资源而言的，不同的资源复用有不同的复用技术。

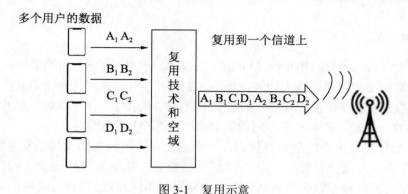

图 3-1　复用示意

3.1.2　正交

正交在数学上就是相互垂直的意思，可以用式（3-1）来表示，$f(t)$ 和 $g(t)$ 的乘积在一个信号周期 T 里的积分为 0，$f(t)$ 和 $g(t)$ 正交。

$$\int_0^T f(t)g(t)\mathrm{d}t = 0 \qquad (3\text{-}1)$$

正交可以理解为"互不依赖、相互独立、互不相关、没有重叠、相互区别、没有疑似"。根据正交的性质，如果把两个相互正交的信号混合在一起，那么也是可以独立分离出来的。与正交对立的一个概念是相关，相关在数学上就是互不垂直的几个向量，相关可以理解为"相互依赖、互不独立、互有重叠、相互耦合、你中有我"。

在移动通信系统中，在资源使用上采用的是复用技术和正交技术的融合。复用技术就是把多个正交信号混合，使用相同的物理资源，在接收端利用信号的相关性把多个正交的信号分离出来，从而提高资源的利用率。正交的类型有空间上正交、正交码、时间上的正交和频率上的正交。

3.2　多 址 技 术

一个基站同时要和多个用户终端进行通信，为了提高资源利用率，多个用户在同时发送数据时采用复用技术，在基站侧，需要把接收的信息进行解复用操作，把使用相同信道的多个用户的信息分别提取出来的技术称为多址（Multiple Access，MA）技术。需要注意的是：复用的英文是 Multiplexing，就是复用的意思，多址的英文是 Multiple Access，是多个接入点的意思。复用和多址的共同点是在相同的资源上发送多个数据流，但是复用技术只针对不同的数据流，而多址技术针对的是不同用户的数据流。复用技术是为了在有限的资源上提高系统的数据传输速率，多址技术是为了保证在系统通信中数据传输的正确性。

常见的多址方式有以下几种：

1. 频分多址

频分多址（Frequency Division Multiple Access，FDMA）中不同的用户占用不同的频率资源，在时域上同时进行数据传输，如图 3-2 所示，由不同的信号频率来实现频域上的正交。在接收端，基站根据所要接收的某个用户的频率信号设计不同的带通滤波器，实现不同用户的数据传输，基站利用不同的频率来区分各个用户/终端。

频分多址分配给用户的是一对频点，一个用来发送下行数据（基站发送数据给用户/终端），一个用来发送上行数据（用户/终端发送数据给基站），每个无线信道是由一对频点组成，在组网的时候根据频率规划实现频率复用和小区规划，这种方式的码间干扰较小，不需要复杂的同步技术和控制信令。

由于滤波器是电子产业中最早成熟的一种技术，而频分多址是最早使用多址技术的，也是 1G 系统主要使用的技术。我国 1G 蜂窝网络的上行频段是 890～915MHz，下行频段是 935～950MHz，由于有限的频率资源和频域处理所需的设备成本较高，所以 1G 系统的容量比较小。广播电台就是频分多址的典型应用，不同的频率对应不同的广播电台。

频分多址的缺点是频率资源浪费，因为带通滤波器不会是截止频率的滤波器，总会有一个过渡带，系统会在各个频率信道之间留有一段频谱作为保护间隔，以防止相邻频率信道之间互相干扰，这个保护间隔内的频率资源就被浪费了。

2. 时分多址

时分多址（TDMA，Time Division Multiple Access）是不同的用户占用不同的时间资源，在相同的频点上进行数据传送，如图 3-3 所示。在移动通信系统中，对时间轴进行切分，按照时长，从大到小的时间单位有帧、子帧、时隙和符号，不同用户占用的资源分配在各个不同的帧、子帧、时隙和符号上，基站利用不同的时间单位来区分各个用户/终端。

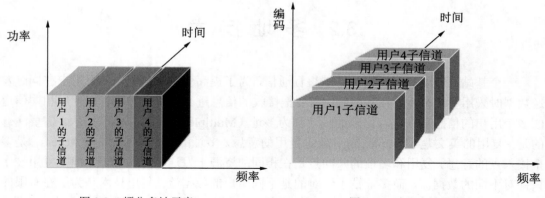

图 3-2　频分多址示意　　　　　　　图 3-3　时分多址示意

　　时分多址系统相较频分多址系统具有保密性好、系统容量大、信号质量好和实现成本低的优势，但时分多址系统对同步要求非常高，需要复杂程度较高的定时技术和上下行同步控制机制，增大了系统开销，并且时分多址系统还需要额外的信道均衡技术来处理传输时延带来的码间干扰问题。

　　石英计时技术的成熟，给时分多址所需的高精度定时技术提供了必要的技术支撑，在此期间诞生的 GSM 系统就采用了这种多址技术。GSM 的工作频段有两个，一个是900MHz 频段，另一个是 1800MHz 频段。GSM 的上行和下行频率间隔 45MHz，相邻的载频间隔 200KHz，在每个载频上采用时分多址的方式，每个载频上有 8 个时隙，每个时隙可以作为一个用户信道，相当于对 8 个用户进行复用，8 个用户的数据在同一个载频上进行传输。

　　GSM 900MHz 频段的上行频段范围是 890～915MHz，下行频段范围是 935～960MHz，有 25MHz 的对称带宽，相邻的载频间隔为 200KHz，通过计算，上行和下行的对称载频数是 125 个，在 2G 系统中实际用到的是 124 个载频，一个载频上按照时隙划分了 8 个用户信道，那么可以计算出一共有 992 个信道，相比 1G 系统，其容量有了大幅的提升。但是，如果 992 个信道都被占用了，那么此时用户很难接入网络，会造成网络阻塞。时分多址的缺点是会造成系统时延，网络拥堵就是一种接入时延。

3．码分多址

　　码分多址（Code Division Multiple Access，CDMA）是由高通拥有的专利技术，也是3G 的技术核心。在码分多址中，不同的用户在频域或时域上可以使用相同的资源，但每个用户有一个唯一的正交扩频码，在接收端，基站根据发送端发送数据时加入的正交码进行解码，以识别不同用户的数据。码分多址就是通过不同的正交码来区分用户的，如图 3-4所示。

　　例如，指定的某一用户的正交扩频码序列是 00011011，如果发送数据 1 时，就发送序列 00011011，发送数据 0 时，则发送该序列的二进制反码，即 11100100。在实际通信中 0 经常用-1 代替。每个用户有不同的码序列，并且各个用户之间的码序列是正交的，基站在接收端，分别根据用户各自的正交码序列和接收码进行内积，即可提取各个用户的数据。

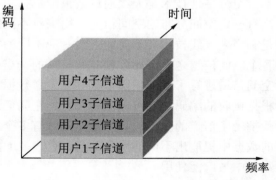

图 3-4　码分多址示意

　　CDMA 技术使信息传输更加隐秘，抗干扰的能力也随之提升。最早使用 CDMA的系统是 IS-95，其是由高通开发的并在 1993 年成为北美的 2G 通信标准，CDMA 后来成为 3G 的核心技术，TD-SCDMA 是我国提出的第一个完整的通信标准技术。

在 CDMA 技术中使用了两种码：正交码和扩频码。扩频码是伪随机序列，又称为扰码。正交码用来承载信息，扰码用来随机化信息。这两种技术在 4G 和 5G 的一些应用场景中依然被沿用。

例如，在 4G 系统中使用的 Walsh 码就是正交码，正交码使用起来很方便，尤其是小数据量场合，系统开销更小，4G 终端专用参考信号和下行 PHICH 使用的就是 Walsh 码。

4．空分多址

基站通过不同的空间来区分不同用户的方式，称为空分多址（Space Division Multiple Access，SDMA）技术。它是利用天线的方向性实现的，通过调整天线的参数，使发射的电磁波朝着用户的方向传播，这种技术叫作波束赋形，具有这种功能的天线称为智能天线。利用天线实现的空分多址示意如图 3-5 所示。

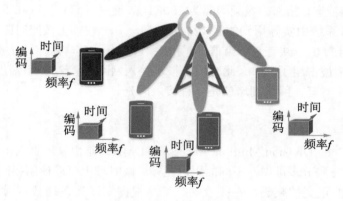

图 3-5　利用智能天线实现的空分多址

空分多址技术是天线通过波束赋形技术，把空间分为互相不干扰的很多部分，形成具有一定空间分布的空间信道，用来对不同的用户进行数据传输。空分多址技术的原理是利用多天线技术，不同的天线对应不同的空间传输信道，将它们分配给不同的用户，各个空间信道之间是相互独立和正交的。当传输数据时，如果系统已经对各个方向上的空间信道进行了编码，那么基站在发送数据的同时会把空间信道编码发送给用户，用户根据接收的编码信息可以获得自己的空间信道的信息，因此在用户发送给基站的信息中就携带了信道的编码信息，虽然同时有多个用户在进行数据传输，但是基站可以从接收的数据中提取出不同的用户信息。空分多址技术可以极大地提高系统容量，在 4G 和 5G 系统中被广泛使用。

5．正交频分多址

正交频分多址（Orthogonal Frequency Division Multiple Access，OFDMA）把带宽划分为很多个子载波，不同子载波在不同时间分配给不同的用户使用，这样做可使多个用户同时接收数据，在接收端，基站根据不同的时间和不同的子载波区分多用户数据，示意如图 3-6 所示。OFDMA 以两个维度对资源进行复用，这是用于 4G 中的多址方式，5G 也把 OFDMA 作为基本的多址方式。OFDMA 技术的核心是 OFDM（Orthogonal Frequency Division Multiplexing）。OFDM 是一种正交频分复用技术，也是一种多载波技术 MCM（Multi-Carrier Modulation），因此它既属于调制技术又属于复用技术。

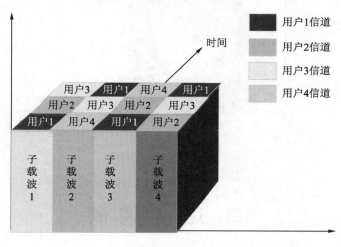

图 3-6　OFDMA 示意

OFDM 并不是一项新技术，1970 年，美国申请了 OFDM 专利，设计了最早的 OFDM 系统。但是，由于硬件器件的技术条件限制，用于 OFDM 调制的 FFT 算法实现太复杂，成本较高。到了 20 世纪 80 年代，随着数字信号处理芯片技术的发展，OFDM 技术在移动通信领域中开始应用，最早应用在 WLAN 和 WiMAX 中。

OFDM 的调制和解调是分别基于 IFFT 和 FFT 实现的，是实现复杂度最低、应用最广的一种多载波传输方案。我们将在 3.4 节主要介绍 OFDM 技术。

6．非正交多址

非正交多址（Non-Orthogonal Multiple Access，NOMA）是在 5G 系统演进过程中，针对高密度部署的大连接场景而出现的新技术。非正交主要体现在接收端采用了非正交的通信资源来区分用户，非正交的通信资源可以是功率域、码域和空间域等。以非正交的功率域资源为例进行说明，各用户的数据可以在同一个时间，同一个子载波上进行传输，各用户在发送数据时所分配的功率不同，在接收端基站根据不同的功率进行用户数据的区分，如图 3-7 所示。这种接入方式极大提高了系统设备的接入能力。

非正交多址在接收端需要结合串行干扰消除或最大似然解调才能取得容量极限，因此技术实现的难点在于是否能设计出低复杂度且有效的接收算法。

比较有代表性的非正交多址技术有：图样分隔多址接入（PDMA）、多用户共享接入

（MUSA）、资源扩展多址接入（RSMA）和稀疏编码多址接入（SCMA）等。这些技术是由不同的公司提出的，各种性能指标正在评估测试中。

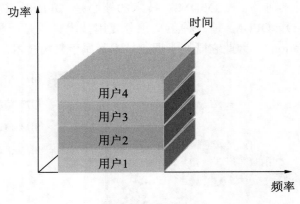

图 3-7　NOMA 示意

3.3　正 交 调 制

OFDM 也属于一种正交调制技术，在讲解 OFDM 之前，需要先了解一下正交调制。在第 1 章中介绍的调制是最基本的调制技术，本节主要介绍正交调制以及移动通信中经常用到的两种正交调制——QPSK 调制和 QAM 调制。

3.3.1　向量的正交分解

我们从向量谈起，在一个二维平面，一个向量的信息可以转换为幅度（模）和相位（夹角）来表示。在通信系统中，如果定义一些幅度和相位不同的向量，则可以通过这些向量表示不同的信息。

如何生成一个相位不同的向量呢？这其实又是一个很简单的数学问题：正交分解。任何一个向量都可以投影到 X 轴和 Y 轴上面产生两个向量。这样我们只需要改变 X 轴和 Y 轴上的分量大小，就可以生成任意的向量。如图 3-8 中的 B 点，就可以生成和 X 轴夹角 135°，模为 $\sqrt{2}$ 的向量。

将一个向量分解为两个正交的向量的方法，叫作正交分解。在真实的物理世界中也存在两个正交的向量，那就是正弦和余弦。

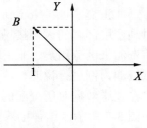

图 3-8　向量的正交分解

3.3.2　正交调制

正交调制就是利用正交分解的思想，用信号源上的比特数据改变载波的幅度和相位的技术。按照如图 3-9 所示的过程进行调制称为正交调制。在 I 路和 Q 路中分别输入 a，b 两个信号，I 路信号和 $\cos w_0 t$ 相乘，Q 路信号和 $\sin w_0 t$ 相乘，Q 路信号乘以 -1 后，将两路信号求和，输出信号 $s(t)=a\cos(w_0 t)-b\sin(w_0 t)$，这种调制过程叫作正交调制，也称作 IQ 调制。此处的"正交"体现在 IQ 信号分别被调制在正弦和余弦载波上，正弦和余弦是正交的（$\cos w_0 t * \sin w_0 t$ 在一个周期区间上的积分为 0）。

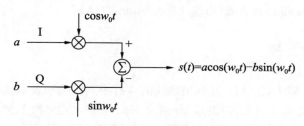

图 3-9　IQ 调制过程

可以这样来理解正交调制的相位和幅度，经过正交调制以后的输出信号为式（3-2）。

$$s(t) = a\cos w_0 t - b\sin w_0 t = A\cos(w_0 t + \alpha) = A\cos\alpha\cos w_0 t + A\sin\alpha\sin w_0 t \qquad (3\text{-}2)$$

其中，$\cos\alpha$ 和 $\sin\alpha$ 都是常数，改变 $\cos w_0 t$ 和 $\sin w_0 t$ 的幅度。正交调制可以得到任意幅度和任意相位的 cos 函数，因此可以利用这些函数来表示不同的信息。对此，在通信原理中通常会用一种抽象的说法来约定表示方式，就是所谓的星座图。

3.3.3　正交调制的复数表示

输入的信号用复数的形式可以表示为 $a + jb$，根据欧拉公式可得：

$$\mathrm{e}^{jw_0 t} = \cos w_0 t + j\sin w_0 t \qquad (3\text{-}3)$$

IQ 调制可以表示成复数形式，即：

$$
\begin{aligned}
&(a + jb)\mathrm{e}^{jw_0 t} \\
&= (a + jb)(\cos w_0 t + j\sin w_0 t) \\
&= a\cos w_0 t - b\sin w_0 t + j(a\sin w_0 t + b\cos w_0 t)
\end{aligned}
\qquad (3\text{-}4)
$$

对式（3-4）取实部可得：

$$\mathrm{Re}((a + jb)\mathrm{e}^{jw_0 t}) = a\sin w_0 t - b\cos w_0 t \qquad (3\text{-}5)$$

因此，正交调制的过程可以表示为如图 3-10 所示的复数乘法。

在正交调制过程中，a，b，$\cos w_0 t$，$\sin w_0 t$，$s(t)$ 都是实信号，IQ 的复数调制过程只是把相关的信号表示为复数而已。实际信号的传输总是实信号，在信号处理中则用复信号表示，为什么要从复数表示的角度来讨论呢？因为，通过复数表示我们可以发现，IQ 调制的表达式和逆傅里叶变换表达式相同，这为 IQ 调制的实现提供了思路，已有的傅里叶变换快速算法可以很方便地实现 IQ 调制。

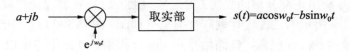

图 3-10　IQ 调制的复数过程

移动通信中，常见的正交调制有：正交相移键控（Quadrature Phase Shift Keying，QPSK）和正交振幅调制（Quadrature Amplitude Modulation，QAM）等。

3.3.4　正交相移键控

正交相移键控（也叫 4QAM）是利用载波的 4 种不同相位来表示输入的数字信息，是四进制相移键控。QPSK 有 4 种载波相位，分别为 45°、135°、225° 和 315°。输入的数据是二进制数字序列，为了能和 4 种载波相位配合起来，需要在二进制数字序列中每两个比特分成一组，共有 4 种组合，即 00、01、10 和 11，其中，每一组码元由两位二进制信息比特组成。在 QPSK 中，每次调制可传输 2 个信息比特，这些信息比特是通过载波的 4 种相位来传递的。

在如图 3-11 所示的 QPSK 调制中：二进制数首先经过映射，s_1，s_2 是输入的二进制串行数据，经过 QPSK 的星座图映射形成 IQ 两路数据，I 路数据和 $\cos w_0 t$ 相乘，Q 路数据和 $\sin w_0 t$ 相乘、反向，最后两路数据相加，得到一个调制符号。IQ 数据在一个符号持续时间内是不变的，即在一个调制符号周期内所携带的二进制信息不变。

星座图中规定了星座点与二进制串行数据之间的对应关系，这种关系称为映射。正交调制的特性可由信号分布和映射完全定义，即可由星座图来完全定义，如图 3-12 所示。星座图就是调制符号坐标分布，其横坐标是 I，纵坐标是 Q，投影到 I 轴的叫同相分量，投影到 Q 轴的叫正交分量。由于 QPSK 调制只有相位不同，幅度相同，所以 $a+jb$ 都落在单位元上。

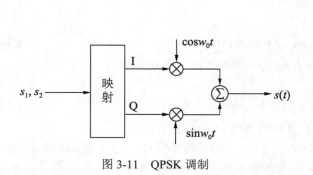

图 3-11　QPSK 调制　　　　　　　　　　图 3-12　QPSK（4QAM）星座图

假设发送的比特为 0110110001101100，经过 QPSK 调制后的信号的时域波形如图 3-13 所示。

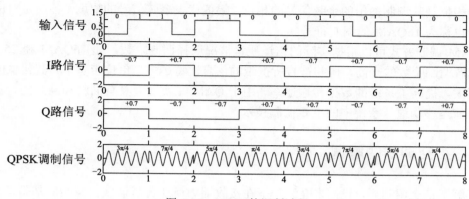

图 3-13　QPSK 的调制过程

由图 3-13 可知，从上到下依次为输入数据信号、I 路信号、Q 路信号和输出 QPSK 调制后的信号。QPSK 调制后的信号只是相位不同，其振幅相同，属于恒包络调制，16bit 的二进制数据流经过 QPSK 调制后形成 8 个 QPSK 符号。

3.3.5　正交振幅调制

正交振幅调制（QAM）在实部和虚部两个正交维度上进行幅度调制，不同于 QPSK 调制，QAM 调制后信号的幅度和相位同时变化，属于非恒包络调制。QAM 的特点是各码元之间不仅幅度不同，相位也不同，属于幅度与相位相结合的调制方式。4QAM 和 QPSK 的星座图近似，如图 3-14 所示为 16QAM 调制，由于信号幅度不同，所以调制符号不可能落在同一个单位圆上。

在图 3-14 中，星座图的横向坐标表示 I 路，纵向坐标表示 Q 路，16QAM 的 I 路和 Q 路各有 4 种不同的幅值，星座图的每一个点携带着一组比特数据信息。从图 3-14 中可以看出，在 16QAM 调制方式中，每个点可以携带的信息是 4 比特，在 QAM 调制方式中，某一组信息比特可以映射在星座图的某一对应位置。

观察图 3-14，如果在 I 轴上取值 A，在 Q 轴上取值 A，则对应的向量表示为复数的形式是 $A+jA$，此向量携带的数据比特是 0011，如果在 I 轴上的值变为 $3A$，Q 不变，就求得另外一个向量 $3A+jA$，该向量表示的数据比特是 0001。也就是说：在 16QAM

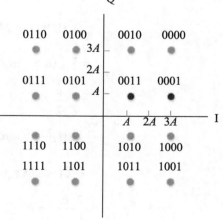

图 3-14　16QAM 星座

调制方式中，当数据比特 0011 映射为向量 $A+jA$ 时，I 路和 Q 路的输入都为 A 值；当数据比特 0001 映射为向量 $3A+jA$ 时，I 路的输入为 $3A$，Q 路的输入为 A。图 3-14 中各个向量对应的相位是其调制输出的余弦信号的相位，幅值代表余弦信号的幅度，各向量对应的输出信号也称为 16QAM 的调制符号。

QAM 调制方式可以根据实际的信道质量情况选择调制阶数，如 16QAM 和 256QAM 等，随着调制阶数的升高，调制符号所携带的信息比特越多，单位带宽下，其传输的信息量就越大，提高了系统的数据传输速率。由于 QAM 在实现上具有简洁和高效的特点，所以其目前是移动通信系统中的主要调制技术。

3.3.6 正交调制的解调

了解了正交调制后，我们来介绍一下在接收端如何通过解调获得原始的基带信息，只有正确解调才能保证用户的数据正确传输，解调过程如图 3-15 所示。接收端在接收到信号后，将其分为两路，其中一路乘以 $\cos w_0 t$，在一个周期里进行积分，另一路乘以 $-\sin w_0 t$，在一个周期里进行积分，积分后即可获得各自的发送信息，如式（3-6）和式（3-7）所示。

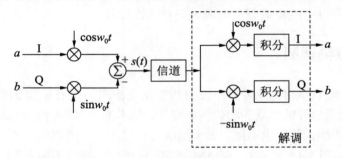

图 3-15　正交调制的解调过程

$$\frac{2}{T}\int_0^T s(t)\cdot\cos w_0 t\mathrm{d}t = \frac{2}{T}\int_0^T (a\cos w_0 t - b\sin w_0 t)\cdot\cos w_0 t\mathrm{d}t$$

$$= \frac{2}{T}\int_0^T (a\cos^2 w_0 t - b\sin w_0 t\cdot\cos w_0 t)\mathrm{d}t \qquad (3\text{-}6)$$

$$= \frac{2}{T}\cdot\frac{a}{2}\cdot T = a$$

$$\frac{2}{T}\int_0^T s(t)\cdot-\sin w_0 t\mathrm{d}t = \frac{2}{T}\int_0^T (a\cos w_0 t - b\sin w_0 t)\cdot-\sin w_0 t\mathrm{d}t$$

$$= \frac{2}{T}\int_0^T (-a\cos w_0 t\cdot\sin w_0 t + b\sin^2 w_0 t)\mathrm{d}t \qquad (3\text{-}7)$$

$$= \frac{2}{T}\cdot\frac{b}{2}\cdot T = b$$

因此，在接收端通过解调处理，分别得到发送的两路 IQ 信号。必须注意的是：这个解调过程要求在一个符号周期内有 n（n 为整数）个载波周期。

3.4　OFDM 调制和解调

　　3.3 节介绍了正交调制、解调和正交调制的复数表示。了解了这些基础知识之后，OFDM 调制和解调就容易理解了。OFDM 调制是由多个正交调制组成，所有正交调制的结果相加，再调制到射频的载波 w_c 上发射出去。每一组正交调制的载波称为子载波，并且各个子载波也是相互正交的，并且每个子载波在一个符号时间内有 n（n 为整数）个子载波周期。

3.4.1　时域上的 OFDM 调制解调

　　OFDM 调制解调原理如图 3-16 所示，在载波为 k 的情况下，当 $w_0=2\pi\Delta f$ 时，将 $\sin w_0 t$ 和 $\cos w_0 t$ 扩展为更多的子载波序列：{$\sin 2\pi\Delta ft$, $\sin 2\pi\Delta f2t$, $\cdots$, $\sin 2\pi\Delta fkt$}，{$\cos 2\pi\Delta ft$, $\cos 2\pi\Delta f2t$, $\cdots$, $\cos 2\pi\Delta fkt$}，(k=16, 256, 1024 等)，其中 Δf 是子载波的频率间隔，k 是子载波个数，在每一个子载波上，各个余弦波序列和正弦波序列是正交的。$\sin 2\pi\Delta fkt$（k=1, 2, $\cdots$）也与整个 $\cos 2\pi\Delta fkt$（k=1, 2, $\cdots$）的正交族正相交，它们代表各个正交的子载波。

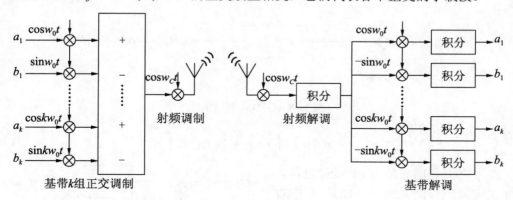

图 3-16　OFDM 调制解调原理图

　　通过正交调制分别传输其对应的 IQ 信号，即 $\cos 2\pi\Delta ft$, $\cos 2\pi\Delta f2t$, $\cdots$, $\cos 2\pi\Delta fkt$ 分别传输 $a_1\cdots a_k$ 信号，$\sin 2\pi\Delta ft$, $\sin 2\pi\Delta f2t$, $\cdots$, $\sin 2\pi\Delta fkt$ 分别传输 $b_1\cdots b_k$ 信号，将这组互相正交的信号相加，结果如式（3-8）所示，然后将 $f(t)$ 调制到射频载波 w_c 上发送出去。

$$f(t) = \sum_{k=1}^{N} a_k \cos 2\pi\Delta fkt - b_k \sin 2\pi\Delta fkt \qquad （3-8）$$

　　在解调时，首先把接收的信号从射频载波上解调下来，然后在一个符号周期内，对接收信号和各个子载波上的正弦和余弦分别进行积分。由于各个子载波的正交性，当前子载波上不为 0 时即可检测出原始的基带信息。详细的解释可参考 3.3 节。

简单说，OFDM 调制和解调过程就是每个子载波序列都在发送自己的信号，然后对它们累加求和，接收端收到信号 $s(t)$ 后分别乘以各个子载波，然后在一个符号周期里进行积分，这样就可以获得每个子载波分别承载的信号了，如图 3-17 所示。

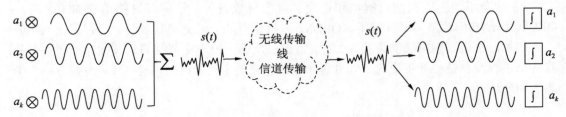

图 3-17   时域上的 OFDM 调制解调过程

3.4.2   复数域 OFDM 的调制和解调

用复指数表示形式进行 OFDM 调制，如果输入的是 $a_k+jb_k(k=0,1,\cdots,N)$，将其乘以 $e^{j2\pi\Delta fkt}(k=0,1,\cdots,N)$，然后取实部，即为 OFDM 调制信号，流程如图 3-18 所示，公式如式（3-9）所示。

图 3-18   OFDM 调制原理

$$s(t) = \text{Re}\left(\sum_{k=0}^{N}(a_k + jb_k)e^{j2\pi\Delta fkt}\right) \tag{3-9}$$

式（3-9）很明显是 IFFT 变换过程，因此在实际的通信系统中可以采用 IFFT 来实现 OFDM 调制，解调的过程相当于 FFT 变换，如图 3-19 所示。

图 3-19   OFDM 解调原理

其实，IFFT 的功能相当于直接算出 N 个子载波信号在空中叠加的结果，在发送端可以通过 IFFT 实现 OFDM，FFT 的功能相当一次把 N 个子载波所携带的信息全部提取出来，在接收端通过 FFT 进行解调。用傅里叶变换的原理设计实现 OFDM 系统，相当于用数学方法，在发送端计算各个子载波上的叠加波形，在接收端去除其他正交子载波的影响，大大简化了系统的复杂度。这种设计方法也是 4G 通信系统和 5G 通信系统的主要实现方案。

3.5　移动通信系统中的 OFDM

3.4 节介绍了 OFDM 的基本过程，正交调制是 OFDM 的本质。我们知道理论和实践经常有差距，那么在移动通信系统中如何实现 OFDM？除此之外，还有什么需要考虑的因素？这些问题就是本节所关注的主要内容。

3.5.1　OFDM 调制对符号速率的影响

假设：用户数据为 0110110001101100，共 16bit，二进制的基带信号的调制方式是 QPSK，OFDM 调制有 8 个子载波。OFDM 调制过程信号的时域变化情况如图 3-20 所示，经过 QPSK 调制，每两个比特按照表 3-1 映射为一个 IQ 信号，即一个码元。

图 3-20　经过 QPSK 调制 IQ 数据

表 3-1　星座图的映射关系

输入信号	IQ信号	输出信号相位	用复数$a+jb$表示
00	$\dfrac{1}{\sqrt{2}}$，$\dfrac{1}{\sqrt{2}}$	$\pi\!\!\!\big/\!\!_4$	$\dfrac{1}{\sqrt{2}}+j\dfrac{1}{\sqrt{2}}$
01	$-\dfrac{1}{\sqrt{2}}$，$\dfrac{1}{\sqrt{2}}$	$3\pi\!\!\!\big/\!\!_4$	$-\dfrac{1}{\sqrt{2}}+j\dfrac{1}{\sqrt{2}}$
10	$\dfrac{1}{\sqrt{2}}$，$-\dfrac{1}{\sqrt{2}}$	$7\pi\!\!\!\big/\!\!_4$	$\dfrac{1}{\sqrt{2}}-j\dfrac{1}{\sqrt{2}}$
11	$-\dfrac{1}{\sqrt{2}}$，$-\dfrac{1}{\sqrt{2}}$	$5\pi\!\!\!\big/\!\!_4$	$-\dfrac{1}{\sqrt{2}}-j\dfrac{1}{\sqrt{2}}$

码元速率为比特速率的 1/2，将串行的 8 个码元转变为并行，8 个并行的码元分别调制在 8 个子载波上，叠加后得到的信号称为一个 OFDM 符号，再把叠加信号调制到射频

载波上发送出去。一个 OFDM 符号持续期间内各子载波上调制的 IQ 数据是恒定不变的。因此在当前的假设条件下，OFDM 符号速率是串行码元速率的 1/8，是串行比特速率的 1/16。可以得到，经过 OFDM 调制后的符号速率比二进制的比特速率变小了，具体可以根据式（3-10）进行计算。

如果数字调制方式为 MPSK 或 MQAM，子载波数为 N，则 OFDM 的符号速率 R_f 为：

$$R_f = 1 / (N \log_2 M) \qquad (3\text{-}10)$$

例如，数字调制方式为 16QAM，子载波数 N=1024，则 OFDM 符号速率是串行比特流的 1/4096。OFDM 符号数据速率比二进制比特流数据速率低了很多。

OFDM 调制是把高速的串行比特流转换为低速并行的数据流，对于相同比特的数据，OFDM 调制以后，系统所需要的带宽相对要小很多。因此，在带宽相同的情况下，OFDM 调制可以极大地提高数据传输速率。

3.5.2　码元间的干扰

在移动通信的无线信道传输过程中，电磁波会出现直射、反射和散射等多种传播路径，由此引起的多径效应对移动通信影响较大。产生多径效应时，信号沿不同路径到达接收端的时间不同，会对数据传输形成干扰。下面讨论的问题就是：在什么情况下多径效应对接收信号会产生影响？应该采取什么措施可以减少系统的多径干扰？

假设电磁波沿两条不同的路径进行传输，在接收端收到的两路信号中，图 3-21 是 OFDM 符号长度不同的 3 种情况，灰色填充部分是 OFDM 符号 1 和 OFDM 符号 2 相互干扰的部分，如果采样时刻就在这部分中进行，那么两个符号之间就会形成干扰，这种现象就是码元间的干扰。如果符号周期变长，那么码元之间相互干扰的部分在一个符号周期中的占比就会变小，产生的影响也将变小，符号长度越长，码元之间的干扰就越小，在相同的多径时延情况下，符号周期越长，多径效应影响越小。

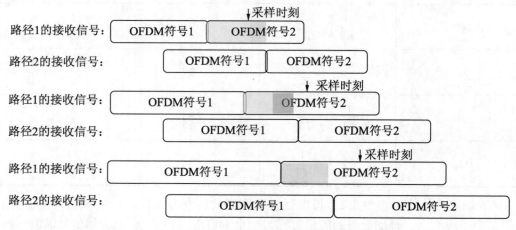

图 3-21　多径效应、符号长度和采样时刻的关系

3.5.3　保护间隔

虽然增加符号周期可以减小码元间的干扰，但是从资源利用的角度考虑，不能无限地增加符号周期。为了消除码元间的干扰，可以在两个符号之间加入保护间隔，在保护间隔期间不能发送信号，如图 3-22 所示，在采样时刻，由于保护间隔不发送信号，两个 OFDM 符号之间没有互相干扰。

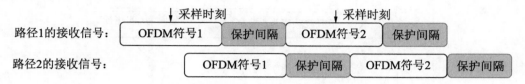

图 3-22　增加保护间隔消除码元间干扰示意

保护间隔虽然从根本上消除了码元间的干扰，但是它却破坏了子载波之间的正交性。我们从频域上来观察加入了保护间隔的各个子载波的变化。假设一个 OFDM 符号有两个子载波，子载波频率分别为 f_0 和 $2f_0$，在两个 OFDM 符号之间加入保护间隔，经过路径 1 和路径 2 到达接收端，如图 3-23 所示，路径 1 和路径 2 的各子载波波形如图 3-24 所示。

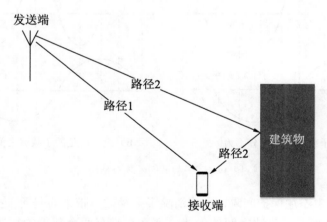

图 3-23　一个 OFDM 符号有两个子载波

OFDM 的解调过程是：接收端收到信号后，先经过射频的解调，然后再分别乘以各个子载波并进行积分，利用各个子载波之间的正交性就可以取出每个子载波分别承载的信号了。加了保护间隔以后，这两个子载波上的信号是图 3-24 所示的情况。如果对符号 1 进行积分解调，子载波频率为 $2f_0$ 的路径 1 的信号和子载波频率为 f_0 的路径 2 的信号之间，在一个符号周期内已经不能满足在积分区间相乘后的积分为 0 的条件，因此这两个子载波不正交，不能正确解调出每个子载波上的信号，这种现象称为子载波干扰，如图 3-25a 所示，一个符号内的不同时延的各子载波之间存在这种现象，图 3-25b 是没有时延的情况。

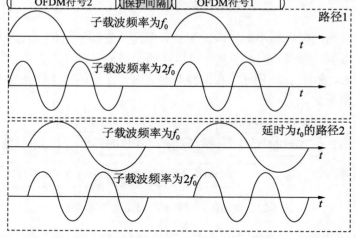

图 3-24　两个码元符号加保护间隔后的路径 1 和路径 2 的子载波波形

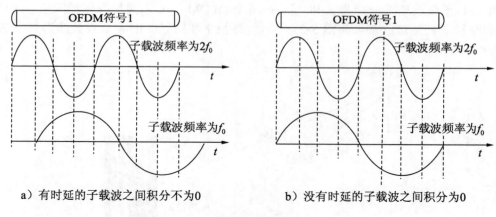

a）有时延的子载波之间积分不为 0　　　　　b）没有时延的子载波之间积分为 0

图 3-25　子载波间的积分情况

因此，在符号中添加保护间隔，虽然消除了多径效应带来的码元干扰，但是导致子载波之间不正交，引起了子载波之间的干扰。那么有没有两全其美的解决方法呢？答案是肯定的，在 4G 和 5G 网络中，通过在符号之间添加循环前缀的方法可以解决多径效应的问题。

3.5.4　OFDM 符号的循环前缀

为了消除符号内的子载波间的干扰和码元间的干扰，可以在 OFDM 符号之间添加循环前缀（Cyclic Prefix，CP），具体方法是在符号内，将每个子载波最后一部分的内容搬到符号前面保护间隔的位置处。如图 3-26 所示，每个子载波在保护间隔位置处的波形是连续的，保证了子载波之间的正交性。这样在一个符号周期内，多径时延的子载波间积分为 0，如图 3-27 所示。

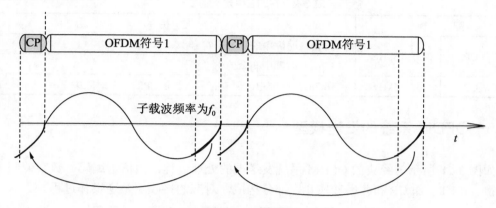

图 3-26　循环前缀

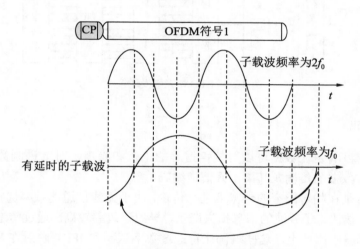

图 3-27　加了 CP 以后子载波间的积分为 0

　　循环前缀很好地保证了子载波之间的正交性，同时也减少了码元间的干扰。基站和用户/终端进行通信时，远离基站的用户和靠近基站的用户，他们的数据在无线空间内传输时，到达基站的时间有早有晚，为了消除这种多径效应，CP 应该设置得越大越好，CP 越大，能够抵抗的多径时延就越长。但是，CP 占用了时域资源，CP 越长，单位时间内可用的有效资源就越少，从资源利用的角度来看，又希望在单位时间内 CP 占的比重越小越好。

　　在实际的通信系统中，CP 的长度大小取决于应用的通信场景，根据普遍的通信环境场景和基站理论覆盖半径，可以设计出 CP 的最佳值，表 3-2 是 LTE 中对 CP 的长度定义。

在 LTE 中定义了两种 CP，一种是长 CP（扩展 CP），另一种是短 CP（常规 CP），应根据实际的网络覆盖环境进行配置。

表 3-2 在LTE中定义的CP

配　　置		CP长度
常规CP	Δf=15kHz	5.2μs，时隙中的第一个符号
		4.7μs，时隙中剩余的6个符号
扩展CP	Δf=15kHz	16.7μs，时隙中的所有符号（扩展CP的一个时隙中只有6个符号）

3.5.5　OFDM 系统的发送模型

如图 3-28 所示为经典的 OFDM 系统发送端的处理过程，由信道编码、数字调制、串并转换、IFFT、加 CP 和并串转换几个部分构成，对应的接收端是逆操作过程。

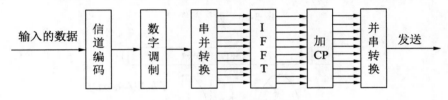

图 3-28 OFDM 系统发送模型

1．信道编码

信道编码的目的是让数据可以对抗信道上的干扰和噪声，对二进制数据序列增加冗余。OFDM 系统数据的传输尤其离不开信道编码。

OFDM 符号是在相对较窄的带宽上进行传输，由于无线信道的频率选择性，在某些频点处信道衰减得很快，子载波的信息损失严重，导致误码率较高。通过信道编码使传输的数据扩展到多个编码比特上，这些编码比特经过数字调制和 IFFT 映射在多个子载波上，这些子载波可分布在整个传输带宽上进行传输，这样就很好地抑制了无线信道频率选择性的影响。如图 3-29 所示，1bit 的信息经过信道编码之后映射在频域的多个子载波上，虽然有一个信道受到频率选择性信道的影响，但是其他的信道没有受到明显的影响，因此可以获得正确的传输信息。

2．数字调制

数字调制就是对数据块中的二进制数据流进行调制，将若干个比特转换为一个调制复数符号，可以采用 QPSK、16QAM 和 256QAM 等，将二进制数据流映射为符号，即 IQ 信号，用复数表示为 $a+jb$，作为 IFFT 的输入参数，这样二进制的数据流就转换成复数符号流。

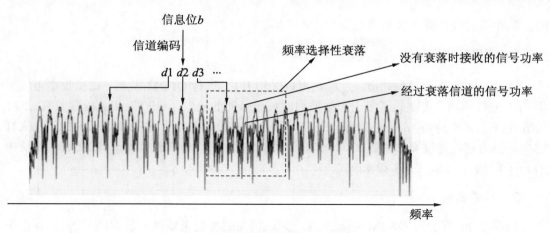

图 3-29　信道编码和 OFDM 传输

3．串并转换

串并转换是将调制符号块分割，各个调制符号分别送到不同的并行路径上，这些路径对应的就是各个正交的子载波，而每个复数调制符号作为 IFFT 算法的输入参数。

4．IFFT

用数学的方法，计算 OFDM 符号的波形，在实现正交变换的同时降低了 OFDM 调制的复杂度。如果输入的符号数目没有达到 IFFT 的运算点数 N，则用调制符号块末尾补 0 的方式产生 N 点 IFFT 变换的输入，N 为 2^m（m 为整数），OFDM 调制通过高效的基 2-IFFT 来实现。注意，OFDM 调制器的实现与否基于 IFFT 及 IFFT 的大小，这些在接入标准中并没有规定。在接收端，OFDM 系统不能用带通滤波器来分隔子载波，而是用 FFT 模块把重叠在一起的波形分隔出来。OFDM 系统在调制时用 IFFT，解调时用 FFT。

5．加CP

在经过 N 点的 IFFT 变换后，取出数据块的最后 Ncp 个值并插入数据块的开始部分，数据的长度变为 $N+Ncp$，消除多径效应的同时保证了子载波之间的正交性，在接收端，解调时把相应的采样值丢弃，即为去 CP 模块的功能。

6．并串转换

IFFT 运算输出的是数值序列，而 OFDM 符号代表一段波形，因此需要用并串转换的方法来提取序列中的数值并逐一输出，输出的是一个 OFDM 符号。

3.5.6　OFDM 参数

与 OFDM 系统设计相关的参数有 3 类：与傅里叶变换相关的参数、与频域资源相关的参数和与时域资源相关的参数。

1. 傅里叶变换参数

通过前面的介绍我们知道：发送端可以采用 IFFT 进行 OFDM 调制，在接收端可以采用 FFT 进行解调，实现频域多个子载波与时域信号间的映射，和 FFT 相关的参数有：FFT 阶数（FFT 采样点数）、采样频率和采样周期。FFT 阶数越大，在变换过程中的信息失真越少，但对芯片速度要求就越高，一般的采样阶数为 2^m（m 为整数），一般在通信系统中的 FFT 阶数有 128、2048 和 4096。

2. 频域参数

如图 3-30 所示为 OFDM 频域示意，频域相关的参数主要是子载波间隔 Δf，各个子载波间隔 Δf 不能过小，如果太小，则无法对抗多普勒频移带来的影响。多普勒频移是由高速运动引起的，那么系统也无法支撑高速移动的无线通信。但子载波间隔也不能过大，OFDM 符号周期为子载波间隔的倒数，如果太大，OFDM 符号周期就会太小，容易引起码元间的干扰。

4G 中的子载波间隔只有一种，即 15kHz，其符号周期为子载波间隔的倒数 66.7μs。5G 因为有多种场景的通信需求，如车联网业务要求极短的时域符号周期和调度周期，这就需要频域较宽的子载波间隔，它的子载波间隔有 5 种情况，分别是 15kHz、30kHz、60kHz、120kHz 和 240kHz，那么对应的符号周期也会越来越小，时间划分粒度更细。WiMAX 子载波间隔为 10.98kHz。

子载波间隔与可用子载波数目 Nc 的乘积，即为信道带宽 BW，即 $BW = Nc \times \Delta f$，但在系统设计时，要留有合适的保护带宽来抑制相邻频道的泄露，因此实际的带宽要大于 $Nc \times \Delta f$。例如在 LTE 系统中，如果配置的带宽是 5MHz，而实际上数据传输只使用 300 个子载波，子载波间隔是 15kHz，相当于使用了 4.5MHz 的带宽，那么 0.5MHz 就被分配在带宽的两端作为保护带宽。4G 系统需要 10%的保护带宽，5G 系统通过优化滤波器的设计大大降低了带宽泄露，不同配置的子载波间隔有不同的保护带宽，保护带宽的开销可以降至 1%左右。

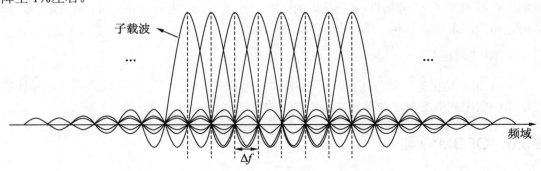

图 3-30　OFDM 调制后的频域示意

3.　时域参数

时域的重要参数是 OFDM 符号周期。一个 OFDM 符号周期应包括实际的 OFDM 符号周期 Ts 和循环前缀时间 Tg，即一个 OFDM 符号周期 $Ts'=Ts+Tg$。在 LTE 中，Ts 为子载波间隔的倒数 66.7μs，CP 的长度在系统中有不同的定义，Tg 不能过小，必须能够大于覆盖范围内可能的多径时延，否则将会造成子载波干扰，同时，CP 的长度 Tg 也不能太大，否则冗余开销太大，会影响系统的信息传输效率。

3.6　OFDM 用户多址

在下行数据传输中，如果要将 OFDM 符号生成过程中的所有子载波所携带的信息发送给同一个用户，那么不存在多址，如果要将子载波所携带的信息发送给多个用户，就是多址的问题，可以让不同子载波在同一时间（一个符号周期）内传输不同用户的数据，这些数据通过 OFDM 进行复用。这样做可使多个用户同时接收基站的数据。同样，在上行数据传输中，把子载波分给不同的用户进行传输，基站侧会同时收到多个用户发送的数据，这就是 OFDMA 技术，如图 3-31 所示。

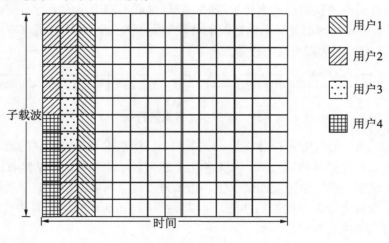

图 3-31　OFDMA 示意

在 LTE 移动通信系统的下行数据传输中，把 OFDM 作为多用户复用方案，就是在每个 OFDM 符号周期内，带宽内的整个子载波集合的不同子集用于向不同的用户传输数据。根据给各个用户分配的资源的方式不同，可以将资源分配分为分布式资源分配和集中式资源分配，集中式资源分配是把连续的子载波分配给一个用户，分布式资源分配是将分配给用户的子载波分散在整个带宽内，如图 3-32 所示。

在 LTE 上行方向上，为了降低峰均比（3.7 节介绍），以基于 DFT 预编码的 CP-OFDM

作为多用户复用方案，如图 3-33 所示。在它的处理流程中多了一个 DFT 模块，输入的信号经过 DFT 后变换至频域上，然后映射至各个子载波上，经过 IFFT 再变换至时域上。IFFT 之后的时域信号相当于 DFT 之前的时域信号的重复，这样做的目的是降低峰均比。这种资源映射要求在每个 OFDM 符号周期内，不同用户使用连续的子载波集合向基站发送数据，即 LTE 在上行方向上只有集中式资源分配方式。

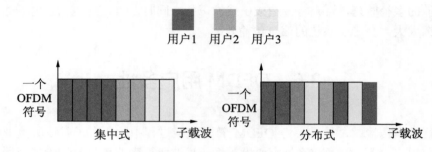

图 3-32　LTE 中的多用户复用方案

如果采用 OFDMA 技术作为多用户的上行数据传输，相当于对多个用户的 OFDM 信号进行频率复用，则要求各个用户的传输信号同时到达基站，以保证接收的不同用户的子载波的正交性，这样基站才能正确解调出数据，因此，要求移动通信系统要根据用户和基站的距离，随时动态调整用户的上行发送时间，以保证不同用户的上行数据在基站侧是对齐的，并且离基站最远的用户和基站之间的传输时间不能超过循环前缀（CP）的时间长度。也就是说，CP 的长度决定小区的覆盖面积。

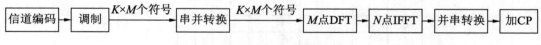

图 3-33　基于 DFT 预编码的 OFDM

在 LTE 系统中，OFDMA 即使在上行完美同步，但是由于传输距离的影响，离基站较远的用户的无线信号损耗将比较大。如果各用户的发射功率相同，基站接收的信号功率差异较大，在子载波不是完全正交的情况下，那么强信号会对弱信号造成严重的干扰，因此移动通信系统要有上行功率控制的功能，可以根据用户和基站的距离调整发射功率，使基站接收的信号功率大体相同。

3.7　OFDM 的优缺点

3.7.1　OFDM 的优点

OFDM 技术是现代移动通信系统的核心技术，以下罗列的优点主要是和 LTE 之前的移动通信技术的对比。

1. 减少符号间的干扰

从前面的循环前缀的介绍我们已经知道，OFDM 符号周期越长，符号之间的码元间干扰影响越小。OFDM 符号相对单载波的调制符号来说有更长的符号周期，因此，OFDM 系统可以减少符号间的干扰。

2. 对抗频率选择性衰落

频率选择性衰落是指在频点所在的带宽内，信号的功率损耗与频率相关，在大带宽系统中，某些频率的功率损耗特别大，影响数据的传输。OFDM 系统把信道划分为带宽很小的子载波，在带宽较小的子载波内，发生频率选择性衰落的情况减少了，并且 OFDM 系统结合信道估计机制，优先选择信道条件比较好的频率信道进行信号传输，进一步避免了频率选择性衰落对信道的影响。

3. 易于和MIMO结合

MIMO 是 4G 和 5G 移动通信系统的关键技术，使用 MIMO 技术的前提是对无线信道的准确评估。OFDM 技术将带宽划分为了多个子载波，在每个子载波内的传输特性可以线性化，从而可以更好地实施 MIMO 技术。这点对于以前的宽带单载波来说很难做到。

4. 带宽灵活，可利用大带宽

由于实现方式不同，OFDM 系统根据带宽的大小，可以灵活选择子载波的数目，而 FDM 系统每增加一个载波，就需要增加功放和滤波器，加大了硬件开销。

5. 更高的频率利用率

在同等带宽情况下，单载波与 OFDM 的传输效率是相当的，但是与同等带宽下的 FDM 相比，OFDM 的频率利用率更高，这是因为，FDM 系统有频带保护，GSM 系统的频率利用率不超过 50%。OFDM 系统中的子载波是正交的，频带内不用考虑频带保护，频率的利用率为 100%。当然，不同的系统工作带宽之间还是需要有保护带宽，4G 系统的保护间隔占工作带宽的 10%左右，5G 系统的保护带宽小一些，占工作带宽的 1%左右。

3.7.2 OFDM 的缺点

1. 峰均比高

峰值平均功率比（Peak to Average Power Ratio，PAPR）简称峰均比，峰均比就是信号的峰值功率 P_{peak} 和平均值功率 P_{avg} 的比值，见式（3-11）。

$$PAPR = \frac{P_{\text{peak}}}{P_{\text{avg}}} \tag{3-11}$$

一般情况下，为了保证携带信息的电磁波可以传播到用户端，发射之前的信号需要通过一定功率的功率放大器放大，功率放大器简称功放。理想中的功放满足式（3-12）所示的线性方程。

$$y(t) = kx(t) \tag{3-12}$$

实际中的功放是非线性的，如图 3-34
所示，线性系统的性质决定了输入信号和输
出信号的频率不变，而非线性系统没有这个
性质，信号经过非线性系统输出频率会发生
变化，产生频谱扩展的现象。因此在现实中
应尽量让功放工作在线性区域。

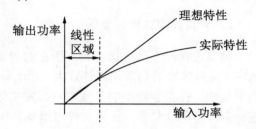

峰均比反映了功放的使用效率，PAPR
越低，对功放的使用效率越高。在基站中，

图 3-34　功率放大器的理想特性和实际特性曲线

功放是一个核心设备，并在建设成本中占很大的比例，因此，降低信号的峰均比，对提高功放的利用率非常重要。

OFDM 符号是由多个独立经过调制的子载波信号叠加而成的，当各个子载波相位相同或者相近时，相同相位的子载波信号会进行累加，从而产生较大的瞬时功率峰值，而大部分时间，各个子载波的相位是不同的，叠加信号基本上稳定在一个数值范围内，这个数值就是均值，由此 OFDM 调制带来较高的峰均比。

由于一般的功率放大器的线性区域范围都是有限的，所以峰均比较大的 OFDM 信号极易进入功率放大器的非线性区域，产生频谱扩展现象，这使信号产生非线性失真，造成明显的频谱扩展干扰及带内信号畸变，导致整个系统性能严重下降。

峰均比对基站功放设计的意义很大，因为对峰均比要求不同，载波数要求也不同，这将会直接影响功放成本、效率和设计难度。例如，由四个子载波（如图 3-35a 所示）在时域上相互叠加的 OFDM 符号的波形如图 3-35b 所示。

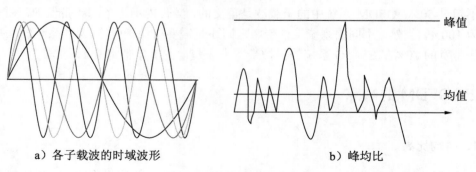

a）各子载波的时域波形　　　　　　　　b）峰均比

图 3-35　OFDM 高峰均比

可以通过以下方法解决：

（1）使用动态范围更大的功率放大器。高性能的功放，势必会造成设备的高成本。

（2）削峰。把高于某个幅度的信号削平，系统不输出完整幅度的波形，把输入信号限制在功放的线性工作范围内。这种方法在实现过程中比较灵活，成本较低，能保证功放的性能，但是削峰会引起波形失真。

（3）使用数字预失真技术（Digital Pre-Distortion，DPD）。DPD 是在 1986 年以后出现的，DPD 的特性是功放实际工作特性的反函数，对实际功放的输出进行补偿，使功放接近理想的工作特性。数字预失真线性功率放大器的工作曲线如图 3-36 所示，图 3-37 是其处理过程。DPD 是预先使信号产生与功放特性相反的失真，抵消功放在非线性区域产生的失真，通过"负负得正"的原理来提升功放的效率。一般在基站侧采用这种方法降低峰均比。

DPD 技术的难点是需要建立和实际功放完全匹配的数学模型，如果功放设备发生变化，则数学模型或参数也需要随之改变。例如，5G 系统和 4G 系统相比系统带宽越来越大，4G 系统中的 DPD 数学模型已经不能很好地匹配 5G 基站的功放特性，需要进一步研究 5G 功放的数学模型。

DPD 的硬件实现需要综合考虑各方面的情况，包括难易程度、资源消耗、性能、成本和研发周期等，这是 DPD 的另外一个难点问题。

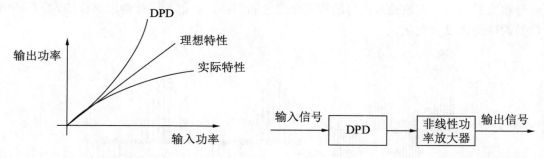

图 3-36　数字预失真线性功率放大器的工作曲线　　图 3-37　数字预失真线性功率放大器的处理过程

（4）预处理技术。对上行来说，用户的功放成本很低，不可能采用和基站一样的 DPD 技术，并且用户的发射功率小，其峰均比的问题更突出。在 LTE 中，上行采用的是 SC-FDMA（Single-carrier Frequency-Division Multiple Access）技术。SC-FDMA 是单载波，与 OFDM 相比具有较低的峰均比。频域的具体处理过程可以参考图 3-33。

从图 3-33 中可以看出，调制后的复数符号块经过 M 点的 DFT 后变换至频域上，然后映射至各个子载波上，再经过 N 点的 IFFT 变换至时域上，其中，$N>M$，在没有 DFT 映射的 IFFT 子载波上，输入设置为 0。

如果 $M=N$，则 DFT 和 IFFT 的处理将完全抵消，IFFT 之后又得到原来的时域信号，其峰均比也会很低。

如果 $M<N$，则 IFFT 的输入在 M 个子载波上为 DFT 的输出，剩下的 $N-M$ 个子载波输入设置为 0。因为资源映射有两种映射方式（集中式映射和分布式映射），不同的映射方式其补 0 的操作也不同，如图 3-38 所示，频域补 0 操作，再经过 IFFT 之后，相当于对时域信号进行值为 0 的内插处理，所以 DFT 和 IFFT 的处理过程相当于对时域的插值过程，信号的峰均比不会变大。

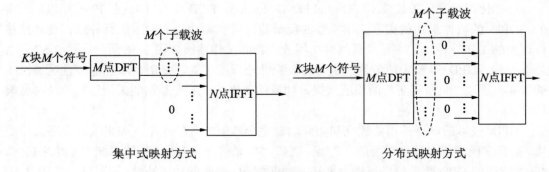

图 3-38　集中式映射方式和分布式映射方式的补 0 操作

例如，以正弦信号作为 SC-FDMA 的 DFT 输入信号，集中资源映射方式是在 DFT 的信号后面部分添加 0 值，再经过 IFFT 处理，结果如图 3-39 所示。IFFT 输出信号和原输入信号相比，相当于在原输入信号的每两个值之间都插入 0 值，因此输出这样的 SC-FDMA 信号的峰均比没有变化。

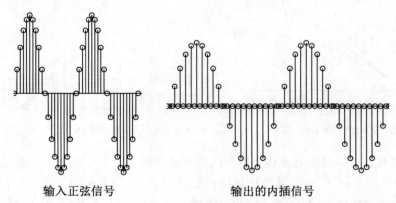

图 3-39　以正弦信号作为 SC-FDMA 的 DFT 输入信号，IFFT 输出内插信号

在 SC-FDMA 的处理过程中，DFT 之前是时域信号，DFT 之后是频域信号，经过 IFFT 之后又回到了时域，在 $M<N$ 时的变化是：相当于把一个窄带的时域信号放置在一个宽带信号的某个频率范围内，信号前后的峰均比没有多大变化。将 M 个子载波看作一个宽带载波，其带宽大小取决于 M 大小，因此，也可以说 SC-FDMA 输出的是宽带"单载波"特性的信号。

SC-FDMA 符号所占的带宽和 DFT 大小 M 成正比，SC-FDMA 符号周期和 DFT 大小 M 成反比。例如，在 LTE 中，子载波间隔为 15kHz，当 M=6 时，一个 SC-FDMA 符号所占用的带宽为 6×15kHz=80kHz，是 OFDM 符号带宽的 6 倍，对应的 SC-FDMA 符号周期为 OFDM 符号周期的 1/6。可以看出，在相同的资源上，不管是 OFDM 还是 SC-FDMA，它们传输的总符号数是相同的。

DFT 大小 M 一般是整数，由于在实际通信系统中不能保证 M 可以表示为 2^m，只要求 M 可以表示为几个相对较小的素数的乘积即可，在 LTE 中由基 2 和基 3 相结合组成 M，如 M=6 是由 2×3 组成。

在接收端，SC-FDMA 的解调过程是生成过程的逆操作，图 3-40 所示的是接收端的 FFT 和 IDFT 处理过程，对于 SC-FDMA 的解调，在 N 点的 FFT 之后需要除去与接收端不对应的子载波信号，对 M 个子载波的数据进行大小为 M 的 IDFT 处理。SC-FDMA 相当于一个宽带的信号，在传输过程中不可避免地会产生频率选择性，因此在接收端就不能正确解调出数据信息。一般在接收端会增加一个信号处理模块来对抗信道的频率选择性。

总之，SC-FDMA 和 OFDMA 相比，在发送端只是多了一个 DFT 模块，两者的解调方法类似，对于 SC-FDMA 来说在解调时只要增加一个 IDFT 模块即可。虽然 SC-FDMA 能获得较低的峰均比，但是有研究者发现，SC-FDMA 方案的效果不如直接削峰的方案。在 LTE 中，上行的多址技术采用的是 SC-FDMA 方案。

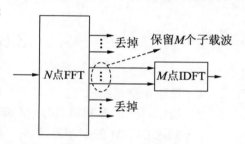

图 3-40　接收端的 FFT 和 IDFT 处理过程

2. 频移的影响

在基带信号上，接收端的信号频谱和发送端的信号频谱产生了偏移，就是频率偏移。引起频偏的主要原因有硬件（晶振）误差和多普勒频移。

在理想信道的情况下，如果发送端把基带的 OFDM 信号通过载频 ω_c 进行发射，接收端通过准确的频率 ω_c 接收信号，从信号处理角度来看，相当于实现了从高频到基带的频率搬移。如果接收方产生的频率误差为 $\Delta\omega$，实际的频率为 $\omega_c+\Delta\omega$，那么经过频率搬移之后，接收端基带信号的频谱和发送端基带信号频谱之间有频移，这个频移会影响信号的解调。

如果 $\Delta\omega$ 等于整数个子载波间隔，此时子载波满足正交性，在 OFDM 解调中通过 FFT 能实现数据的解调，但是会出现子载波上的数据错位的情况，本来是第 m 个子载波上的数据，可能出现在第 n 个子载波上。

设发送端发送的信号为：$[a_0, a_1, \cdots, a_N]$，经过 OFDM 调制的信号为式（3-13）所示。
$$s(t) = \sum a_i e^{j2\pi\Delta f k t}, (k=0,1,\cdots,N) \tag{3-13}$$
设接收端的频率偏移为 m 个子载波，频率搬移后获得的 OFDM 信号为式（3-14）所示。

$$s(t) = \sum a_i e^{j2\pi \, (k+m) \, \Delta ft} = s(t)e^{j2\pi m\Delta ft}, (k = 0,1,\cdots,N) \qquad (3\text{-}14)$$

根据傅里叶变换的性质,时域的相位旋转,对应频域相当于循环移位,由此得到 OFDM 解调以后的信号为:$[a_{N-m}, a_{N-1}, a_0, a_1, \cdots, a_{N-m-1}]$,和发送信号序列相比发生了错位,说明解调数据实际是错误的。

如果 $\Delta\omega$ 等于非整数的子载波间隔,会产生子载波干扰。OFDM 系统中的各个子载波要相互正交,则需要各子载波的频率是基波频率的整数倍,如果子载波的频率不是基波频率的整数倍,那么子载波之间就不正交了,从而形成子载波间的干扰,使数据不能正确解调。

因此,在 OFDM 系统中,频偏对数据是否正确解调影响非常大,要保证系统中几乎没有频偏,需要提高系统硬件的精度或运用频率纠正等方法避免出现频偏。例如,高速移动的用户的数据在无线信道中传输时,由于多普勒效应会带来频率的偏移,会影响信号的正常接收,因此需要通过频偏估计进行矫正。

3.8 习　　题

1. 概述正交调制原理。
2. 简述 QPSK 调制和 16QAM 调制。
3. 概述 OFDM 的调制原理。
4. 从时域和频域角度描述 OFDM 的调制过程。
5. 从复数的角度推导 OFDM 的调制和解调过程。
6. 什么是循环前缀?在 OFDM 系统中它的作用是什么?
7. 简述 LTE 中 OFDM 符号生成过程。
8. 简述 LTE 中的 OFDMA 技术。
9. 简述 LTE 中的 SC-FDMA 技术。
10. OFDM 有哪些特点?

第 4 章　多天线技术

在移动通信系统中，发射天线与用户之间传输的数据在周围环境中进行传播。信号可能会被地面建筑物和其他障碍物反射，这些反射会带来信号传输的时延和衰减，如图 4-1 所示。更严重的情况是发射天线与用户之间可能没有直接路径，在接收端会收到不同路径的信号，它们之间会有不同的衰减和相位差，会影响数据解调甚至产生错误数据，从而导致信号失真，这种现象就是多径效应。虽然多径效应会引起信号的失真，但是人们发现多径传输同样有利用价值——多径传输可以对抗信号衰落，这种技术就是多天线技术 MIMO。

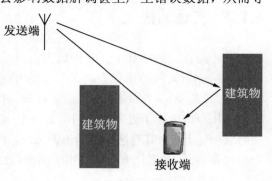

图 4-1　多径传输的示例

早在 1908 年，马可尼就曾提出用多径传输来对抗信号衰落的思想。从 20 世纪 70 年代开始，MIMO 技术被用于通信系统中。20 世纪 90 年代，AT&T Bell 实验室的学者对 MIMO 技术的研究极大推动了 MIMO 技术在移动通信系统中的应用。

多天线技术就是在无线通信时，在接收端或发射端使用多个接收天线或发射天线，采用先进的数字信号处理技术，改善无线信号传输质量的一项技术。这种技术主要利用多径传输，在不增加带宽和天线发送功率的情况下，提高信道容量及频谱利用率，提高数据的传输质量。多天线技术是移动通信系统的关键技术之一。

4.1　关于天线的几个概念

4.1.1　振子

当导线有交变电流时，就可以形成电磁波的辐射，辐射能力与导线的长短和形状有关：如果两条导线的距离很近，电场被束缚在两条导线之间，则辐射很微弱；如果将两条导线张开，电场就散播在周围空间中，则辐射增强。当导线的长度增加到可以与波长相比拟时，导线上的电流就大大增加，因而就能形成较强的辐射。通常将能产生显著辐射的直导线称为振子。简单说，振子就是发射和接收高频振荡信号的一段金属导体。

两臂长度相等的振子叫作对称振子。对称振子是一种经典的、迄今为止使用最广泛的天线，每臂长度为四分之一波长，全长为二分之一波长的振子称半波对称振子，如图 4-2 所示。

根据公式 $c=f\lambda$（c 是光速，f 是电磁波的频率，λ 是波长）可知，当系统工作频率为 1800MHz 时，半波振子的长度大约为 8cm，频率越高，振子长度越小。5G 网络工作在更高频段，如果工作频率为 28GHz，则振子长度大约为 5mm，天线设计会更加小型和精密。

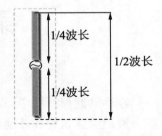

图 4-2　半波对称振子示意

4.1.2　天线的极化

电磁波在空间传播时，其电场方向是按照一定的规律进行变化的。天线辐射电磁场的电场方向称为天线的极化方向。当电场方向垂直于地面时，称为垂直极化；当电场方向平行于地面时，称为水平极化。如图 4-3a 所示为电磁波的极化方向，分别表示垂直极化和水平极化。由于振子方向的不同，会有不同天线的极化方向。图 4-3b 所示为由多个振子排列的双极化天线，其有两个逻辑上的天线，传输两个独立的波，一组代表+45°的极化方向，一组代表-45°的极化方向，使用了两根馈线。这也是 4G 移动通信系统中常用的天线。

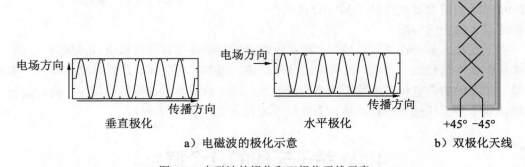

a）电磁波的极化示意　　　　　　　b）双极化天线

图 4-3　电磁波的极化和双极化天线示意

天线的极化方向会影响电磁波的传播和接收效果。在传播方面，水平极化的电磁波在贴近地面方向传播时，由于电磁感应，会在大地表面产生感应电流，从而消耗掉一部分能量。垂直极化的电磁波不容易产生感应电流，传播损耗较小。在接收效果方面，如果接收天线和发射天线的极化方向相同，接收方可以得到较好的接收效果；反之，接收的效果较差。

单一极化天线只能接收相应的极化波。为了提高天线的接收能力，将工作在同一频率的两个或两个以上的单个极化天线,按照一定的要求在空间内整齐地排列,叫作天线阵列。

在移动通信系统中,基站发射的信号,对垂直于地面的手机来说更容易和垂直的极化信号相匹配,在开阔的山区和平原农村,垂直极化天线比双极化(±45°)天线的覆盖效果好。在城区,由于建筑物的多次反射,建筑物上的金属体和玻璃都容易使极化发生旋转,垂直极化天线和双极化(±45°)的覆盖能力没有明显的区别。双极化天线结构紧凑,方便实施,因此是移动通信基站常用的天线。

4.1.3　增益

增益,简单来说就是放大倍数,是指在输入功率相等的条件下,实际天线与理想的辐射单元在空间同一点处所产生的信号的功率密度之比。它定量地描述天线对输入功率集中辐射的程度,代表天线向某一方向上发射功率的能力。

如图 4-4 所示,输入功率为相同的 $P0$,在某接收点处,实际的天线的功率为 $P1$,理想无方向性的天线的功率为 $P2$,那么实际天线的增益为 $G=10\lg(P1/P2)$。增益与天线方向图有密切的关系,方向图主瓣越窄,副瓣越小,增益就越高。通常情况下,天线增益指的是最大主发射方向上的增益。如果接收点和天线的主发射方向偏离,那么根据偏离的程度增益会有所变化,偏离得越大,增益会越小。

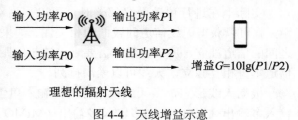

图 4-4　天线增益示意

4.2　多天线技术的基本原理

4.2.1　MIMO 系统

如果在发送端和接收端同时使用多根天线,如图 4-5 所示,发射端有 m 根天线,接收端有 n 根天线,它们组成的多天线系统叫作多输入多输出(MIMO)系统。

在 MIMO 系统中分别发送 m 个数据流,经过相互独立的无线信道传播,到达接收端,接收端根据各个信道的空间特性解调出传输数据流。其中,$h_{ij}(i=1, 2\cdots m, j=1, 2\cdots n)$ 表示天线 i 上的数据流传送到接收端 j 天线上的无线信道响应。根据线性代数的知识,把无线信道响应表示为 $\boldsymbol{H}$ 矩阵,接收信号表示为 $\boldsymbol{R}$ 向量,长度为 n,发送信号表示为 $\boldsymbol{T}$ 向量,长度为 m,噪声表示为 $\boldsymbol{N}$,接收信号和发送信号两者的关系可以表示为式(4-1)。

$$\boldsymbol{R}=\boldsymbol{HT}+\boldsymbol{N}$$

(4-1)

在移动通信系统中，MIMO 系统的各发射信号占用同一频带，并未增加带宽，若各发射和接收天线间的信道响应独立，则该系统可以创造 $m \times n$ 个并行空间信道，通过并行空间信道独立地传输信息。在并行信道中，发送数据时可以使用相同的频域、时域或码域资源。在不增加系统带宽和天线发送功率的情况下，可以提高信道容量及频谱利用率，提高数据速率。

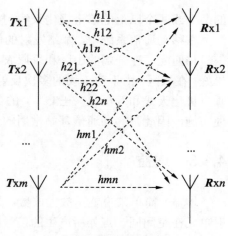

图 4-5　MIMO 系统示意

如果多个天线发送相同的数据，各个传输路径之间相互独立，那么它们同时处于信道深度衰落的可能性就比较小，比单天线传输的可靠性提高了。如果各个传输信道之间相互干扰、影响，甚至相互抵消，那么是不能提高数据传输可靠性的。因此，MIMO 技术的关键是保证各个发送信道之间完全独立、正交。

实际上在进行移动网络部署时，可以采用双极化天线或保证单极化天线足够大的间距，就可以获得无线信道间较低的相关性。如果天线具有相同极化方向，为了保证各天线之间的信道独立，那么宏基站需要十倍波长的距离。天线采用不同的极化方向时，各传输信道本身相互独立，天线可以紧凑排列。

根据天线形态，多天线技术分为单输入单输出（SISI）、多输入单输出（MISO）、单输入多输出（SIMO）和多输入多输出（MIMO）几种。在多天线技术中通常研究两方面的问题：一方面，多天线接收时，如何从多个天线的接收数据中提取原始发送信号；另一方面，多个天线发送时，如何进行信号处理，以方便接收方的信号检测。这些都涉及数字信号处理技术。在移动通信系统中，考虑到终端的复杂度和成本，更倾向于在基站端配置多根天线，进行多天线的发送和接收。

4.2.2　多天线方式对信道容量的影响

根据香农公式，把信道情况从一维推广到多维就是 MIMO 信息论，其主要讨论 MIMO 对信道容量的影响，在此省略推导过程。M_t 为发射端的天线数目，M_r 为接收端的天线数目。假设信道之间相互独立、正交，在互不相关的情况下，我们分别在以下几种场景下讨论信道容量和天线数目之间的关系。

- 一个天线发射、多个天线接收（SIMO）方式下的信道容量公式为（4-2），随着接收天线个数 M_r 的增大，信道容量增大。两者之间的关系是对数关系。一个天线发射，多个天线接收，是最早的多天线技术，也叫接收分集。在无线信道条件较差的情况下，可以通过增加接收天线数目的方法来保证数据的传输，提高接收信号的信噪比。

$$C = B \cdot \log_2 \left(1 + \frac{M_r \cdot S}{N} \right) \qquad (4\text{-}2)$$

- 多个天线发射、一个天线接收（MISO）方式下的信道容量公式为（4-3），随着发射天线个数 M_t 的增大，信道容量增大，两者是对数关系。多个天线发射、一个天线接收的方式也称为发送分集。在无线信道条件较差的情况下，可以增加发送天线的数目，通过多路无线信道发送相同的数据，提高数据传输的可靠性。

$$C = B \cdot \log_2 \left(1 + \frac{M_t \cdot S}{N} \right) \qquad (4\text{-}3)$$

- 多个发射天线、多个接收天线（MIMO）方式下的信道容量公式为（4-4），信道容量与发射端和接收端天线数的最小值成正比。在满足信道互不相关的情况下，信道容量会增加。这个理论推导结果要求从发射到接收的各路径的信道衰落特性相互独立、互不相关。实际上，如果无线信道环境复杂，电磁波有各种不同的散射、反射，那么各路径的衰落特性就比较独立。在无线信道质量较好时，通过多天线发送多路数据，增强数据的传输效率，这就是空分复用技术。

$$C = \min(M_r, M_t) \cdot B \cdot \log_2 \left(1 + \frac{M_r \cdot S}{\min(M_r, M_t) \cdot N} \right) \qquad (4\text{-}4)$$

4.3　多天线的工作模式

多天线技术根据传输方案可以分为：发送分集技术、空分复用技术和波束赋形技术。

MIMO 技术通过发送端的数字信号处理之后，安排数据同时在不同的无线信道进行传输，接收端收到数据后，通过和发送端相反的数字信号处理过程获得信息。

在相互独立的传输路径上可以传输相同的信息，也可以传输不同的信息。相同的信息在独立的信道上传输时会以不同的形式出现，即在独立的传输路径上传输同一信息的不同表示方式，这种传输方案为发送分集。发送分集不能提高信道容量，由多个信道多次传输相同信息相当于增加了冗余信息，从而可以有效地抵抗信道衰落，提高数据传输的可靠性。

在独立的多个无线信道上同时传输不同的数据信息，可以提高信道容量，这种传输方案是 MIMO 的空分复用模式。如果在各个信道上同时传输不同的用户数据，则是空分多址模式，基站可以根据不同的空间信道对用户进行区分。

波束赋形是发送端根据无线信道的衰落情况，选择质量较好的传输信道，然后将数据通过该信道发送给接收方。在进行数据传输时，通过将能量集中到某个特定方向的技术实现，可以提高数据的传输质量。

4.3.1　发送分集技术

发送分集是发送端有多个天线，在相互独立的传输信道上传送相同信息的不同样本，系统只发送一个数据流。

分集的英文是 diversity，意思是多样性。在移动通信系统中，影响信号质量的主要因素是信道衰落。电磁波经过各种反射和散射，形成多个传输路径，这些传播路径携带相同的信息，经过各个独立信道的传输，这些信道的质量有好有坏，从而引起其衰落各不相同，这就是信道的多样性，称为分集技术。多个传输信道在统计上有较低的相关性，接收端的合成信号不会有大的衰落，可以提高数据传输的可靠性。

发送分集是在发送端使用多根发射天线，在只有一个数据流的情况下，各天线该如何发射数据呢？是轮流发还是同时发呢？怎样能最有效地利用多天线的资源？这些是设计发送分集时应该考虑的问题，一般的方法是：在发射端对数据在空间域和时域进行编码，数据分配本质是把信道编码、调制、发送和接收联合在一起进行考虑，这种编码技术就叫作空时编码。

在移动通信系统中，发送分集常用的空时编码技术有循环时延发送分集（CDD）、时间/频率切换发送分集（TSTD/FSTD）、空时块编码（STBC）和空频块编码（SFBC）。

- 循环时延发送分集：发送端使用多个天线进行传输，各个天线的信号经过时间 t 的时延后并行发送，在 OFDM 符号传输中，时域的循环移位相当于 OFDM 调制之前基于频率的相位偏移。发送信号在多天线端口使用了不同的时延，因此接收的信号相当于多径效应的信号，只不过是人为制造的多径效应，图 4-6 是两根天线的发射分集，可以扩展到多根天线。

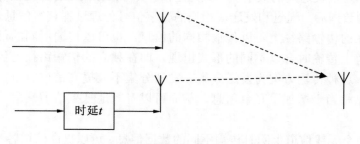

图 4-6　两根天线的循环时延发送分集示意

- 时间/频率切换发送分集：按照预定模式进行发射天线的切换，分为时域切换（TSTD）和频域切换（FSTD）两种。时域切换是多个天线在不同的时间发送不同的数据，各个数据的时域不重合，从而实现了信道的正交。频域切换是多个天线在不同的子载波发送不同的数据，保证了各个子载波的正交性。如图 4-7 所示，发送的数据分别映射到了天线 1 或天线 2 的不同时间域上。

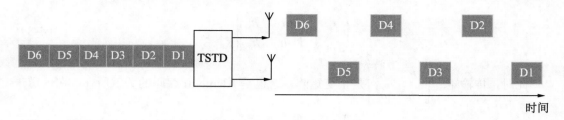

图 4-7　两根天线的时域切换发送分集示意

- 空时（频）块编码（STBC/SFBC）：STBC 是 Alamouti 提出的空时编码技术，也叫 Alamouti 编码。空时编码技术将发送分集与编码相结合，在发送分集的基础上，尽可能地提高数据传输速率。在 Alamouti 编码中，假设只有两根发射天线，一根接收天线。通过两根天线可以同时发送两个数据，但是接收端只有一根接收天线，不能解调出数据。为了实现数据正确解调，需要再发送一次数据，第二次发送的数据不是随便发送的，是按照要求设计的。例如，要发送的数据为 s_1 和 s_2，在第一个发送时刻，在两根天线上分别发送 s_1，s_2 是原始的符号。在第二个发送时刻，这对符号的顺序倒置，在两根天线上分别发送 $s_2{}^*$ 和 $-s_1{}^*$，如图 4-8 所示。SFBC（空频块编码）与空时块编码类似，是在频域实现的编码，因此，空频块编码更适用于 OFDM 系统。

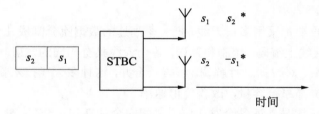

图 4-8　两根天线的 Alamouti 编码示意

在发送分集工作模式下，接收端如何获得数据呢？假设系统采用 STBC 空时编码，STBC 每次编码时取两个符号 s_n 和 s_{n+1} 进行传输。

设两根天线的传输信道分别为 h_1 和 h_2，在不考虑噪声的情况下，在接收端，连续的两个符号间隔内接收的符号 r_n 和 r_{n+1} 可以分别表示为式（4-5）和式（4-6）。式子成立的前提是：保证信道参数 h_1 和 h_2 在连续两个符号间隔的时间内保持不变。在移动通信系统中，符号的周期是微秒级的，因此这种情况是成立的。

$$r_n = h_1 \cdot s_n + h_2 \cdot s_{n+1} \tag{4-5}$$

$$r_{n+1} = h_1 \cdot s_{n+1}{}^* - h_2 \cdot s_n{}^* \tag{4-6}$$

对式（4-6）取共轭，可以表示为：

$$r_{n+1}{}^* = h_1{}^* \cdot s_{n+1}{}^* - h_2{}^* \cdot s_n \tag{4-7}$$

由式（4-5）和式（4-7）可以得到：

$$\begin{pmatrix} r_n \\ r_{n+1}^{*} \end{pmatrix} = \begin{bmatrix} h_1 & h_2 \\ -h_2^{*} & h_1^{*} \end{bmatrix} \begin{bmatrix} s_n \\ s_{n+1} \end{bmatrix} \qquad\qquad (4\text{-}8)$$

此时，传输矩阵 $\begin{bmatrix} h_1 & h_2 \\ -h_2^{*} & h_1^{*} \end{bmatrix}$ 是正交矩阵，这也是 Alamouti 编码的关键所在。在信道未知的情况下，Alamouti 编码可以使信道矩阵正交化，解方程的过程也变得简单了。在接收端只要对接收的向量乘以矩阵 $\boldsymbol{W} = \begin{bmatrix} h_1 & h_2 \\ -h_2^{*} & h_1^{*} \end{bmatrix}^{-1}$，然后利用正交性可以消去一些未知量，从而可以估计出 s_{n+1} 和 s_n 的值。由此可见信道参数对数据的恢复至关重要，在实际的通信网络中，一般通过设定的参考信号来估计信道，从而获得信道参数。

发送分集的优点是：可以有效对抗多径衰落，改善系统覆盖，提高链路可靠性。在移动通信中，发射端和接收端是不对称的，发射端一般指基站，接收端是手机。在有限的空间里，手机不会放置很多天线，其一般是单天线，最多是两根天线，经常是在基站中多加几根天线（而不是手机端）进行多天线发送。

4.3.2　空分复用技术

在发送端和接收端都采用多根天线，把一个高速的数据流分割成几个速率较低的数据流，分别在独立的天线上编码、调制和发送，各个天线具有相同的发射功率和相同的带宽。接收端接收到信号后，对数据进行解调、解码及合并，这种多天线技术就是空分复用技术。空分复用技术可以提高系统容量，改善峰值速率。

MIMO 技术的关键是保证各个发送信道之间完全独立和正交。空分复用通常使用的空时编码是预编码技术，另外，还需要根据信道的状态对各天线的数据流速率进行控制。

当传输矩阵拥有"对角阵"的形式时，如果发送信号为 s_1 和 s_2，信号经过无线信道传输，相当于分别和矩阵相乘，得到的仍然是 s_1 和 s_2，就好像 s_1 和 s_2 各自通过了一条透明的子信道到达接收端，两者之间也没有任何干扰。然而，现实中的无线信道是随机变化的，不会一直存在对角阵形式的信道，但我们依然希望有一种方法能够将现实的传输矩阵转化为对角阵的形式，SVD 分解（Singular Value Decomposition，矩阵的奇异值分解）就提供了完美的解决办法。

令发射天线数目为 N_t，接收天线数目为 N_r，这样在某个特定时刻，天线发射的数据构成矢量 $\boldsymbol{X}$，接收的数据构成矢量 $\boldsymbol{Y}$，关系表示如式（4-9）所示。

$$Y=HX+N \qquad\qquad (4\text{-}9)$$

其中，N 表示高斯白噪声矩阵，$\boldsymbol{H}$ 为 $N_r \times N_t$ 信道矩阵。

根据矩阵的奇异值分解（SVD）的理论，任何矩阵，不管是何种形状，都可以按照式（4-10）进行分解。

$$H = U \begin{bmatrix} E & 0 \\ 0 & 0 \end{bmatrix} V^H = UDV^H \tag{4-10}$$

其中，E 为对角阵，对角线上的元素是非负实数，其值为矩阵 H 的全部非 0 奇异值，按照从大到小的顺序进行排列。U 和 V 分别是 $N_r \times N_r$ 和 $N_t \times N_t$ 的酉矩阵，满足：$UU^H = U^H U = I$，$VV^H = V^H V = I$，通过 SVD 对 $N_r \times N_t$ 信道矩阵进行分解，式（4-9）变为式（4-11）。

$$Y = UDV^H X + N \tag{4-11}$$

对式（4-11）进行变换，可得式（4-12）。

$$U^H Y = DV^H X + U^H N \tag{4-12}$$

如果发射端已知信道矩阵 H，通过对 H 进行奇异值分解，获得 V 矩阵，使用 V 矩阵对发送信号 X 进行编码，即发送的信号为 $X' = VX$，设 $Y' = U^H Y$，$N' = U^H N$，则有式（4-13）。

$$Y' = DX + N' \tag{4-13}$$

通过对信道响应 H 的奇异值分解，于是我们得到一个与 MIMO 信道等效的表达形式，在这个等效的表达形式中，D 为对角阵。这就意味着，式（4-13）表示的 MIMO 系统等价于多个互不干扰的并行信道，可以描述成式（4-14），实现信道容量的最大化。

$$y'_i = \lambda_i x_i + n'_i, i = 1, 2, \cdots, \min(N_r, N_t) \tag{4-14}$$

在式（4-14）中，等价的信道形式如图 4-9 所示。图 4-9a 的发送天线数目 N_t 小于接收天线数目 N_r，有 N_t 个互不干扰的并行信道。图 4-9b 中的发送天线数目 N_t 大于接收天线数目 N_r，有 N_r 个互不干扰的并行信道，其中的 λ_i 表示对角阵中对角线上的元素值。

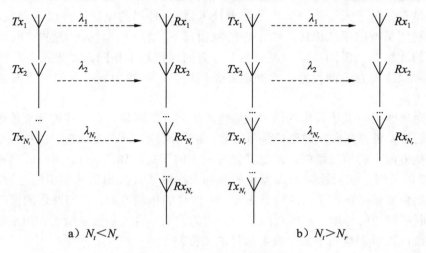

a) $N_t < N_r$ b) $N_t > N_r$

图 4-9 式（4-14）所示的 MIMO 等价信道

在发送端，数据 X 和预编码矩阵 V 相乘后发送，即发送数据为 $X' = VX$，为了确定预编码矩阵 V，需要信道矩阵 H 的信息，通常的方法是通过信道估计获得信道矩阵信息。在接收端，根据式（4-12），由信道矩阵获得矩阵 U，U^H 和接收的数据矢量 Y 相乘即可提取出数据信息，如图 4-10 所示。

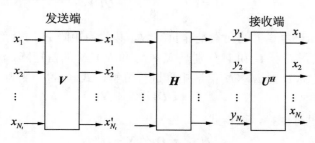

图 4-10　空分复用处理过程示意

如果用 N_d 表示数据流的数目，N_t 表示发送的天线数目，空分复用的作用有两个：

- 当空分复用的数据流数目等于发射天线数目（$N_d=N_t$）时，预编码的作用是使各个天线的数据正交化，提高了接收端信号之间的隔离度。
- 当空分复用的数据流数目小于发射天线数目时（$N_d<N_t$），预编码可以实现 N_d 个数据流到 N_t 个发射天线的映射，这其中多出来的天线将被用于波束赋形。

4.3.3　波束赋形技术

波束赋形（Beam Forming，BF）的意思就是赋予一定形状集中传播的电磁波，把发射信号的电磁波能量集中到一个方向发射，能量更为聚集，从而传播得更远。

波束赋形是基于天线阵列的信号处理技术，使要传播的电磁波可以定向发送或接收，实际上是利用了波的干涉原理。给平静的水面投下一粒石子，水中的波纹向周围扩展，此时看到的波纹像很多同心圆，说明各个方向的振幅基本相同。如果投入两粒石子，会发现两列水纹之间有干涉现象，有的地方振幅增强，水纹明显；有的地方振幅减弱，水纹消失。

一定距离的天线振子发出的信号，也会产生同样的现象，在某些位置被增强，在某些位置被减弱。如果根据实际的通信场景需要，适当地控制每个天线振子的相位参数，就可以得到某些方向上的信号增强，降低其他方向上的干扰，如图 4-11 所示。当两个振子的距离为 1/2 波长时，在天线振子 A 发出的波和天线振子 B 发出的波的相位差为 0° 时，在水平方向的位置信号被增强，这就是主瓣，即波束的传输方向。主瓣两边的波的能量相互抵消，抑制了两边的旁瓣，形成对准某个方向的波束，这就是波束赋形。如果需要其他方向上的波束，可以调整两个振子发射信号的相位差。

图 4-12 所示的是多个天线振子朝某一方向传播的波束，各天线振子发射的电磁波经过了基本相同的信道衰减，假设天线振子之间的距离为 d，主瓣方向与振子的天线连线的夹角为 θ，在观测点距离天线振子很远时，可以近似得到：两个相邻振子发射信号的时间

差为 $\tau = \dfrac{d\sin\theta}{c}$ ，相邻振子发射信号的相位差为 $\Delta\varphi = 2\pi f\tau$ ，那么 $\Delta\varphi = 2\pi f\dfrac{d\sin\theta}{c}$ 。因为

$f = \dfrac{c}{\lambda}$ ，得到： $\Delta\varphi = \dfrac{2\pi}{\lambda}d\sin\theta$ 。因此，如果确定了信号的传播方向，就可以计算出每个天线振子之间的相位差。

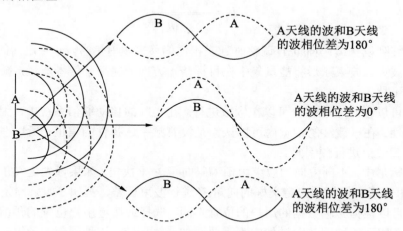

图 4-11　波束赋形的基本原理

例如，当 $d = \dfrac{\lambda}{2}$ 时，如果 $\theta = 0$ ， $\Delta\varphi = 0$ ，表示各个天线振子发射的信号没有相位差，那么主瓣的方向垂直于天线振子。如果 $\theta = 30^0$ ，则 $\Delta\varphi = \dfrac{\pi}{2}$ 。如果 $\theta = 90^0$ ，则 $\Delta\varphi = \pi$ 。由此可以得到这样的结论：只要调整各个天线振子的发射信号相位，满足一定的相位差，就可以得到任意方向的波束。这就是波束赋形的基本原理。

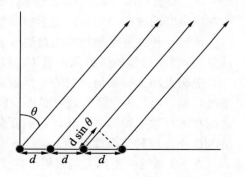

图 4-12　波束赋形示意

在天线互相关很高的天线中（天线振子之间的距离小一些，通常在波长的 1/2 左右），各天线发射的电磁波经过了基本相同的信道响应，根据电磁波的干涉原理，通过对每个天线上的待发信号设置不同的相位，可以使总的波束指向特定的辐射方向。

天线互相关很低的情况有两种：一种是天线之间的距离较大，大约 10 倍波长；另一种是天线的极化方向不同。各天线发送的电磁波所经历的信道响应没有相关性，相位和瞬时幅度可能不同，波束赋形需要对不同的天线待发信号乘以不同的复数因子，对其进行相位和幅度的调整，使其波束指向特定的方向，这些复数因子表示成向量的形式就叫预编码向量，在发送端的运算过程如式（4-15）所示。

$$X = V \cdot S \tag{4-15}$$

在移动通信系统中,为了实现某个空间方向的增益,可以通过调整复数向量 V 来实现。而 V 又和信道状态信息(CSI)有关,需要通过信道估计获得。在移动通信系统中有专用的参考信号用来估计信道质量状态,假设没有频率选择性信道的时候,每个天线的信道是单系数,在满足最大接收功率的情况下,预编码向量的计算如式(4-16)所示。

$$V = \frac{h_i^*}{\sqrt{\sum_{k=1}^{N_T} |h_k|^2}} \qquad (4\text{-}16)$$

多天线阵列以预编码向量 V 调整时延或相位偏移来发射信号,产生定向的主瓣,具有一定方向的波束。波束赋形将能量集中在目标传输方向,提高了信号质量,减少了与其他用户之间的干扰。

预编码可以在时域进行也可以在频域进行。在实际的移动通信系统中,因为无线信道有频率选择性,在子载波的带宽内可以认为是没有频率选择性的信道,所以在实际系统中是在每个子载波上进行预编码。

在波束赋形中,不同方向的波束由预编码向量 V 来决定。如果预先定义了预编码向量 V,则在波束赋形中根据预先定义好的向量 V 进行波束调整。例如,如果预先有向量 V 的定义,基站可以根据传输数据的用户的位置不同,选择最接近用户位置的预编码向量进行波束赋形,在实际的数据传输过程中不需要增加计算环节。这种固定的预编码就是波束赋形码本。设置码本方案的好处就是实时性高,但带来的弊端是,如果所有的码本都不能产生对应位置的波束,则会严重影响通信质量。

还有一种波束赋形技术是自适应波束赋形,是根据通信用户的位置和实际的信道估计信息,计算出最佳的预编码向量 V,这时会获得和用户的位置信息最匹配的最佳波束方向,并且能极大地抑制其他方向的干扰信息,降低小区间的干扰,提升用户的通信体验,提高系统容量。但是,自适应波束赋形需要实时计算预编码向量 V,当天线数目增加或为更多的用户进行数据传输时,其计算的复杂度明显提升,会影响系统的时延。在 5G 的大规模 MIMO 中,这种情况比较明显。

在 5G 系统中实际上是采用了定义码本方式的波束赋形技术,按照 R15 的标准要求预先定义一组码本作为预编码向量 V 的候选值。

波束赋形技术的优点如下:

- 增加覆盖范围。基站可以通过波束赋形将能量集中在需要进行数据传输的用户方向上,避免了功率浪费,在基站发射功率相同的情况下,波束赋形可以覆盖更大的范围。
- 提高抗干扰能力。波束赋形让传输的波束精准指向用户,降低了用户间的干扰和噪声影响,同时波束的能量集中传输也增强了其自身的抗干扰能力。
- 提升信道容量。波束的能量集中传输保障了无线信道的较高的传输质量,而高质量的信道条件可以采用更高阶的调制技术,提高了数据速率,提升了信道容量。

波束赋形的形式主要有:

- 单流波束赋形。所有的天线参与波束赋形，共同产生一个方向的波束，在某个时刻对一个用户进行数据传输，只对一个用户进行服务，如图 4-13a 所示。
- 分组波束赋形。把天线进行分组，每组有一定数目的天线，组内的所有天线共同波束赋形产生指向一定方向的波束，每组产生的波束方向不同，虽然有多个波束，但是在某个时刻只对某个方向上的一个用户进行数据传输，相当于多个方向的单流波束赋形，如图 4-13b 所示。
- 基于分组波束赋形的空分多址。把天线进行分组，每组有一定数目的天线，组内的所有天线共同波束赋形产生指向一定方向的波束，每组产生的波束在空间上是独立的，互不干扰，在某个时刻可以同时对多个用户进行数据传输，这就是多流的波束赋形，也叫多用户 MIMO（MU-MIMO），如图 4-13c 所示。

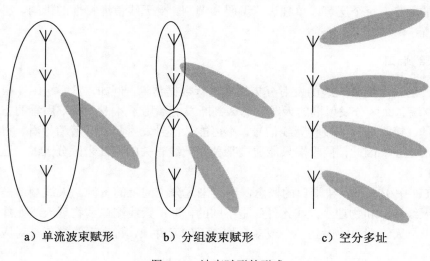

a）单流波束赋形　　　　b）分组波束赋形　　　　c）空分多址

图 4-13　波束赋形的形式

4.4　移动通信系统中的 MIMO 系统

4.4.1　基本概念

1. 码字

在 LTE 中对码字（Codeword）的定义是：传输的数据或信令经过高层的协议处理，在 MAC 层形成传输块（Transport Block，TB）传输给物理层，在物理层经过 CRC 添加、码块分割、速率匹配等处理后，就成为一个码字。TB 是 MAC 层传输的资源，在移动通信系统的一个调度周期中最多包含一对 TB，也就是系统中最多有两个码字，码字也可以理解为具有错误保护功能的 TB。码字经过信道编码后的比特流需要采用 QPSK 和 16QAM 等进行调制，然后进行层映射处理。

2. 层

层的概念是在 LTE 中引入的，由于码字数量和发送天线端口数量不同，如发送的码字只能是 1 个或 2 个，而天线端口数有 4 个，层映射就是为了将码字映射到不同的天线端口上而提出的。层数和信道矩阵的秩相等，秩是信道矩阵中线性无关的向量数目，即独立信道数，是同时可以发送的数据流的数目，每个层也叫作一个流，层数表示的是可以传输的数据流的数目，每个层可以单独进行编码和调制。受无线信道特性的影响，层数是动态变化的。

3. 天线端口

如果发射端采用多天线的发射分集技术进行数据传输，例如，发射端用 4 根天线传输数据，接收端怎么区分发射端的天线？怎么判断发射端用了 4 根天线？用看的方法吗？这是不可能的。接收端只能接收无线信号，不可能从信号发射起就盯着信号看，看信号如何传输到自己这里。因此，接收端只能通过某种和天线有关的特征来区分天线，这个特征就是天线端口。

在 LTE 中引入了天线端口的概念，用它来区分空间上的资源。天线端口是一个抽象的概念，天线端口和物理"天线元件"是不同的，即：天线端口和物理天线元件没有直接的关系，一个天线端口映射到一个或多个物理天线元件上，每个天线端口都对应一个资源栅格。

天线端口的定义是从接收端的角度定义的，如果接收端需要区分空间资源，则需要定义多个天线端口。通过相同的天线端口发送的信号，在接收端会认为这些发送的信号经历了相同的无线信道衰落。

例如，在 5G 系统中，有源天线单元（AAU）内部集成天线采用的振子数量变多了，如 AAU 可以采用 192 个振子，考虑到单个振子的能量过小，同时为了避免设计的复杂性，可以把多个振子作为一组，成为逻辑上的单个天线。一般是 3 个振子或者 6 个振子作为一组。

图 4-14 为一种天线振子排列图，水平方向排列 12 行，垂直方向有 8 列，每个都是±45°的双极化天线，双极化天线由两个振子组成，共有 12×8×2=192 个振子。如果将 3 个振子组成一个逻辑上的天线，为一个天线端口，那么这个天线阵列就有 192/3=64 个天线端口；如果将 6 个振子组成一个逻辑上的天线端口，那么天线阵列就有 192/6=32 个天线端口。

在 LTE 中，上行还没有用到多天技术，因此只对下行方向的空间资源进行区分，通过定义参考信号（Reference Signal）来区分逻辑天线端口。定义的天线端口有三类：小区专用参考信号传输天线端口对应为 0～3；MBSFN（Multicast Broadcast Single Frequency Network）为天线端口 4；终端专用参考信号为天线端口 5。

和 LTE 相同，4G 和 5G 都使用了天线端口，在下行数据传输中，用户通过接收预定义的参考信号估计特定天线端口相对应的信道，还可以使用参考信号计算出与天线端口有关的信道状态信息。4G 中的天线端口定义如表 4-1 所示。

5G 中天线数目增加，可为 64×64 或更多，天线端口的编号也更大。其中，上下行的天线端口定义如表 4-2 所示，在 5G 中，不同类的天线端口必须有不同范围的编号。

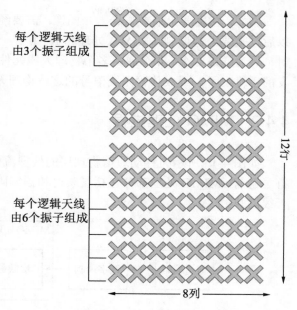

每个逻辑天线由3个振子组成

每个逻辑天线由6个振子组成

12行

8列

图 4-14　两种排列方式的双极化天线阵列示意

表 4-1　4G中的天线端口定义

参 考 信 号	天 线 端 口
小区专用参考信号	0～3
MBSFN	4
终端专用参考信号	5～14
ePDCCH的DMRS	107～110
定位参考信号	6
CSI-RS（信道状态信息参考信号）	15～30

表 4-2　5G NR中的天线端口定义

传 输 方 向	信道或信号	天 线 端 口
下行	PDSCH（物理下行共享信道）	从1000开始，为1000系列
	PDCCH（物理下行控制信道）	从2000开始，为2000系列
	CSI-RS（信道状态信息参考信号）	从3000开始，为3000系列
	SS块/ PBCH（广播信道和同步信号）	从4000开始，为4000系列
上行	PUSCH / DMRS（上行共享信道）	从0开始，为0系列
	SRS，预编码的PUSCH	从1000开始，为1000系列
	PUCCH（物理上行控制信道）	从2000开始，为2000系列
	PRACH（物理上行随机接入信道）	从4000开始，为4000系列

例如，你需要给朋友发送一张图像，需要经过基站来传输，基站在收到你发送的信息以后，需要经过调制、MIMO 处理和 IFFT 等一系列操作，完成数据到时频资源栅格的映射，然后通过 2 个、4 个或更多个物理天线元件将数据发送出去，这样图像就传送到你朋友的手机上了，形成传输无线信号的这些物理天线元件就组成了一个逻辑上的天线端口。

4.4.2　MIMO 处理过程

如图 4-15 所示为移动通信物理层的处理流程，可以看到 MIMO 的处理部分在 OFDM符号之前。MIMO 处理部分包括层映射和预编码两部分，这两部分一起完成从码字到发送天线的映射。

图 4-15　发送端产生 OFDM 符号的流程

1.　层映射

由于码字（传输块）的数量总是小于层的数量，层映射就是将编码调制后的数据流分配到和天线端口数目相同的层上，通过这样的转换，原来串行的数据流映射为天线端口的初始数据。

层映射需要按照协议中定义的方式进行。例如：当传输一个码字的时候，有 2 个天线端口，一个码字需要映射到 2 层，符号编号为偶数的映射到第 1 层，符号编号为奇数的映射到第 2 层，如图 4-16a 所示；当有 4 个天线端口的时候，一个码字需要映射到 4 层，编号为 4 的倍数映射到第 1 层，编号除 4 余 1 的符号映射到第 2 层，编号除 4 余 2 的符号映射到第 3 层，编号除 4 余 3 的符号映射到第 4 层，如图 4-16b 所示。

当传输两个码字时，在 8 个天线端口工作，两个码字需要映射到 8 层，图 4-17 为层映射示意。码字 1 映射在 1～4 层，码字 2 映射在 5～8 层。

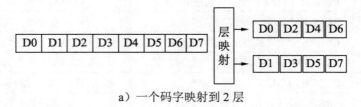

a）一个码字映射到 2 层

图 4-16　一个码字映射到多层示意

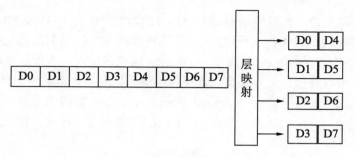

b）一个码字映射到 4 层

图 4-16　一个码字映射到多层示意（续）

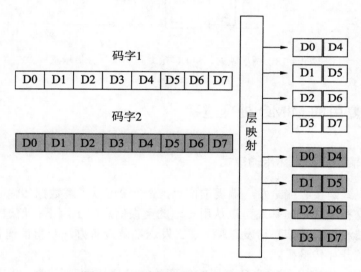

图 4-17　两个码字映射到 8 层的示意

2．预编码

预编码过程就是按照一定规则重新排列，将彼此独立的数据映射到天线端口上，也是空时编码的过程，每个天线端口根据天线的工作模式有不同的预编码方案。每个天线端口的数据有各自的资源映射过程，各自形成独立的资源栅格，为生成 OFDM 符号做准备。

4.4.3　发射分集中的 MIMO 处理过程

发射分集是多个发射天线发送同一信息的不同版本，达到提高信号质量，增强系统覆盖的效果。

对于发射分集来说，预编码是通过 CCD、TSTD/FSTD 和 STBC/SFBC 等方法，实现数据的不同版本转换。图 4-18 所示为经过两层映射和 SFBC 预编码的发射分集示意。在实际的系统中，SFBC 预编码还是基于 Alamouti 编码的原理，在发送端对发送信号进行 Alamouti 编码，可以使信道矩阵正交化，在接收端可以利用信道的正交性估计发送符号。在发送端需要对成对的符号进行 Alamouti 编码，Alamouti 编码的过程是：在第一根天线上发送原始的符号 s_1，s_2，这对符号映射在不同的子载波上，在第二根天线上，将两个符号在频域的位置互换，分别发送 $-s_2^*$ 和 s_1^*。

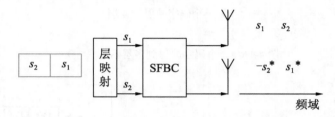

图 4-18　两层映射，SFBC 预编码的反射分集示意

4.4.4　空分复用的 MIMO 处理过程

1. 闭环传输模式和开环传输模式

闭环传输模式是接收端给发送端反馈信息，发送端可以了解数据传输时信道的状态信息（CSI），在这种模式下，基站可以从用户端的反馈信息中了解下行信道的状态。

如果接收端没有反馈信息给发送端，那么发送端就没有办法获得信道状态信息。这种信息传输方式是开环传输模式。

移动通信系统中有开环的空分复用和闭环的空分复用两种模式。开环的空分复用是用户移动速度比较高时采用的一种模式，闭环的空分复用应用在用户移动速度较低的场景中。

2. 闭环的空分复用

在系统中定义了一套包含若干个预编码矩阵的码本，接收端可以根据估计出的信道矩阵和某一准则选择其中一个作为预编码矩阵，并将其索引值和量化后的信道状态信息反馈给发送端。

在 LTE 中，在基站侧，若天线的工作模式是闭环的空分复用，用户根据接收的参考信号实现下行信道估计，并且通过物理上行控制信道（控制信道或共享的数据信道）给基站反馈信道的质量状态信息（CSI），内容包括：

• 秩指示（RI）：与层的数量有关，表示相互独立的无线信道数目。

- 预编码矩阵指示（Precoding Matrix Indicator，PMI）：与预编码权重有关，基站由此决定下行预编码矩阵。
- 信道质量指示（CQI）：与传输块的大小有关，决定调制编码的方式。

这些信息是用户通过物理上行控制信道（PUCCH）或物理上行共享信道（PUSCH）发送给基站的。

3. 开环空分复用

开环的空分复用预编码不需要通过用户的信道状态反馈获得。系统将可能会用到的典型预编码向量定义为码本，从码本中选择一个矩阵作为预编码向量。此时的预编码向量不可能完全匹配信道矩阵，因此开环空分复用信号之间总会有一些干扰残留，这需要通过干扰抑制技术去除噪声。

在 LTE 开环空分复用中，用户不需要提供 PMI 给基站，但是用户需要反馈基站并行的独立信道的数量（RI），基站可以根据 RI 信息确定层数，或者基站自行确定层数，根据层数选择预编码方案，虽然此时基站发送数据不需要用户的预编码矩阵指示（PMI），但是基站还要根据信道质量指示（Channel Quality Indicator，CQI）确定数据传输速率，由传输速率决定其编码方式和调制方式。

在开环的空分复用模式下，发送端的处理过程如式（4-17）所示，$D(i)$ 是对角阵，使整个传输信号分集，实现不同层的时延，$U(i)$ 实现符号之间的时延，一般采用 CCD（循环时延）技术来降低信道间衰落的相关性，$W(i)$ 是预编码矩阵，P 表示的是天线端口的数目，v 表示层数。

$$\begin{bmatrix} y^0(i) \\ \vdots \\ y^{(P-1)}(i) \end{bmatrix} = W(i)D(i)U(i) \begin{bmatrix} x^0(i) \\ \vdots \\ x^{(v-1)}(i) \end{bmatrix} \tag{4-17}$$

例如，在 2×2 开环空分复用的情况下，在 2 层时 3GPP 规定的 $D(i)$ 如式（4-18）所示，2 层的 U 矩阵如式（4-19）所示，每一层的输入数据与 $U(i)$ 矩阵相乘，每个天线端口传输具有不同时延的所有层的组合，$W(i)$ 矩阵是根据天线端口的数量从码本中选择，在 2×2 开环空分复用的情况下，$W(i)$ 矩阵为式（4-20）所示，发送端的处理过程可以如式（4-21）所示。

$$D(i) = \begin{bmatrix} 1 & 0 \\ 0 & e^{-j(\pi/2)i} \end{bmatrix} \tag{4-18}$$

$$U(i) = \frac{1}{\sqrt{2}} \begin{bmatrix} 1 & 1 \\ 1 & e^{-j(\pi/2)i} \end{bmatrix} \tag{4-19}$$

$$W(i) = \frac{1}{\sqrt{2}} \begin{bmatrix} 1 & 0 \\ 0 & 1 \end{bmatrix} \tag{4-20}$$

$$W(i)D(i)U_{(i)} = \frac{1}{\sqrt{2}}\begin{bmatrix} 1 & 0 \\ 0 & 1 \end{bmatrix}\begin{bmatrix} 1 & 0 \\ 0 & e^{-j(\pi/2)i} \end{bmatrix}\frac{1}{\sqrt{2}}\begin{bmatrix} 1 & 1 \\ 1 & e^{-j(\pi/2)i} \end{bmatrix}$$

$$= \frac{1}{2}\begin{bmatrix} 1 & 1 \\ e^{-j\pi i} & e^{-j\pi(i+1)} \end{bmatrix} \tag{4-21}$$

根据式（4-21），可以分情况计算发送端的数据：

（1）当 i 为偶数符号时：$W(i)D(i)U(i) = \frac{1}{2}\begin{bmatrix} 1 & 1 \\ 1 & -1 \end{bmatrix}$

（2）当 i 为奇数符号时：$W(i)D(i)U(i) = \frac{1}{2}\begin{bmatrix} 1 & 1 \\ -1 & 1 \end{bmatrix}$

在这个例子中，无论 i 是奇数符号还是偶数符号，第一个天线端口发送的数据是相同的，第一个天线端口发送的数据=（第一层的符号+第二层的符号）×1/2。第二个天线端口发送的数据和 i 有关，当 i 为偶数符号时，第二个天线端口发送的数据=（第一层的符号-第二层的符号）×1/2，当 i 为奇数符号时，第二个天线端口发送的数据=（第二层的符号-第一层的符号）×1/2，图 4-19 是 i 为偶数符号时的输出示意。

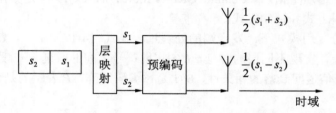

图 4-19　当为两个天线时开环空分复用的层映射和预编码示意

开环的空分复用实际是发射分集中的 CDD 技术和空分复用的结合，一般用于信噪比较高的高速移动场景。

4.4.5　多用户 MIMO

MU-MIMO（Multi-User Multiple-Input Multiple-Output）就是多用户 MIMO，和它相对的是单用户 MIMO（SU-MIMO）。SU-MIMO 各天线端口（多个层）的数据是发送给单个用户，用来提高该用户的数据吞吐量。SU-MIMO 可以通过不同的层来传输数据，需要用户具有和数据发送端相同的接收天线。

MU-MIMO 各天线端口的数据是发送给不同的用户，不同层对应不同的用户，这样多个用户可以在同时传输的数据中使用相同的时频资源，提高了系统容量。MU-MIMO 也叫 SDMA 技术（空分多址技术）。

如图 4-20a 为上行 MU-MIMO 示意，上行 MU-MIMO 是不同用户使用相同的时频资源进行上行发送（单天线发送），从接收端来看，这些数据流可以看作来自一个用户终端的不同天线，从而构成了一个虚拟的 MIMO 系统，即上行 MU-MIMO，基站根据不同的波束来区分用户，用户需要按照一定方式进行天线配对，从而提高上行系统的容量。在 LTE 系统中，用户之间是不能直接互相通信的，因此需要基站统一调度，使用户之间的互干扰最小。在上行 MIMO 中，天线配对的方式有正交配对、随机配对、基于路径损耗和慢衰落配对等。

图 4-20b 为下行 MU-MIMO 示意，在移动通信系统中，下行 MU-MIMO 是指基站通过时域、频域和空域三个维度的资源分配，和不同的用户同时进行通信，看起来就像是基站同时发出多个不同方向的信号给不同的用户，由于多个信号间互不干扰，因此用户可以使用的资源是相同的，提高了数据传输速率。在大规模的天线阵列中，下行 MU-MIMO 在发送端采用波束赋形的方法，在相同的时频资源上，基站用不同的波束将不同天线端口的数据发送给不同的用户，从而增加了系统容量。

为了保证 MU-MIMO 的效果，用户之间应该保持较低的干扰。在一般情况下，MU-MIMO 的系统容量通常随着同时传输数据的用户数的增加而加大，但是每个用户的功率和 SINR 都会随之降低，用户之间的干扰也随之增大。因此，综合考虑各种因素，在典型的 64×64 的基站系统里，MU-MIMO 上下行用户数可以达到 16 个。

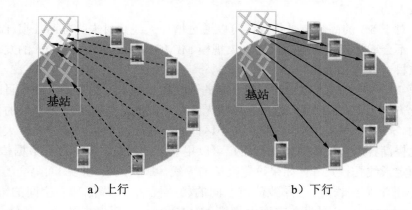

a）上行　　　　　　　　　　　　b）下行

图 4-20　上行 MU-MIMO 和下行 MU-MIMO

4.4.6　大规模天线

6GHz 以下的频段是 5G 的核心频段，用于网络的无缝覆盖，也让 4G 设备得到充分利用，继而顺利过渡到 5G。6GHz 以上的高频率，作为 5G 网络的辅助频段，主要用于热点区域的数据速率提升，如 28GHz、38GHz 和 60GHz 等频段，大部分处于毫米波部分。

式（4-22）表示的是基站的发送功率 P_{tx} 和用户的接收功率 P_{rx} 之间的关系，G_{tx} 是用户的接收天线的增益，G_{tx} 是基站的发射天线的增益，R 是基站到用户的距离，可以看出，用户的接收信号强度和频率（波长 λ）、发射天线增益 G_{tx} 及接收天线增益 G_{rx} 等有关。

$$P_{rx} = \frac{P_{tx}}{4\pi R^2} \frac{\lambda^2}{4\pi} G_{rx} G_{tx} \tag{4-22}$$

根据式（4-22），如果要提高用户的接收功率，可以采用的方法有：

- 提高发射功率。5G 移动通信使用的频段越来越高（λ 越来越小），在移动的情况下，容易受到障碍物、反射物、散射体即大气吸收等环境因素的影响，这部分频段的传播性能相比低频要差得多，路径损耗加大，可以通过提高发射功率弥补传播中的路径损耗衰减，但由于国家对发射功率有上限限制，无法随意增加发射功率。
- 减小基站的覆盖范围，即减小传播距离，但随之而来的是网络部署的巨额成本。
- 增加 λ，即采用低频段进行数据传输，但是低频段的资源紧缺，不可能实现。
- 增大发射天线的增益，即通过增加发射天线的数目来提高发射天线的增益。
- 增大接收天线的增益，即通过增加接收天线的数目来提高接收天线的增益。

因此，提高接收信号的功率可行的解决办法就是增加发射天线和接收天线的数量，设计大规模天线阵列，同时支持更多用户在相同的时频资源上进行数据传输。2010 年，贝尔实验室在基站侧采用大规模天线阵列，从理论上证明了随着天线数量的增加，系统容量能够得到极大的提升。

因此，对于 5G 的高频信号传输，可以通过增加天线数目来弥补路径损耗，此时的波长 λ 更小，不会增加天线阵列的尺寸，大规模 MIMO（Massive MIMO）的发送端和接收端的天线数目一般为几十到几百个不等。

大规模 MIMO 的根本理论是：当基站的天线数目远大于用户的天线数目时（基站天线数趋于无穷大），基站到各个用户之间的无线信道趋于正交，各用户之间的信道干扰接近于 0。这时，无线信道中的高斯白噪声和小区间互不相关的干扰也接近于 0，大规模 MIMO 可以有效地提高各个用户的信噪比，用户可以用非常低的发射功率进行数据传输。

对于固定天线孔径尺寸，如果设置大量的天线，那么天线之间的间隔会随之减少，当空间间隔小于半个波长时，会导致信道空间的相关性加大，降低独立空间的维度，MIMO 信道容量会受到影响，因此在实现大规模 MIMO 时，需要考虑各天线传输信道的空间独立性。保证大规模 MIMO 的空间独立性的措施有：提高载频的频率和设计紧凑的天线阵列。

假设使用的天线孔径尺寸是固定的，提高载频的频率，当载波频率越高时，波长越短，天线尺寸就越小，如 5GHz 的频率，波长为 6cm，30GHz 的频率所对应的波长是 10mm，因此，在同样的天线孔径中可以放置更多的高频段天线。

大规模天线阵列是基于波束赋形和空分复用的原理，波束赋形通过调整并列的多个阵元的相位，使发射信号具有一定的方向性，并能随时调整各阵元之间的相位差，从而改变波束的方向，控制波束对准用户。

举个例子，假设大规模天线阵列排列是一个二维平面，形成了三维波束赋形，不仅可以在水平方向上进行波束的调整，而且在垂直方向上也可以调整波束，如图 4-21 所示，在基站端配置几百根天线（128 根、256 根甚至更多），同时对几十个用户调制波束，服务多个用户，充分挖掘空间资源，使得频带资源利用更充分，系统容量大幅提升。根据运营商的测试结果，大规模 MIMO 基站对 6GHz 以下频段增强覆盖率、提升容量方面有很大的作用。由于波束赋形的特定方向性，也提升了系统的

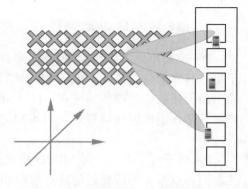

图 4-21　大规模天线的三维波束赋形示意

信噪比，减少了噪声干扰，波束越窄，方向性和目的性越强，数据的传输效率就越高，覆盖性能就越好。

在 5G 中，大规模 MIMO 中的预编码向量 V 是以码本的形式预先定义的，同时增加了一系列的波束管理机制，包括波束扫描、波束测量、波束判决和波束报告等。

4.4.7　MIMO 的演进

在 3GPP 的规范版本中对 MIMO 的定义是从 R8 开始的，在之后的版本中不断增加了新的技术。如图 4-22 所示，其中，R 是 Release，代表的是 3GPP 的协议规范版本，R8 是 LTE 规范第 8 版，图 4-22 所示为从 R8 到 R15 的多天线技术的发展情况。

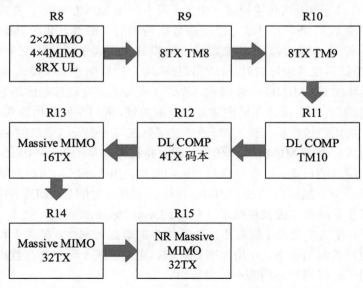

图 4-22　在 3GPP 的规范版本中对 MIMO 的定义

1. LTE R8中的MIMO特性

R8 支持基本的发送分集、空分复用和波束赋形等多天线工作模式，基站的天线集成了更多独立的收发单元，R8 中的 2×2 MIMO 可以实现 2 个天线端口用于发送，2 个天线端口用于接收的数据传输模式，4×4 MIMO 可以实现 4 个天线端口用于发送，4 个天线端口用于接收的数据传输模式，图 4-22 中的 8RX 表示可以实现 8 根天线的上行接收，即多天线接收。

R8 对下行定义了 7 种 MIMO 模式（TM），各种模式适用于不同的通信场景，各种模式之间可以根据无线信道的质量情况和传输数据的要求进行自适应的切换，保障系统的容量和增益，如表 4-3 所示。

表 4-3　LTE R8 中天线工作模式的定义

传输模式	PDSCH传输方案	优　点	典型应用场景
TM1	单天线传输模式	产生的CRS开销小	各类场景
TM2	发送分集	提高链路传输质量和小区覆盖半径	作为其他MIMO模式的回退模式
TM3	开环空分复用	提高小区平均频谱效率和峰值速率	高速移动场景
TM4	闭环空分复用	提高小区平均频谱效率和峰值速率	低速移动场景
TM5	多用户MIMO	提高小区平均频谱效率和峰值速率	密集城区
TM6	秩为1的预编码	提高小区的覆盖率	仅支持秩为1的传输
TM7	单流波束赋形	提高链路传输质量和小区覆盖率	郊区、大范围覆盖场景

模式 1（TM1）是单天线传输模式，相当于没有采用 MIMO 技术；模式 2 是发送分集传输模式，在信道质量变差的时候可以提高数据传输的可靠性，也是其他天线工作模式的回退模式，是针对小区边缘用户的数据传输模式；模式 3 是开环空分复用传输模式（SU-MIMO），在信道质量较好的时候，可以提高用户的数据速率；模式 4 也是空分复用传输模式，是闭环的 SU-MIMO 传输模式，模式 3 支持的是高速移动的场景，模式 4 支持的是低速移动的场景，两者都是在信道质量较好的时候，采用空间复用模式提高数据速率，主要提升小区中央用户的数据传输速率，两者最多只支持 4 个天线端口的 SU-MIMO 传输；模式 5 支持下行数据信道 MU-MIMO 传输，仅支持比较简单的 MU-MIMO 操作，用户始终保持一个天线端口的传输，最多允许两个用户复用，用于小区中用户密集区域的数据传输；模式 6 支持一个天线端口的 SU-MIMO 传输，主要针对的是 FDD；针对 TDD，引入模式 7 来支持基于导频的单流波束赋形（Single Layer Beamforming）技术。

一般情况下，模式 2 是为了提高小区边缘用户的数据可靠性，模式 3 和模式 4 是为了提高小区中心用户的峰值速率。在用户密集区域，通过模式 5 可以提高数据的吞吐量，模式 6 和模式 7 用于边缘用户，增强小区覆盖率。

LTE R8 上行仅支持单天线发送。上行数据信道的传输支持 MU-MIMO，但不支持 SU-MIMO 传输。

在 R8 中，通过小区专用参考信号（CRS）进行下行无线信道估计、信道质量测量和用户数据的解调。

2．LTE R9中的MIMO特性

R9 中增加了模式 8，模式 8（TM8）可以实现双流传输的波束赋形，基站以模式 8 进行数据传输时，如果两个数据流分配给同一个用户，即为 SU-MIMO，如果两个数据流分配给两个用户，即为 MU-MIMO。如果是单用户的双流波束赋形，则表示单个用户同时可以传输两个数据流，因此可以同时获得比单流波束赋形更高的数据速率和系统容量，两种双流波束赋形示意如图 4-23 所示。

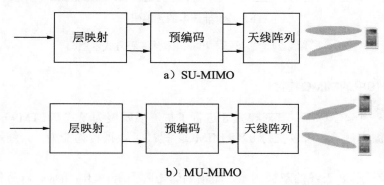

图 4-23　两种双流波束赋形示意

在 R9 中为了实现双流波束赋形，定义了专用的参考信号，使用天线端口 7 和 8 进行信道的测量，以获取信道的质量状态信息，并由此计算波束赋形的预编码向量，然后对发射数据进行波束赋形。在图 4-22 中，R9 中的 8TX 表示 8 个发送天线，即可以实现 8 个天线的数据传输。

在图 4-24a 所示的基于码本预编码中，CRS 是小区专用参考信号，基于码本的预编码需要用户通过 CRS 实现对信道的估计，并把信道信息反馈给基站，基站根据用户反馈的 PMI 选择预编码的码本。除了这种方式以外，在 R9 中引入了用户专用的解调参考信号（Demodulation Reference Signal，DMRS）进行空分复用的下行数据传输，可以实现开环空分复用和闭环空分复用。在这种数据传输模式中，基站可以不用根据用户上报的信道状态信息选用预编码，而是任意选择一个预编码，也称为非码本的预编码。从图 4-24b 所示的非码本预编码中可以看出，DMRS 信号在预编码之前加入数据中，DMRS 和数据经过相同的预编码和相同的信道传输，因此 DMRS 对用户来说是预编码后经过信道传输的已知信号，用户接收的 DMRS 含有数据传输的信道信息和预编码信息，用户是根据 DMRS 对数据进行解调的，因此用户无须知道发送端的预编码码本信息，只需要知道层数即信道的秩，在这种发送模式中，用户不需要反馈 PMI 的信息。

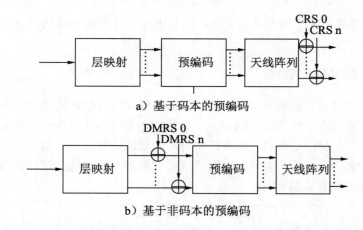

a）基于码本的预编码

b）基于非码本的预编码

图 4-24　基于码本和非码本预编码方式示意

3．4G R10中的MIMO特性

R10 是第一个 4G 标准，其对模式 8 进行了扩展后发展为模式 9（TM9），其可以进行 8 层数据流的波束赋形，可以支持 8×8 MIMO，提高了数据传输能力，天线端口数扩充到 9 个。

TM9 中设计了 8 天线的双极码本，即预编码矩阵由 $W_1 \times W_2$ 组成，以降低大天线阵列的反馈开销。如图 4-25 所示，W_1 表示波束赋形时信道的长期统计特性，代表同极化天线内部可能的波束方向，用户在所有可能的波束方向中，选择与信道相关最大的码本反馈给基站，W_2 表示波束赋形时信道的瞬时特性，其设计原则和波束赋形的预编码矩阵相同，实现根据某个波束的方向调整各个极化天线的相位，这样设计码本的原因是可以简化实现，这是一种实际应用中的天线结构。

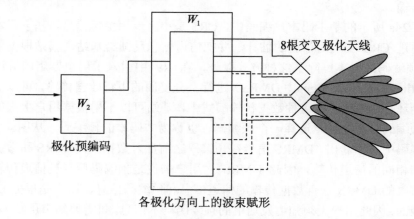

图 4-25　双极码本结构示意

在 R10 标准中，为了支持大于 4 层的空分复用，引入了 CSI 参考信号（CSI-RS）。CSI-RS 是专门用来获得信道状态信息（CSI）的工具。CSI-RS 采用的是码分和频分复用的方式，占用的系统资源较小，有很低的时频密度，占用的系统开销较小。在此之前，信道状态信息是由小区专用参考信号（CRS）进行测量的，CRS 是在整个工作带宽上进行发送，占用固定的资源，因而造成了极大的资源浪费，CSI-RS 和 CRS 相比灵活度更高。

在下行数据传输中，信道测量参考信号和数据解调参考信号被分开，用户级的 DMRS 负责数据解调，CSI-RS 负责信道测量/反馈，以闭环反馈的方式高效且精准地实现多天线动态波束赋形，波束随用户运动而调整，实现了 SU-MIMO 和 MU-MIMO，成倍提升了 4G 用户体验和小区容量。TM9 和 R10 之前的波束赋形对比如图 4-26 所示，TM9 有更窄的波束，更利于提升单个用户的数据下载性能。

在上行数据传输中，R10 中的模式 2 支持单天线端口和闭环的空分复用形式，最大可以支持 4 层的数据传输，可以实现 4×4 MIMO。

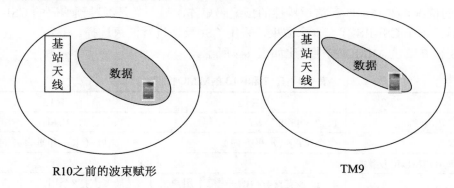

R10 之前的波束赋形　　　　　　　　　　　　TM9

图 4-26　TM9 和 R10 之前的波束赋形的比较

4.　4G R11 中的 MIMO 特性

R11 中引入的模式 10（TM10）是 TM9 的扩展，可以支持最大单用户 8 层传输，并且新增了码本集合，支持 CSI-RS 参考信号以波束赋形的形式进行发射。

由于在移动通信系统中，所有的频率资源都可以传输数据，位于小区边界处的用户如果使用相同的频率资源进行数据传输，则不可避免地会形成小区间的干扰，LTE 开始主要采用的是小区间的干扰协调（ICIC）技术，通过基站之间的信令交互实现小区间的干扰控制。在 R11 中针对小区间的干扰问题引入了多点协作传输（Coordinated Multi Points transmission/reception，CoMP）技术，改善了小区边缘用户的通信质量，提升了系统容量。

TM10 传输模式主要支持多基站间的数据传输，CoMP 本质上是一种多小区多用户 MIMO 系统，在 CoMP 系统中，协作小区集对多个用户进行协作传输，基站可以利用用户上报的参考信号接收功率（RSRP，Reference Signal Receiving Power）及 CSI 报告激活 CoMP 传输。

5. 4G R12和R13中的MIMO特性

R12 的下行引入了 4 天线双极码本 $W_1 \times W_2$，引入了基于非理想回传的 CoMP。在 R12 中开始了对有源天线系统（AAS）的研究，有源天线是 5G 的主要天线形式。

从 R13 版本开始可以支持大规模 MIMO，波束更窄，其指向的准确性直接影响网络覆盖性能，因此其业务波束指向的准确性测试尤其重要。R13 支持垂直波束赋形，在之前的版本中定义的天线阵列是一维的，在 R13 中定义的天线阵列是二维阵列。

在 R13 中，下行支持 16 个天线发射端口和 8 个天线接收端口。上行支持 4 个发射天线端口和 4 个接收天线端口，上下行都支持 MU-MIMO。

在 R13 中，对 CSI-RS 的功能进行了扩展，从 CSI-RS 的上报方式、类型和使用的资源端口上进行了详尽的设计。

在 R13 中定义了两种 CSI-RS 类型，一类是不经过预编码的 CRI-RS，用户需要根据 CSI-RS 的情况，选择能匹配信道特性的预编码矩阵，另一类是经过预编码的 CSI-RS，预编码以后，每个 CSI-RS 代表一个波束，采用 CSI 反馈进行波束选择。

R13 和 R12 的 MIMO 特性对比如表 4-4 所示。

表 4-4　R12 和R13 的MIMO特性对比

	R12	R13
天线端口数	1、2、4和8	1、2、4、8、12和16
天线配置	一个维度（水平方向）	一个维度（水平和垂直方向）
最大的单用户MIMO层数	8	8
最大的多用户MIMO层数	4（最多支持4个用户，每个用户最多2层）	8（最多支持8个用户，每个用户最多2层）

6. 4G R14中的MIMO特性

R14 将 R13 的 16 个天线端口码本扩充到了 32 个，下行定义了 20、24、28 和 32 个端口的 CSI-RS，并定义了 20 个、24 个、28 个和 32 个天线的双极码本。

R14 中的 MIMO 特性如下：

- 对非预编码的 CSI-RS 引入了码分复用，减少了资源开销和扩展端口。
- 对 CSI-RS 进行波束赋形，引入了非周期的 CSI-RS 和其他技术，以提高 CSI-RS 的使用效率。
- 增加了 CSI 报告增强机制，使传输用户数据的方式更加灵活，增强了系统的接口管理功能，并且使数据传输更加高效。
- 在上行引入了两个正交的 DRMS，使用相同频谱资源的用户也可以支持多用户 MIMO。

7. 5G R15中的MIMO特性

R15 是第一个 5G 标准，定义了 5G 的大规模 MIMO，其一个天线面板里集成有 32 个独立的收发单元，可以最多配置 32 个天线端口的数据传输。在 4G 中，由于系统的工作频段较低，一般采用数字波束赋形技术实现，但这种方式无法应对 5G 高频段的大规模 MIMO，在 R15 中采用数字和模拟混合实现波束赋形。

下行数据传输时，当为 SU-MIMO 模式时，每个用户最多 8 层，当为 MU-MIMO 模式时，可以通过复用的方式最多传输 12 层。上行数据传输时，单用户为 4 层，多用户为 12 层。

R15 中波束管理的过程包括波束扫描、波束测量、波束识别、波束上报和波束故障恢复等，根据用户的连接状态定义不同的波束管理机制。LTE 和 5G 的天线性能对比如表 4-5 所示。

表 4-5　R8 和R15 的MIMO特性对比

内　　容	LTE R8	5G R15
多波束	不支持	波束扫描、波束测量、波束识别、波束上报和波束故障恢复
上行数据传输	SU-MIMO最多4层 MU-MIMO最多8层	SU-MIMO最多4层 MU-MIMO最多12层
下行数据传输	SU-MIMO最多4层	SU-MIMO最多8层 MU-MIMO最多12层
参考信号	小区专用参考信号（CRS），模式固定	CSI参考信号（CSI-RS），可灵活配置模式

4.5　多天线的信号检测

4.5.1　多天线的信号检测方法

在多天线系统中，基站同时接收处于不同区域的多用户的数据，如果要在接收的多个用户的叠加数据中鉴别各个用户的数据信息，则需要通过检测技术进行提取，MIMO 检测技术是数字信号处理的过程。

假设，m 根发送天线发送的信号表示为矩阵向量 X，n 根接收天线接收信号表示为矩阵向量 Y，信道的特征矩阵为 H，信道的噪声为 N，可以通过式（4-23）来描述。

$$Y = HX + N \tag{4-23}$$

检测方法是在获得信道特征矩阵 H 的情况下，根据接收的向量矩阵 Y 对发射信号 X 进行估计。通过信道估计，接收端已经了解了各个信道的特征状态信息，假设在很短的时间内信道状态不会发生变化，通过 MIMO 检测技术可以获得各个用户的数据，检测技术一般有线性和非线性两种方案。

线性信号检测是将其他用户的天线端口上的数据视为干扰，在检测目标用户发射天线信号的过程中，来自其他发射天线的干扰信号被最小化或置为 0。通常，对天线收到的信号分别乘以复数加权因子 $W = w_1^*, w_2^*, \cdots w_{N_R}^*$，如图 4-27a 所示。其中，$W$ 向量的求取有很多方法，最有代表性的是迫零（Zero Forcing，ZF）检测技术和最小均方误差（Minimum Mean Square Error，MMSE）技术。

ZF 检测是一种线性检测方法，通过求信道矩阵 H 的伪逆得到 W，即：$W = (H^H H)^{-1} H^H$，接收信号的向量矩阵和 W 相乘相当于对接收的信号向量矩阵进行线性变换，消除来自其他天线的干扰，干扰接近于 0。ZF 在消除各个天线之间的干扰时增强了噪声，在信噪比较高的信道情况下性能较好，反之，由于噪声的影响，性能较差。

MMSE 检测技术是另一种线性检测方法，它把发送信号、干扰和噪声看作随机变量，从统计角度，根据估计信号和实际发送信号的最小均方误差计算 W，在高信噪比情况下，MMSE 和 ZF 的性能接近，在低信噪比下，MMSE 能够消除干扰的影响，但同时造成一定的误差。

典型的非线性信号检测是串行干扰消除方案（Successive Interference Cancelation，SIC），它使用 ZF 和 MMSE 等作为各天线端口的信号检测器，通过对各个天线端口上接收的数据进行信号检测，然后选择获得的最强天线端口检测信号，根据信道信息对其进行干扰估计，再从总的待检测的信号中减去干扰信号（干扰抵消），将干扰抵消以后输出的信号用于检测下一个较强的天线端口的接收信号，再从叠加的接收信号中减去干扰抵消以后输出的信号，对下一个较强天线端口的接收信号进行检测，以此类推，直到检测出所有的接收信号。如图 4-27b 所示，每个天线中的信号检测模块都在进行信号检测，很明显，这种信号检测方案复杂度较高。

虽然线性检测的检测性能较差，但是其在实现时所需要的硬件复杂度低，在不增加复杂度的情况下，可以提高系统性能。在大规模 MIMO 中，当空间的独立信道维度增加到一定值时会发生信道硬化，信道硬化意味着各个空间上的信道基本正交，完全独立，线性检测反而能体现出它的优势，因此，在大规模 MIMO 系统中，线性检测的接收技术使用比较广泛。

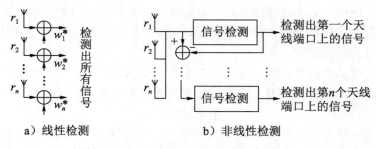

a）线性检测   b）非线性检测

图 4-27　多天线接收端的线性检测和非线性检测

4.5.2　多天线技术的特点

多天线技术的优点如下：

- 分集提高了系统进行数据传输的高可靠性。在发射端或接收端中的多天线可以用于提供多路径传输相同的信息以对抗无线信道的衰落。此时要求保持不同天线信道间的不相关性，也就是衰落的不相关。
- 波束赋形提高了信噪比。波束赋形在接收端或发射端使整体天线阵列增益最大化，抑制特定的干扰信号，可以直接将信号传送给用户提高了接收信号的信噪比。
- 空分复用提高了吞吐量。空分复用的多个天线端口使用相同时频资源并行地传输多个数据流，接收端根据独立的传输路径获得各自的数据流，极大地提高了系统吞吐量。

任何技术都有两面性，多天线技术也不例外，它的缺点是增加了设备的复杂度以及对硬件提出了更高的要求。多天线技术需要在发送端和接收端增加额外的信号处理过程，为了处理来自接收端的反馈及发送端的资源分配情况，引入的多天线技术也需要额外增加信令，在设备硬件方面，发送端和接收端也需要额外增加天线阵元。

在多天线技术的可靠性与传输速率之间进行选择时，应该根据信噪比进行判断。在覆盖较好时（高信噪比），利用空分复用增益的优点，可以接收或发送多路并行的数据流。并行数据流的最大数量值取决于发送和接收端天线数的最小值；在弱覆盖时（低信噪比）如边缘用户，不可一味地追求数据传输速率，否则会加剧各个数据流之间的干扰，应当优先保障数据的可靠性，利用分集增益提高接收信号的信噪比。分集增益的大小取决于接收端天线的数量及传播信道间的不相关性。

4.6　习　　题

1. 简述多天线技术。
2. MIMO 系统中有哪些天线工作模式？
3. 简述 Alamouti 空时编码技术。
4. 简述 MIMO 中的分集技术和复用技术。
5. 理解并简述矩阵的奇异值分解在 MIMO 中的应用。
6. 简述波束赋形技术及实现方法。
7. 简述在移动通信系统中 MIMO 系统的实现过程。
8. 简述 MIMO 的各种工作模式在实际通信场景中的应用。
9. 简述对 MU-MIMO 和 SU-MIMO 的理解。
10. 简述大规模天线的基本工作原理。
11. 简述多天线技术的发展演进过程。

第 5 章　移动通信系统运行机制

移动通信是一个功能复杂的庞大体系，它的发展和众多的基础学科发展紧密相连，其中，物理学、数学、计算机科学和材料科学等推动着移动通信技术的发展。

从数学角度来说，移动通信发展到今天离不开香农建立的信息论基础，在香农的思想引领下，人们在通信领域不断探索新技术，其目的是要使信道容量接近香农极限，由此发展出信道编码技术。提出的信道编码有很多种，如分组码、卷积码、Turbo 码和 LDPC 等，其编码性能的检测依据是能否接近香农极限。

从物理学角度来说，通信技术的发展是建立在电磁理论基础之上的。在 1820 年，汉斯·克里斯蒂安·奥斯特（Hans Christian Oersted）发现电流的磁效应，建立了电与磁联系。1831 年，迈克尔·法拉第（Michael Faraday）发现了磁感应电的现象，建立了电磁感应定律。1837 年，塞缪尔·莫尔斯（Samuel Finley Breese Morse）发明了电报和莫尔斯电码。1865 年，詹姆斯·克拉克·麦克斯韦（James Clerk Maxwell）建立了电磁场理论，将电学、磁学和光学统一起来，预言了电磁波的存在。1876 年，亚历山大·格拉汉姆·贝尔（Alexander Graham Bell）发明了电话。1888 年，海因里希·鲁道夫·赫兹（Heinrich Rudolf Hertz）用实验验证了电磁波的存在。电磁波理论的建立开启了其在通信方面的应用，1896 年，伽利尔摩·马可尼（Guglielmo Marconi）发明了无线电报。

从移动通信的组成内容来看，它也是一个功能复杂的庞大体系。设计移动通信系统的初衷是以人为本，解决和满足实际的移动通信需求。从网络组成方面来看，移动通信系统是由接入网和核心网组成的，但每一部分对应包括各种接口、信令、协议层和处理过程等，其移动通信系统的复杂性和庞大性可见一斑。本章主要从移动通信系统组成的宏观视角出发，了解保障移动通信的主要管理机制和技术手段。

5.1　概　　述

由于无线信道的变幻莫测，为了保障多天线技术的天线增益，一个重要的任务就是想办法获得无线信道质量信息。为此，移动通信系统引入了信道估计技术，便于实时了解无线信道的情况，发送端根据无线信道的条件，可以自适应地安排数据传输的方式，包括数据调制方式、信道的编码速率和资源调度等。

对于变化不定的无线信道，即使采用信道估计，也不可避免地会受到各种因素的干扰

（天气、环境和移动速度），引起传输错误，为了保障数据的正确性和可靠性，在移动通信系统中引入了混合自动重传（Hybrid Automatic Repeat Request，HARQ）机制。

在移动通信资源方面，为了实现更高的资源利用率，设计了多址接入方式，例如 1G 中的 FDMA，2G 中的 TDMA，3G 中的 CDMA 和 4G、5G 中的 OFDMA，以及 5G 海量接入场景中可能会引入 NOMA 等，它们都是为多用户提供共享资源的技术手段，以提升系统的频谱效率。移动通信系统采用资源共享的策略，共享资源分配引入了动态资源调度机制。

移动通信的特点是"移动"，让人们可以自由自在地进行通信，但数据的传输时延变化是因为用户的"移动"带来的，为了保障数据正常接收，每次进行数据传输时需要同步过程，同时，因为"移动"这个特点，如果用户用最大的功率进行数据传输势必很费电，不利于节能，也会对其他用户造成干扰，因此引入了功率自适应控制机制和其他相关的控制技术。此外，为了保障"移动"过程中通信的流畅性，引入了移动性管理机制。

5.2　信 道 估 计

移动通信技术基本上是围绕着无线信道展开的，当人们打电话时，传输的数据经射频后，以电磁波的形式在空中进行传播，无线信道是不可控的，人们无法触碰。无线信道环境是变幻莫测的，为了保障数据在动态多变、极易干扰的无线信道环境中的传输效率及种类繁多的移动通信业务，满足不同通信场景下的传输速率和时延等，移动通信系统需要额外引入一些信号处理技术——信道估计技术。信道估计是从接收数据中将实际的信道参数估计出来的过程，基站根据信道估计结果控制和调整数据的发送方式及所用资源，使其能够更好地适应无线信道的特性，进一步提高系统的传输速率、能量效率和时延等性能，提升用户体验。

5.2.1　信道估计方法

在线性系统中，通常把输入系统的信号称为激励，系统的输出信号称为响应，如果系统输入的是一个冲激序列，系统输出的冲激响应则反映了系统的特性，就是本小节所介绍的信道特性。在一维信号情况下，如果线性移不变系统输入的信号为序列 $x[n]$，则其信道响应为 $h[n]$，其输出的信号 $y[n]=x[n]*h[n]$，其矩阵的表示形式如式（5-1）所示。

$$Y = XH + N \tag{5-1}$$

其中：

$$X = \begin{bmatrix} x[0] & & & \\ x[1] & x[0] & \ddots & \\ \vdots & x[1] & \ddots & x[0] \\ x[N-1] & \vdots & \ddots & x[1] \\ & x[N-1] & \ddots & \vdots \\ & & & x[N-1] \end{bmatrix} \quad (5\text{-}2)$$

其中：X 为 $K \times M$ 的矩阵，$H = [h[0], h[1], \cdots, h[M-1]]$，为信道冲击响应；$Y = [y[0], y[1], \cdots y[K-1]]$，为接收的信号矩阵；$N$ 为噪声。

如果获得 X 矩阵，从理论上可以获得 H，由于有噪声的影响，所以实际上信道 H 可以通过迫零检测技术（ZF）和最小均方误差等算法来求取。MMSE 的主要目的是消除噪声的影响，通过使信道矩阵的实际值与估计值的均方误差最小化来进行信道估计。ZF 根据最小二乘准则，使得损失函数 $L = |Y-XH|^2$ 的值达到最小，在损失函数最小的情况下，计算信道参数。如果以 ZF 估计信道，估计值可以表示为式（5-2）所示。

$$\hat{H} = (X^H X)^{-1} X^H Y \quad (5\text{-}3)$$

移动通信系统为了准确地获取信道特性，在接收端和发送端提前约定了一个已知的信号，在发送端发送已知的信号给接收端，接收端根据接收的信号和已知发送的信号，根据式（5-3）就可以估计出传输信道的特性了。用于信道估计的已知信号就是参考信号，也称为导频。由于无线信道是时时变化的，一般情况下，假设在一个很短的时间内信道保持不变（由于数据传输的时间单位一般为 ms 或 μs，所以这个假设基本上是成立的），为了及时跟踪信道的变化情况，信道估计工作时时刻刻伴随着移动通信过程。

把式（5-1）中的 Y 带入式（5-3）可以得到式（5-4）。

$$\hat{H} = H + (X^H X)^{-1} X^H N \quad (5\text{-}4)$$

式（5-4）描述的是实际的信道 H 和估计的信道 $\hat{H}$ 之间的关系，可以看出，估计信道中含有一个和噪声有关的项 $(X^H X)^{-1} N$，如果要使估计信道和实际信道接近，那么噪声 N 的影响越小越好。这里的噪声 N 被 $(X^H X)^{-1}$ 抑制，$(X^H X)$ 是一个方阵，也是一个共轭对称阵，对角线位置上是矩阵的自相关系数，参考信号序列 X 的长度越长，相关矩阵对角线上的元素总能量就越大，就越有利于噪声抑制，估计信道和实际信道就越接近。但是，从资源利用的角度来考虑，参考信号序列 X 的长度越长，占用的资源就越多，用于数据传输的资源相对就会减少。因此在移动通信中，要综合考虑各种因素影响，根据各种通信场景需求来设计适当的参考信号序列长度，在一般情况下，参考信号的序列长度要远大于信道响应的长度。

在移动通信中选择什么样的信号序列作为参考信号合适呢？为了精确地估计信道，减少误差，希望参考信号相关矩阵 $X^H X$ 只有在对角线上有值，而在非对角线上的元素值为 0，即为一个正交矩阵，这就要求用于信道估计的参考信号有很好的自相关性，一般要求参考信号具有高斯白噪声的性质。

LTE 中的上行的信道估计参考信号是基于 Zadoff-Chu（ZC）序列生成的，ZC 序列有很好的自相关性，用来进行上行信道估计。

CRS（Cell Reference Signal）是 LTE 中最基本的下行参考信号，在 LTE 中承担着非常重要的任务，可用于数据解调、信道估计和时频跟踪等方面。CRS 信号序列主要用的是伪随机序列，CRS 序列的时域周期为一个子帧，可以和无线帧号形成一一对应的关系，用户可以预先获得系统中 CRS 序列的信息，每个天线端口使用相同的 CRS 序列。

参考信号是如何分布在时频资源中的呢？由于无线通信中存在多径效应和多普勒效应，对实际移动通信情况进行分析得到：在多径效应情况下，信道间的时延扩展越大，相干带宽就越小；在快速移动通信场景下，用户的移动速度越快，导致的频移越大，相干时间就越小。为了提高信道估计的精度，需要将参考信号高密度分布在时频资源单位中，但是从资源利用的角度考虑，又需要参考信号占用尽可能少的资源，因此，经过优化设计，LTE 系统设置的 CRS 是以一定的规律分布在时频资源栅格中，如图 5-1 所示。

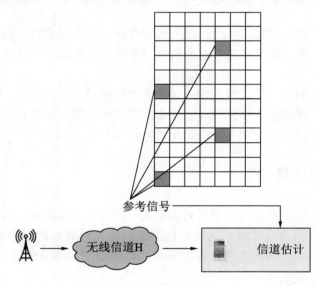

图 5-1　信道估计示意

在图 5-1 中，参考信号离散地分布在时频资源栅格中，实现对某个时频资源单元的信道估计，当获得参考信号所在资源位置的信道特征以后，根据相邻信道存在相关性，相邻子载波和相邻符号之间的信道变化不会很剧烈，其他的时频资源位置信道特征可以通过插值的方法得到，完成所有时频资源的信道估计。

如果是对上行信道进行估计，那么所有繁重的信道估计和信号处理任务都由基站来完成，如果是对下行信道的估计，则需要在用户端完成，用户通过上行数据向基站上报下行信道的状态信息。在这个过程中，由基站发送参考信号，用户对接收的信号解调，然后进行信道估计，在上行的时刻把信道特性上报给基站。由于无线信道瞬息万变，所以信道估计一直会伴随着整个数据通信过程。信道估计的复杂度与用户终端数成正比，由于用户是处于移动场景中，系统需要频繁进行信道估计。

通常情况下，在 TDD（时分双工）系统中，由于上下行在相同的频段，所以此时的上下行无线信道存在互易性，认为基站和用户具有相同的信道情况，只需要基站或用户一端通过信道估计即可。通常在基站侧对上行信道进行估计，根据信道的互易性，就可以得到完整的下行信道的信道质量信息，如果基站通过这种方式对所有信道进行估计，则用户的所有天线都需要在工作频段发送信息。

对 FDD（频分双工）系统，上行信道和下行信道处于不同的频段，上行和下行具有不同的信道特性，不存在信道的互易性，上下行需要各自独立地进行信道估计。这也是导致 FDD 系统成本较高的原因之一。只能在用户端对下行信道进行估计，信道质量信息由上行信道上报给基站，这种上报机制会给信道估计和实际下行数据传输之间带来时延，从而影响调度的灵活性，并且 FDD 系统中的大量 CSI 反馈信息加大了信令开销，增加了系统的复杂性。

对高速移动的用户，信道估计的处理结果会存在一定的滞后性，因此不可避免地和实际的信道存在误差，所以在实际的移动通信中需要采用其他的机制保证数据的准确性，如重传技术。

移动通信系统中有多种类的参考信号，除了履行信道估计责任外，有些还承担着波束管理、数据解调、时频跟踪、相位跟踪、移动性管理和速率匹配的功能。基本原理都是用已知的信号序列纠正或评估变化的无线信道的不确定性。

5.2.2　信道状态信息

基站需要基于信道的质量情况进行资源调度，在进行资源调度之前，用户需要反馈下行信道的实时参数，用户发送给基站的和信道情况有关的参数是信道质量信息（Channel State Information，CSI），不同的通信标准下对 CSI 的定义不完全相同。

1．LTE系统中的CSI

在 LTE 系统中，CSI 包含信道质量指示（Channel Quality Indicator，CQI）信息、秩指示（Rank Indication，RI）和预编码矩阵指示（Precoding Matrix Indicator，PMI），其中，RI 和 PMI 是 CSI 中和多天线有关的部分。

1）信道质量指示

信道质量指示（CQI）值对应的是可以采用的最高调制编码方式的估计，在确定 RI 和 PMI 的情况下，数据传输过程中的误码率不能超过 10%，用户通过信道估计计算信道的误码率，并根据误码率<10%的限制上报 CQI，此时的调制编码方案由 CQI 决定。CQI 的值越大，对应的信道质量越好，可以选用阶数较高的调制方式，如 64QAM 和 256QAM 等；CQI 值越小，对应的信道质量就越差，可以选用较低的数字调制方式，

如 QPSK 和 4QAM 等。

每个用户反馈的 CQI 信息仅代表下行资源的一部分频谱的信道质量。当基站进行下行数据传输时，需要综合考虑所要传输数据的所有用户的信道情况和需要传输的数据量，有时即使信道质量条件允许，但由于只有少量的数据传输或资源可以调用，可能不需要很高的调制方式。

2）秩指示

当用户的下行数据需要用空分复用的模式进行传输时，用户需要向基站上报秩指示（RI），用户通过信道估计，得到自己和基站之间相互独立的无线信道数目，这就是 RI 信息，用户通过上行反馈 RI 给基站，基站在进行下行数据传输时据此决定 MIMO 的最佳传输层数。

3）预编码矩阵指示

用户根据信道质量性能，向基站提供预编码矩阵指示（PMI），PMI 是在某个 RI 指示下的最佳预编码矩阵的建议，其决定基站在进行数据传输时的预编码矩阵。

系统中会预先定义一组矩阵，每个矩阵会有一个索引号，这组预先定义的矩阵是码本。预编码矩阵一般以码本索引号的形式上报给基站，其可能是频率选择性的，也可能不是频率选择性的。频率选择性是指用户对下行频谱的不同资源部分给出不同的预编码矩阵建议，而非频率选择性是对下行的频谱资源用户给出相同的预编码矩阵建议。

基站在传输数据时，如果接受最新用户上报的 PMI 建议，则会给上报用户一个反馈指示，用户在接收下行数据、解码和解调时会采用自己上报的预编码矩阵；如果基站没有接受 PMI 建议，那么基站发送数据的预编码需要通过调度信息发送给用户，这样用户在收到数据的同时即可获得基站使用的预编码矩阵，据此实现下行矩阵的解码和解调。

总之，LTE 用户反馈的 CSI 信息由 RI、PMI 和 CQI 组成，反馈信息具体包括哪些内容由进行用户数据传输的多天线工作模式来决定，如在空分复用的工作模式下，可能需要上报 PMI 和 RI，如果是在非码本的预编码模式下，则不需要上报 PMI。

在 LTE 中，用户上报给基站的信道状态信息并不能代表下行信道的状态，其只是用户给基站的信道最佳工作方式的建议，基站传输数据的具体的方式（包括传输数据的资源信息、天线工作模式、层数和调制方式）由调度信息决定。

在 LTE 中，CSI 上报机制有两种：周期性和非周期性的 CSI 报告。当基站对用户发出上报请求时，用户发送 CSI 报告，这种是非周期的 CSI 报告；周期性的 CSI 报告是用户按照一定的时间间隔给基站发送 CSI 报告，间隔时间可以是 2ms。

2. 5G中CSI

LTE 中的信道测量由小区专用参考信号（CRS）来完成，5G 中取消了 CRS，而是扩展了信道状态信息参考信号（CSI-RS）的功能，CSI-RS 是在 LTE 10 中引入的，在 5G 中的基本功能是用户下行信道的测量。

CSI-RS 除了用来进行信道质量测量以外，还有下行波束的管理、时频跟踪、移动性管理和速率匹配的功能，因此其反馈的状态信息比 LTE 明显多了。5G CSI 包括的信息有：CQI、PMI、RI、CSI-RS 资源指示（CSI RS Resource Indicator，CRI）、SSB/PBCH 资源指示（SSBRI）、层指示（Lay Indicator，LI）及 L1-RSRP。

在这些参数中，CQI、PMI、RI 和在 LTE 中的作用基本相同，其他是 5G 中新引入的参数。

- CRI：CSI-RS 资源指示，表示 CSI-RS 的资源集信息，指示最好的 CSI-RS 资源索引，对应最好的波束。
- LI：指示信号最强的层，用来在下行最强的层上发送相位跟踪参考信号 PTRS（Phase Tracking Reference Signal）。
- SSBRI：指示同步块 SSB/PBCH 资源块的信息，指示波束索引。
- L1-RSRP：表示 L1（物理层）上 RSRP 的测量结果。

这些 CSI 参数之间有很强的关联性，如 RI 要根据 CRI 来计算，PMI 要根据 RI 和 CRI 来计算，CQI 要根据 PMI、RI 和 CRI 来计算，LI 要根据 CQI、PMI、RI 和 CRI 来计算。

如图 5-2 是 5G 上行和下行信道的信道估计方式，下行通过信道状态信息参考信号进行信道估计，基站给用户配置适当的 CSI-RS 资源，向用户发送数据的同时发送 CSI-RS，用户根据接收的 CSI-RS 进行信道估计，计算出所需要的 CSI 信息，通过上行上报给基站，基站据此设置 MIMO 的预编码矩阵、资源调度和波束管理等。在上行信道中设定了 SRS 参考信号进行上行信道的估计，基站根据接收的 SRS 可以进行信道质量检测和估计等。

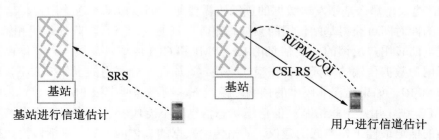

图 5-2　5G 上行和下行的信道估计方式

5.3　信道自适应技术

根据参考信号可以实时跟踪动态的无线信道，了解无线信道质量的情况，随时根据信道质量采取不同的措施，由此产生了很多移动通信技术。系统可以自适应地调节数据发送的 MIMO 工作模式、传输数据块大小、编码调制方式、功率大小和资源调度等。

5.3.1　自适应调制与编码技术

自适应调制与编码技术（AMC）包括自适应调制技术和信道编码技术。自适应调制技术就是根据信道的状态，选择不同的调制方式，在当前的无线信道条件下保证通信质量，实现较高的数据传输速率，自适应信道编码就是根据信道的状态，选择不同的编码技术，添加不同长度的信息冗余。

在移动通信中，对无线信道上恒定的数据速率要求并不高，但是对用户的数据速率要求较高，为了更有效地利用资源，在信道质量较高、信噪比高的子信道中可以提高数据速率，在干扰大、信噪比小的子信道中可以减小数据速率，如图 5-3 所示，一般通过数字调制方式和信道编码的调整来实现高的数据速率。如果信道质量差，用较低的调制方式（BPSK）和低速率编码技术可以实现较低的数据传输速率；如果信道质量好，通过高阶调制（64QAM、256QAM 等）和高速的编码技术可以实现高数据传输速率。通常，靠近基站的用户，其无线信道环境质量较好，一般采用高阶调制方式，远离基站的用户，其无线信道环境质量较差，一般采用低阶的调制方式。

在下行方向上，基站根据用户上报的信道状态信息中的参数 CQI 来调整调制方式和编码速率，并根据用户的调制方式和编码速率确定其传输块的大小，保证数据速率的最大化。

在上行方向上，基站根据对信道质量的测量，自适应地调整编码方式和调制方式。

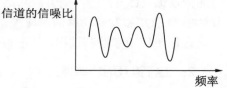

自适应调制与编码技术会根据信道质量对传输的数据速率进行控制，如果信道质量好，则会提高数据传输速率，如果信道质量差，则会降低数据传输速率，期间可能会引发其他管理过程。例如，由于信道噪声干扰严重导致数据丢失，引发 HARQ 过程进行数据重传，或因信道质量太差，已经不适合通信，为了不影响用户体验，从而引发小区重选或切换过程。

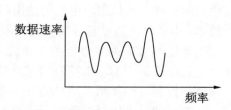

图 5-3　信道质量和数据传输速率示意

5.3.2　功率控制

功率控制是根据信道质量的估计，采用尽可能低的发射功率，以降低对周围小区的干扰，主要目的是减少小区间的干扰，补偿路径损耗，降低小区间的干扰水平。

1. 下行信号的功率分配

一般情况下，下行信号的功率控制实质是功率分配，基站的功率分配主要考虑的是同频组网的系统性能，通过基站间的相互协调抑制小区间的干扰。基站功率分配包括不同用户之间、不同的下行物理信号和物理信道的功率分配。

由于不同用户和基站的距离不同，从电磁波传输的角度来看，不同传输距离的信号衰减不同，补偿路径损耗的功率自然不同。各种物理信号和物理信道传输的数据的重要性有别，对于需要可靠传输的数据，需要保证小区内的所有用户都能正确接收和解调，因此对信号的发射功率有一定要求。

下行的参考信号承担整个小区的信道质量侦查和信道测量的重任，对可靠性要求较高，一般以固定的功率进行发送。

传输系统资源调度信息的控制信道也很重要，当系统向用户传输数据时，控制信道负责通知用户在哪些时频位置提取数据，用户只有获得通知信息才会去找传输给自己的数据，因此需要分配一定的功率保证所有用户都能接收控制信道的信息。

和控制信道相比，下行的数据传输信道——下行共享信道对可靠性要求不太高，发射功率主要是弥补传输过程中的路径损耗和慢衰落，以保证数据的传输质量。如果用户检测到数据传输错误，则可以要求基站重新传输数据。下行共享信道的信号功率根据用户的信道测量反馈（CQI）进行调整，基站保存着用户反馈的 CQI 值和发射功率的对应关系表，基站根据 CQI 和发射功率的对应关系来确定发射功率，即可保证发送信号能达到信噪比要求，这是闭环功率控制过程。下行功率的分配以资源块为单位。

2. 上行信号的功率调整

上行功率控制的目的是，在保障小区用户上行通信质量的基础上，尽可能降低对其他用户的干扰，延长用户电池的使用时间。例如，在 LTE 系统中，上行采用的是 SC-FDMA 技术，小区用户通过频分实现正交，小区内用户间的干扰较小，但小区间的干扰较为严重，这也是影响 LTE 系统性能的主要原因。

移动通信中的功率控制的重点是对上行信号进行功率调整，主要是对小区内的上行功率进行控制，即基站对用户的发送功率做自适应调整。

上行的功率控制有两方面的要求，一方面，用户的发射功率要足够大，以满足服务质量（Quality of Service，QoS）的要求，另一方面，要求用户的发射功率尽量小，以节约用户的电池能量，减少用户间的干扰。因此上行信号的功率控制既要能克服无线信道的各种损耗，包括路径损耗、慢衰落损耗和快衰落等，又要能抑制来自其他用户的干扰，包括小区内的用户间干扰和相邻小区用户间的干扰。

上行功率控制有两种方式：开环功率控制和闭环功率控制。除了随机接入信道，大部分的上行物理信号和物理信道的功率控制是开环控制和闭环控制的组合。每个用户根据接收的参考信号的强度来测量路径损耗，估算能补偿的路径损耗的发射功率。

上行的数据发送时，对每个资源块的发射功率要综合考虑路径损耗情况、系统整体频谱效率和发射功率过高对邻区的干扰情况，结合用户发送数据的调制编码方式和数据类型（控制信息、数据信息）确定功率值。

功率控制一般和频域资源分配策略相结合，实现小区间的干扰协调，提高小区整体频谱效率和邻区的用户性能，如果相邻小区的几个用户的路径损耗相近，则可以给这几个用户分配相同的时频资源，这样可以提高邻区的用户性能，避免小区间的强干扰。

开环和闭环相结合的功率控制所需要的信令交互较少，只有在用户不能自己估算功率的时候才需要完全闭环的功率控制。闭环功率控制也是围绕基本开环操作点进行调整，功率控制的调整更加精细，能更好地适应信道质量。

5.4　重 传 技 术

通过信道估计和自适应技术，移动通信双方对信道情况有一定的了解，并能根据信道质量自适应地对功率和调制方式等予以调整，使其以最小的差错率传输数据，但是无线信道微小的波动也会引起数据错误，在实际移动通信中仍存在不可预期的突发衰落，导致传输错误。

通信最基本的要求是通信数据的正确性，为了保障通信数据的正确性，需要对这种传输错误进行控制，在移动通信系统中引入了差错控制技术，包括前向纠错（Forward Error Correction，FEC）技术和自动重传（Automatic Repeat Request，ARQ）技术。

5.4.1　前向纠错技术

前向纠错技术不是指某一个具体的编码技术，而是一类纠错编码技术的统称。发送端通过编码的方法使得接收端能够正确解调数据，如果出现传输错误，通过编码的冗余比特信息可以进行纠正，并不需要接收端的信息反馈，这种差错控制叫作前向纠错技术，也就是移动通信中广泛使用的信道编码技术。

信道编码通过某种算法给传输的信息添加冗余部分，把它添加在信息比特之中然后进行传输。传输的比特数大于原始的信息比特数，相当于添加了冗余信息，使得接收端能够纠正一部分错误，减少或消除错误信息。不同的码率、码长和不同类型的信道编码的纠错能力不同，为了获得较低的误码率，需要以最差的信道条件来设计纠错码，采用的纠错码更长，添加信息的冗余度较大，占用的系统资源较多，降低了编码效率，实现起来的复杂度也较大。典型的如 Turbo 码，它部分地引入了随机编码的思想，译码采用了接近最大后验概率译码的迭代译码算法，如果码长增大，则会使系统的复杂度和时延变得更大。

5.4.2　自动重传

另外一种差错控制方法是：如果接收端检测出接收数据出错，则要求发送端重新发送一次，直到收到正确的数据为止，这种技术叫作自动重传（ARQ）技术。

接收方收到数据后，通过解调解码，如何得知获得的数据是否正确呢？最常用的方法是：在原有的信息比特中添加冗余比特，这些冗余的比特和原信息比特按照某种算法相关联，如果在数据传输过程中发生错误，则接收的数据比特和添加的冗余比特之间就不满足关联规则，可以判断接收数据有误，这就是数据校验。数据校验的方式有很多种，如奇偶校验、循环冗余检验（Cyclic Redundancy Check，CRC）等，其中，CRC 校验是应用最广泛的一种校验方式。

这里简单介绍一下 CRC 校验。发送端和接收端约定好一个生成多项式，发送端根据需要发送数据和生成多项式计算 CRC 校验码（冗余码），运算方法使用的是模 2 除运算（异或），通过计算发送比特和生成多项式的模 2 除运算，获得的余数即是 CRC 检验码，将 CRC 校验码添加到发送数据中一起发送，接收端根据生成多项式对接收数据进行判断，检查其是否产生了数据错误，将接收比特和生成多项式进行模 2 除运算，如果余数为 0，则表示接收的数据正确，如果余数不为 0，则表示接收数据错误。

例如，发送的比特为 D=101001，约定的 CRC 校验码的长度 L=3，生成多项式为 $g(x)=x^3+x^2+1$，多项式各项系数构成的比特为 M=1101，在 D 后面补 3 个 0，用 M 对 D 进行模 2 除运算，得到余数 R=001，因此实际需要发送的数据是 101001001。

在数据传输时，接收端通过 CRC 校验信息，检查发送的数据包是否错误，如果信息正确，则向发送端反馈肯定的确认信息（ACK），告诉发送端数据正确，如果通过检测发现数据包出错（不完整、损坏或者丢失），接收端则丢弃接收的数据并发送否定的确认信息（NACK）给发送端，发送端接收该信息后将原来的信息重新发送一次，这就是重传机制。

在现代的大多通信系统中，ARQ 接收端使用循环冗余校验作为检错码。在该技术中，数据重传的次数与信道质量有关，如果信道质量差，则系统会经常处于数据重传的状态，从而增加了系统的时延，信息传输的实时性变差，用户体验变差。

5.4.3　混合重传

由于信道编码和自动重传各有利弊，于是现代通信系统经常把自动重传技术和信道编码联合起来使用，即混合自动重传（HARQ）技术。接收方在收到信息之后，通过信道编码纠正一部分错误，对于信道编码不能纠正的错误，系统启动 ARQ 机制，由校验码进行数据检测，如果发现收到的数据有误则丢弃该信息，然后发送一条 NACK 的反馈信息，发送方收到 NACK 信息之后会重新发送原来的信息，如果数据包正确，则反馈一条 ACK 信息，告诉发送方信息已经正确接收，发送方继续发送新的信息。

HARQ 的重传机制有 3 种，停止等待、回退和选择重传。
- 停止等待机制：每发送一组数据后就等待接收方返回确认信息，如果返回的是 ACK 信息，则继续发送下一组数据，如果返回的是 NACK 信息，则重新发送这组数据。
- 回退机制：发送方不断进行数据组下发，不用等待接收方的反馈信息，在数据下发的过程中，如果收到接收方返回的 NACK 信息，则后退到出错的那组数据，然后开始重新不断发送数据，此时以前发送的数据组会重复发送。

- 选择重传机制：发送方不断进行数据组下发，不用等待接收方的反馈信息，在数据下发的过程中，如果收到接收方返回的 NACK 信息，则把出错的那组数据重新发送，已经发送的数据组不会再次发送，继续发送后面的数据。

在移动通信系统中，HARQ 采用的是停止等待机制，传送一组数据以后，等待对方的反馈信息，如果错误（NACK），则进行重传，直到这组数据被正确接收为止。当然，如果超出重传次数则会丢掉这组数据。

通信系统从原则上讲可以采用任何纠错码和检错码，根据编码效率和香农极限，在实际的移动通信系统 LTE 中，数据共享信道通过 Turbo 编码的前向纠错和 CRC 校验的 ARQ 相结合实现差错控制；在 5G 的 eMBB 场景中也采用了信道编码和 ARQ 相结合的差错控制技术，根据数据的特点，在共享信道中采用 LDPC 信道编码技术，在控制信道中采用 Polar 编码技术。

5.4.4　软合并的 HARQ 技术

在 HARQ 机制中，如果数据有误则会直接丢弃，但丢弃的信息仅仅是部分损坏，还有没有可以利用的信息呢？当然有可以利用的信息。如果将传输有误的数据保存起来，与刚接收的重传数据进行合并处理，合并之后的数据比单组数据的准确率更高一些，然后对合并的数据进行校验检测，如果检测数据错误，则请求重传，直到校验正确为止。这种技术就称为软合并的 HARQ 技术，如图 5-4 所示。软合并的 HARQ 技术必然会提高信息正确校验的概率，比 HARQ 更为可靠。

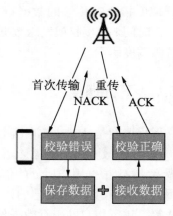

图 5-4　软合并的 HARQ 数据传输示意

但是，带有软合并的 HARQ 技术会降低数据的传输速率，在通信系统中，只有在传输的数据不能被正确接收时才会启用重传机制，从系统角度来说不会影响总的数据传输速率，移动通信系统允许用户因为收到错误的数据包而快速请求重传，以降低错误数据包对终端性能的影响。

5.5　动态资源调度

目前主要的无线资源包括：时域资源、频域资源、码域资源、空间资源和功率资源（分配给用户的功率大小）几类。无线资源管理技术并非仅针对某一类无线资源进行管理，而是联合多种无线资源来共同发挥它们的优势，以达到良好的通信质量。

调度是控制每个时刻用户间的共享资源分配问题，和信道自适应技术同为一个有机整体。移动通信系统是以资源块为最小单位进行调度的，每次传输的数据量不同，调度的资源也不同，可以是一个资源块，也可以是多个资源块，调度主要考虑的是用户之间的资源共享问题，系统需要在满足服务质量的同时让尽可能多的用户同时接入网络。

例如，在进行资源调度时，看电影的用户所需要的资源和微信聊天用户所需要的资源不同，要根据业务行为需求进行调度。调度算法既要考虑信道的质量又要考虑用户的使用体验，保证较高的数据速率，资源调度算法在基站实现，不会在任何标准中进行规定，但调度的目标是相同的，是根据用户的信道变化，选择具有最好信道条件的用户进行数据传输。为了支持信道的相关调度，在移动通信系统中定义了信道质量测量和报告，以及动态资源分配所需要的信令过程。

在移动通信系统中，上下行调度过程是分开的，下行调度是基站根据其下行信道状态，决定对哪些用户进行数据传输，同时决定传输的数据块大小、调制方式、天线的映射和功率控制等；上行方面是由基站根据其上行信道状态，通知用户其上行的资源、传输格式和调制方式，用户可以自主控制逻辑信道的复用，系统根据调度指令对传输的数据符号位置进行计算，在等待时间 τ 后接收或发送数据。图 5-5 所示为下行资源调度示意。

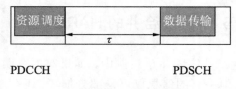

图 5-5　资源调度示意

5.5.1　下行调度

下行调度是基站决定向哪些用户发送数据，以及传输数据用户对应的下行资源分配位置，这个过程是动态的，在一个小区中，在一个下行子帧上可以同时调度多个用户，由资源调度策略，根据用户所处的信道质量、数据流优先级和邻小区的干扰情况进行资源调度，选用最佳的信道条件、最佳的调制方式和天线工作模式等，进行用户的下行数据传输。

具体执行下行调度的是物理层的共享信道，在发送用户数据之前，需要用户根据参考信号对信道质量进行估计，通过 CSI 的形式上报给基站，基站通过 PDCCH 传送资源分配指令，告诉用户传输数据所在的共享信道内的具体时频资源、数据的调制方式和天线端口等信息，从而使用户在下行数据共享信道上就可获取基站发送给自己的数据。下行资源调度示意如图 5-6 所示。

图 5-6　下行资源调度示意

5.5.2　上行调度

上行调度是基站决定哪些用户可以给自己传输数据，以及在哪些上行资源上发送数据。上行调度时需要用户首先提出资源调度请求，需要用户先给基站发送一个请求信息，申请上行资源，基站收到调度请求后，知道用户有数据要发送，就会对用户分配资源，这个过程就是上行调度。每个用户都有一个专用的传输资源请求的物理资源。上行资源调度如图 5-7 所示。

上行资源调度具体包括 3 个步骤：

（1）用户通过 PUCCH 向基站发送请求上行资源的调度请求。

（2）基站通过 PDCCH 传输用户的上行调度信息，其中包含可以分配给用户的上行资源位置信息。

（3）用户在调度的 PUSCH 资源上传输数据。

在 LTE 系统中，如果用户没有上行的数据传

图 5-7　上行资源调度

输，那么一般情况下基站不会预留资源给用户，上行的调度请求机制就是为了给有数据传输需求的用户获得上行的物理资源提高保障，因为开始的时候用户没有上行资源，只能在上行的控制信道中发送调度请求，基站为每个用户分配了一个专用的资源用于发起调度请求。调度请求资源是周期性出现的，出现周期由系统配置，由于基站不知道用户何时发起调度请求，所以基站需要在已经分配的调度请求资源上不断进行检测。

也有的用户并没有分配专用的调度请求资源，如果用户要发送数据，则需要通过发起竞争随机接入过程，以代替调度请求过程来申请上行资源。

5.5.3　半持续调度

上下行调度都是动态调度，在每个最小调度资源单位（4G 是 1ms，5G 更小）上都会使用新的决策，资源调度很灵活，其灵活性导致信令开销增加，使移动通信系统工作更加繁忙。为了减少信令开销，根据某些传输数据的特点，在调度时制定一个持续时间，时间到了再根据调度策略重新调度，这种调度方式就是半持续调度。

5.5.4　资源调度过程

资源调度是 MAC 层的主要工作，当用户有数据需要传输时，MAC 层根据动态资源调度机制分配资源，由物理层的控制信道（PDCCH）传输资源的分配信息。在接收端，用户通过提取物理层的 PDCCH 获得资源的位置和数量，需要发送的数据在分配的 OFDM

符号、子载波和天线端口进行传输。

5.6 上下行同步机制

5.6.1 移动通信中的时间标准

移动通信系统在运行中采用的是集中管理方式，所有的管理功能集中在网络侧，用户的所有活动是由基站安排。同步主要是对用户来说的，是用户根据基站的上行和下行的无线帧时间单位，调整自身的发送和接收时间窗口，和基站在时间上达成统一的过程。

生活中的时间有小时、分钟和秒，还可以再小，如毫秒、微秒和纳秒等，时间的粒度越小，表示精确性越高。在移动通信系统中也定义了统一的时间标准，包括无线帧、子帧、时隙和 OFDM 符号等时间单位。通俗来讲，同步就是需要用户在确定的时间按照系统的要求来运行，确定的时间像飞机时刻表，不管你是去赶飞机还是接机，必须遵照飞机时刻表。

在移动通信系统中有频分双工（Frequency Division Duplexing，FDD）和时分双工（Time Division Duplexing，TDD）两种双工通信技术，由于二者的工作方式和无线帧的定义不同，二者的同步不太相同。

5.6.2 FDD 同步和 TDD 同步

本小节以 LTE 中的无线帧结构为主来解释 FDD 和 TDD 的上下行同步。FDD 和 TDD 的详细介绍可参考 6.4 节，由于 FDD 上行和下行使用不同的频带，在时间上，同时接收和发送上行数据和下行数据，因此上行数据或下行数据是相互独立的过程，FDD 制式的同步过程就是使各个用户的上行无线帧或下行无线帧对齐的过程，如图 5-8 所示。

在 TDD 制式的移动通信系统中，接收和发送在同一频率信道的不同时间上，系统用不同的子帧来区分上行信道和下行信道，并且，在 TDD 制式中，每个无线帧中除了有上下行子帧的定义之外，还有特殊子帧的定义，因此在 TDD 中的同步不只是在无线帧时间单位中对齐，还需要精确到具体的某个上下行子帧，如图 5-9 所示。在不考虑特殊子帧的情况下，此时一个无线帧的时间被分成两个部分：上行传输部分和下行传输部分，在上行传输部分仅在标有上行的子帧上进行数据传输，同样下行传输也只能在标有下行的子帧内进行传输，各自不能占用空白的子帧。TDD 同步过程就是要实现某个上下行子帧的对齐。相较于 FDD，TDD 对时间精度要求更高一些。

移动系统中引入了两个物理机制来实现上下行同步，一个是小区搜索机制，另一个是随机接入机制，以保障数据的正常接收。小区搜索机制实现的是下行的同步，随机接入机制实现的是上行的同步。

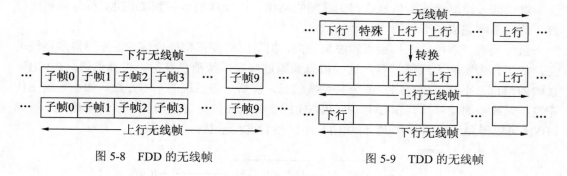

图 5-8　FDD 的无线帧　　　　　　图 5-9　TDD 的无线帧

5.6.3　小区搜索

用户在进行数据传输之前，首先需要寻找能用的移动通信网络。如果用户刚刚开机，一般需要等几秒钟，手机显示屏上才会显示中国移动或中国联通的网络信息，在这几秒钟内，手机的一项重要工作是搜索可用的通信网络，实现下行同步，即为小区搜索。

不管你是否开机、是否使用其他业务，基站都是 24 小时在线，不断为自己覆盖的其他用户提供服务，或者为了保证连续覆盖（小区选择、重选、切换和干扰协调等），基站间也需要进行各种控制信息的交互。简单地说，基站总是不停地发射信号。

如何接收基站的数据呢？用户在基站发射信号所用的频段内接收数据，就能收到基站发出的信息，如果用户没有任何先验信息（没有保存以前的通信网络信息），则需要通过扫频，对可能的频点信息进行滤波接收处理，判断系统的中心频点。因此下行同步的目的之一是需要获得基站的工作频点。

由于不同的用户与基站的距离不同，基站发射的信号到达用户的时间也不同，如何从接收的信号中检测出所需的数据呢？只要能确定某个无线帧或子帧的起始位置，就能确定各个 OFDM 符号的起始位置，提取所需的数据。确定无线帧、子帧或符号的开始时刻，就是下行同步的最终目的。

用户一般通过扫频获得基站的工作频点，这个过程由手机产品厂商的算法来实现，就是在用户可以支持的频率范围内展开搜索，收集有用的信息，在移动通信系统中，这个有用的信息一般是某种特定的信号。基站发射的信号中有一种特殊的信号叫同步信号，由主同步信号（PSS）和辅同步信号（SSS）组成。

主同步信号和辅同步信号作为特殊的标记信号，在时域分布在某些特定的时刻，在频域分布在基站工作频段的某个位置（在 LTE 中，同步信号位于工作频段的中心位置，在 5G 中，同步信号位置比较灵活），基站周期性地发送同步信号。用户通过扫频可以搜索较强的频段，对同步信号进行盲检，获得主同步，即可确定当前网络的工作频点。同时，根据对基站各个波束的接收强度，确定最强的波束作为和基站通信波束。根据主同步信号的时域位置，还可以实现粗略的下行同步。

继续通过检测辅同步信号获得无线帧的同步，可以精确地找到 OFDM 符号的起始位置，此时基本完成了下行同步。

虽然获得了系统的工作频点和波束方向，但是用户要正常地通信，还需要很多系统消息，如工作带宽和无线帧号等，这些信息要通过接收系统消息获得。广播信道（PBSH）传输的是自己小区里所有用户的公共系统信息，包括一些系统的基本参数，如小区的工作带宽，无线帧的帧号等。在 LTE 中，PBSH 的资源所在位置可以由同步信号来确定，解调 PBSH 可以得到，如图 5-10 所示为 LTE 小区搜索过程示意。

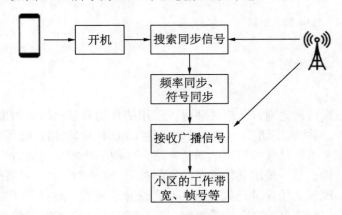

图 5-10　LTE 小区搜索示意

下行同步以后，用户通过 PBSH 信道可以进一步获得网络的其他公共信息。此时用户知道了目前的移动通信网络的基本情况，如果需要更多的信息，可以通过不断接收和解调其他系统消息（SIBx）来获得。

通过小区搜索，用户对网络已经深入了解了，但是，这个同步只是用户端的事情，整个过程基站无须任何参与，基站也不知道用户的存在，因此除了小区的公共信息，基站也不会给用户发送其他数据。也就是说，用户想要浏览网页、发微信等是不行的，原因是，虽然用户可以接收基站下发给所有用户的系统消息，但是系统消息中并没有提供某个特定的应用数据，因此用户不能进行网络数据传输。

我们在项目合作中，首先双方要互相了解，知道对方的各方面情况，这样合作才能顺利展开。移动通信中的基站和用户的关系也像合作双方一样，要互相了解，用户要了解基站的信息，基站也要了解用户的信息，只有互相了解，用户和基站才能进行深度的合作。

通过小区搜索过程，用户了解了基站的各种系统消息，基站要获得用户的信息，需要通过随机接入过程来完成。

除了用户刚刚开机需要进行小区搜索之外，还有一些事件如小区切换（用户处于 RRC-CONNECTED）和小区重选（用户处于 RRC-IDLE），也会启动小区搜索。为了支持移动性，终端还需要不断搜索相邻小区的参考信号，对当前小区和邻小区的无线信道进行质量评估，决定是否执行切换或重选。

5.6.4　随机接入

用户刚开机，由小区搜索了解了网络的各种配置，实现下行的同步，还要通过随机接入过程实现上行的同步，进行网络通信。网络注册成功以后，如果用户只是处在网络所在的小区，不使用业务，那么此时的用户处于空闲态（IDLE），如果用户想上网，看看微信，则需要进入连接态（CONNECTED），随机接入就是在这个状态转换过程中发生的。

前面我们讨论了在多径传输情况下，数据采用 OFDM 调制方式时，为了避免码间干扰，需要在接收端保证各个子载波正交，如果不能保证正交则会导致解调数据错误。这个理论在 OFDMA 多址方式中同样适用，多个用户的数据到达基站也需要保证子载波正交，这样才不会形成用户间的干扰，那么就要求各个用户的数据到达基站的时间相同，所有用户的上行数据严格对齐，这就是上行同步的主要任务。

随机接入的目的是保证上行传输的正交性，避免小区内各用户之间的干扰，基站要求来自同一上行子帧（或符号）的不同用户的数据到达基站的时间和基站的上行子帧（或符号）时刻是对齐的，在同一个小区覆盖范围内，由于各用户所处位置不同，用户和基站的距离不同，电磁波需要传输的距离也不同，从而会引起传播时延，距离基站越远，时延越大。为了让距离基站远的用户和距离基站近的用户的数据同时到达基站侧，在发送数据时，可以让离基站远的用户的发送时间稍微提前，这样数据就会在基站接收端同时到达，不同距离的用户时间提前量不同。如果用户获得了时间提前量，就可以实现上行的时间同步。

如图 5-11 所示，如果基站上行接收数据和下行发送数据的定时相同，近端用户 UE1 传播时延为 T_1，那么该用户的上行时间提前量是 $2T_1$，同样，远端用户的时间提前量是 $2T_2$，$T_1<T_2$，此时两个用户的上行数据同时到达基站侧。

在移动通信系统中，这个时间提前量叫作定时提前（Timer Advance，TA），由电磁波的传播时延来决定，但是用户自己要获得传播时延比较困难，否则，下行同步也可以用这种方案了，用户不能通过测量得到传播时延，只能由基站进行测量。在系统中，由基站测量获得传播时延，然后通过下行消息告知用户。

基站要通过测量得到某个用户的传播时延，那么测量的信号必然和用户有关，需要用户先发送一个信号序列给基站，基站根据接收的信号进行测量，然后把传播时延传输给用户。如果用户还没有实现上行同步，基站根本不知道用户的信息，也没有给用户分配数据传输的物理时频资源，则用户不能随便乱发信号，否则会对其他用户的正常通信造成干扰。

为了解决这个问题，在移动通信系统中预留了一个物理资源，专门用来发送随机接入序列。一方面，用户需要在某个预留的时频资源上发送随机接入序列信号，并且保证这个时频资源没有分配给某个用户；另一方面，基站不知道哪个用户在何时会发起上行随机接入，因此预留的资源不能给某个特定的用户，应该是公共的时频资源，任何用户都可以在该资源上发起上行同步过程。在移动通信系统中，这个预留的时频资源称为随机接入信道。随机接入信道由基站进行配置，随小区的公共信息一起发送，用户通过小区搜索实现下行同步以后就可以获得这个预留的时频资源。

如果用户发起随机接入，那么此时的传播时延可以由随机信道中的前导序列进行估计。在移动通信系统中，随机接入前导序列也不是随便哪个信号序列都能担任，需要其有很好的自相关性，不同序列的自相关性为 0，只有这样基站端才能由信号的自相关性进行传播时延估计，ZC 序列可以担此重任，一般情况下，只要基站能接收用户的数据，就可以进行传播时间估计。TA=2×传播时延，得到 TA 之后，根据公式：距离=传播速度（光速）×传播时延，还可以计算用户和基站的距离。

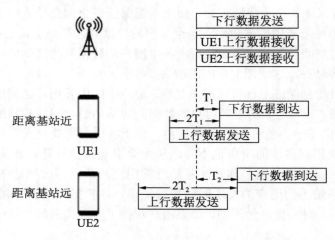

图 5-11　上行定时提前

随机接入的具体过程如下：

（1）用户通过接收系统消息，了解用来发送随机接入申请的资源信息（PRACH）和随机接入前导（Preamble）序列的配置信息，在指定的物理资源上，用户发送给基站一个随机接入前导序列。

（2）网络侧随时监测随机接入前导序列，判断是否有用户的随机接入申请到来，如果基站检测到随机接入申请，会根据接收的码序列计算自己和用户的距离、用户发送数据需要的提前时间，指定用户的临时网络标识（TC-RNTI）、用户的资源分配、数字调制编码方式和功率等信息，并通过随机接入应答消息（RA-RATI）给用户。

（3）用户在发送随机接入申请以后，会在一段时间内不断进行应答消息（RA-RATI）的侦测，如果顺利检测到随机接入的应答消息，用户将调整发送时间，使用由网络指定的网络标识（TC-RNTI）和分配的物理资源进行身份消息的传输。如果用户在监测时间内没有收到来自基站的响应，那么随机接入过程失败，需要重新发起申请。

（4）基站侧检测到临时网络标识（TC-RNTI）后，完成用户的身份认证，此时的临时网络标识（TC-RNTI）变为小区内唯一的网络标识（C-RNTI）。

如果同时有多个用户在同一物理资源上发起随机接入申请，只要使用不同的随机接入前导序列，基站就能分辨各个用户。如果多个用户使用相同的随机接入前导序列，那么就存在冲突，需要通过第（4）步来完成竞争随机接入。

另外一种随机接入是由网络侧发起的，基站要给用户发送数据，但发现用户和网络之间的上行不同步，如小区切换，此时基站会给用户指定一个专用的随机接入序列，这样就不存在竞争问题，到第（3）步就可以完成上行同步任务了。

完成上行同步以后，相当于用户和基站相互了解了，即用户在网络中注册成功，如果用户有使用微信的需求，可以发起申请资源调度请求，基站根据反馈的信道质量，向用户分配合适的时频资源，此时用户就可以进行微信聊天了。随机接入过程如图 5-12 所示。

在 LTE 中，随机接入触发的事件有：

* 用户从空闲态到连接态的转换，即 RRC 连接过程。
* 用户无线链路失败后的初始接入，即 RRC 连接重建过程。
* 用户在连接态，未获得上行同步但需要发送上行数据和控制信息；或者用户虽未上行同步但需要通过随机接入申请上行资源。
* 用户在连接态，从服务小区切换到目标小区。
* 用户在连接态，未获得上行同步但需要接收下行数据（需要反馈 ACK/NACK）。
* 用户在连接态，有位置辅助定位需求，网络利用随机接入获取时间提前量。

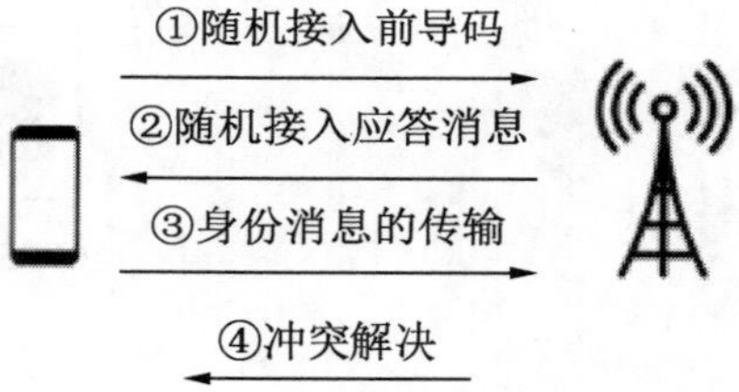

图 5-12　随机接入过程示意

5.7　寻　　呼

当用户通过随机接入成功注册以后，如果用户没有微信、上网等业务需求，基站也不用发送数据给用户，那么用户就处于空闲态，此时，为了实现用户的长时间待机，需要低能耗运行，为了节约能量，用户和网络之间并没有建立连接，只是用户端间断性地去监听网络。由于用户是移动的，网络侧并不知道用户的确切位置，如果用户的朋友要发送视频给他，那么网络需要先找到用户，这个过程由寻呼机制来完成。

寻呼机制需要解决的问题有：在哪里可以找到用户，在何时可以找到用户和辨识用户。当用户没有和网络连接时，网络不能精确地获得用户所在的具体位置，但可以通过跟踪区的信息获得用户大致所在的位置，系统通过发起寻呼信令来通知用户。用户收到寻呼消息时，首先需要根据系统的配置计算可能发生寻呼的时刻，然后在这些时间点上监听对应子帧中控制信道的信息。在进行消息鉴别时，用户通过寻呼消息携带的用户 ID 信息来判断收到的寻呼消息是否是发给自己的。

在移动通信系统中，为了实现基站侧对用户的寻呼功能，需要用户间断性地监听控制信道（PDCCH）的消息。控制信道的功能很多，携带的消息有很多种，为了让用户快速地判断出 PDCCH 是否携带有寻呼消息，在系统中设计了与寻呼有关的标识 P-RNTI，通过它可以让用户快速地发现寻呼消息，当用户对 PDCCH 进行监听时，如果发现有 P-RNTI 的标识消息，则会根据消息位置的指示信息获得寻呼消息，如图 5-13 所示，然后对寻呼消息进一步鉴别，通过和自己的网络身份标识进行比对，看看它是不是发给自己的，如果相符，则启动随机接入过程，用户和网络就建立了连接，用户开始接收数据，此时用户的朋友的视频就可以发给用户了，完整过程如图 5-14 所示。

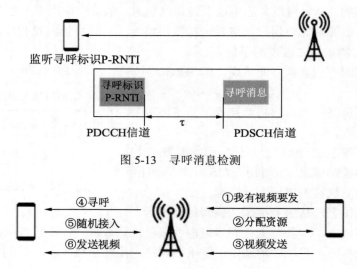

图 5-13　寻呼消息检测

图 5-14　视频数据传输过程示意

5.8　习　　题

1．简述信道估计在移动通信中的作用，以及用于移动通信的参考信号需要满足的性质和资源分布特性。

2．用户传输的信道状态信息的内容有哪些？

3．移动通信系统的信道自适应包括哪些方面的自适应技术？

4．为了保障通信数据的准确性，移动通信系统需要具备什么功能？

5．简述移动通信的资源调度机制。

6．简述移动通信的上行和下行同步机制。

7．简述移动通信的寻呼机制。

第 6 章　LTE 概述

2004 年 IEEE 制定了 WiMAX 802.16 系列标准（WiMAX 技术），理论上的数据传输速率可达 75Mbps，它的发展给 3G 标准带来了极大的挑战，迫于压力，3GPP 在 2008 年推出了 LTE（Long Term Evolution）技术标准，与 WiMAX 抗衡。从移动通信的发展来看，LTE 并没有达到国际电信联盟（ITU）对 4G 网络的定义，被称为 3.9G。4G 是属于 LTE 的移动通信技术体系，移动通信技术发展到 LTE，其系统架构发生了很大的变化，尤其是 LTE 的空中接口相对于 3G 的 WCDMA 发生了很大的变化。无线网络上的扁平化是 LTE 的特点，LTE 中引入的核心技术 OFDM 和多天线技术使 4G 的数据传输速率远高于 3G，LTE 系统中的可变带宽同时支持 TDD 和 FDD 的灵活性也满足了组网要求，由此带来 LTE 系统性能上的飞跃。

4G 的 LTE 采用全 IP、扁平化的网络架构，物理层采用 OFDM 的波形，下行多址接入方式是 OFDMA，上行多址接入方式是 SC-OFDMA。LTE 中引入了 MIMO 技术、载波聚合和高阶调制等技术，带来了更快、更好的移动通信体验。

在移动网络的接入系统中，5G 网络对接入要求很宽泛，支持 R15 LTE 和 5G 基站同时接入网络。不仅如此，5G 网络还支持 Wi-Fi 等接入网络。实际上，目前 4G 网络的应用非常成熟，从运营商角度来看，前期的投入还没有收到回报，因此在一定的时期内，4G 网络的使用人数还是最多的。既然 4G 网络和 5G 网络还需要很长一段时间并存，我们就有必要掌握 4G 系统的工作原理，从通信系统的演进来说，未来的通信网络也不会完全摆脱目前的系统，4G 网络中合理的部分会一直影响后续的演进技术。本章是对 4G LTE 系统的整体概述，第 7 章将介绍 4G LTE 的物理层部分。

6.1　LTE 网络架构

6.1.1　CS 域和 PS 域

CS（Circuit Switched，电路交换）域是由支持 CS 业务的核心网设备构成的系统，如移动交换机、网关等都属于 CS 域的设备。CS 业务就是电路交换业务，是由固定电话通信系统中的业务发展来的，如在 1G、2G 中的语音业务。当用户打电话时，网络侧需要为业务分配专用的通道，建立一条主叫到被叫的专用电路，其在进行语音通话时独占资源，能提供良好的通信质量，但资源的利用率较低。因此，为了提高资源利用率，在 LTE 设计中取消了 CS 域。

PS（Packet Switched，分组交换）域是由支持 PS 分组交换业务的核心网设备构成的系统，PS 业务是随着 IP 技术的发展而产生的一种业务，上网就是一种 PS 业务。在 PS 业务中，用数据包来传输数据，数据包携带了不同的地址，各地址对应不同的用户，多个用户的数据可以在同一个通道上传输，不需要为每个用户分配单独的专用通道，用户之间共享传输通道资源，可以极大地提高资源的利用率。由于 IP 技术的高普及性，设备之间的互连互通极为方便，PS 域是在 2G 中引入移动通信系统的，在 LTE 中延续了下来。

6.1.2　LTE 网络的组成

2G 和 3G 网络中的核心网同时包含 CS 域和 PS 域，CS 域支持语音业务，PS 域支持数据业务。在移动通信技术发展到 LTE 网络时代后，在核心网中取消了 CS 域，因此 LTE 网络是移动通信系统中第一个全 IP 的网络，但是考虑到兼容性，LTE 保持了和 2G 和 3G 的互操作能力。LTE 网络由三个主要部分组成，如图 6-1 所示，包括用户终端（User Equipment，UE）、演进的 UMTS 陆地无线接入网（Evolved UMTS Terrestrial Radio Access Network，E-UTRAN）和演进分组核心网（Evolved Packet Core，EPC）。

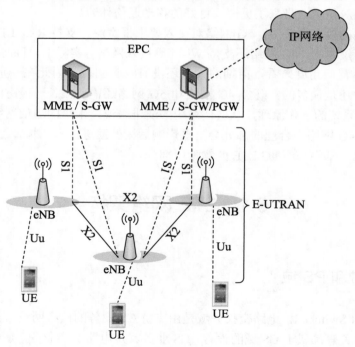

图 6-1　LTE 网络组成

E-UTRAN 由 eNB 组成，负责向 UE 提供 Uu 口的无线通信协议。UE 和 eNB 的 Uu 接口是空中接口；eNB 之间相互连接的 X2 接口是地面接口，eNB 和 EPC 之间的 S1 接口也是地面接口。在 LTE 中，用户面和控制面是分离的，S1 接口由两部分组成，通过 S1-MME 接口连接到移动性管理实体（Mobility Management Entity，MME），通过 S1-U 接口连接到服务网关（Serving Gateway，S-GW）。S1 接口支持 MME/服务网关和 eNB 之间的多对多关系，如微信或 QQ 等上网业务是通过分组数据网关 PGW（Packet Data Network（PDN）Gateway）进入 IP 网络（Internet 网络）。

6.1.3　LTE 核心网 EPC

LTE 核心网 EPC 采用 IP 化的网络结构，各个网元之间的接口是 IP 传输，EPC 只能接入分组交换域（PS），不能接入电路交换域（CS）。全 IP 化的传输提高了数据传输效率，但是 IP 提供的是一种"尽力而为"的数据传输服务，其在时延、带宽和数据丢失方面不能提供任何保证。因此在 LTE 中，通过端到端的服务质量（Quality of Service，QoS）机制对 IP 化传输提供保障。

核心网主要负责移动通信的宽带网络功能，与无线接入不相关。核心网的功能包括认证、计费、端到端连接建立等。在实体上，核心网还可以看作运营商（中国移动、中国联通、中国电信）的核心网服务器。

如图 6-2 所示，EPC 主要包括移动性管理实体 MME（Mobility Management Entity）、服务网关 SGW（Serving Gateway）、分组数据网关 PGW（Packet Data Network（PDN）Gateway）、归属地用户服务器 HSS（Home Subscribes Server）和策略与计费规则功能 PCRF（Policy and Charging Rules Function）5 个主要的网元。LTE 的无线网络 E-UTRAN 与 EPC 的 MME 和 SGW 网元连接，IP 网络与 PGW 和 PCRF 网元连接。

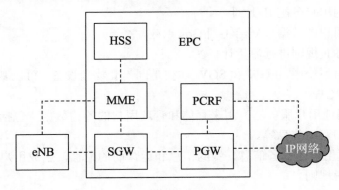

图 6-2　LTE 核心网 EPC 的组成

- MME 负责管理和控制功能，主要处理基站和 EPS 的各种信令及 EPS 内部各网元的信令交互，完成移动用户的管理，和 MME 连接的接口都是基于 IP。

MME 的主要任务有：

> 通过 HSS 协助对用户的鉴权。鉴权是系统为了保证信息的安全性而必须执行的一些信令流程，即通过保密流程认证用户设备。

> 移动性（寻呼、切换）的管理。这是实现移动通信的基本功能之一。

> 用户漫游控制。当漫游用户接入系统时，如果要获得该用户的信息，MME 需要访问该用户所属的 HSS。

> SGW 网关的选择。MME 会连接多个 SGW 并根据用户的业务需要选择 SGW。

> 承载（用户数据流）的管理，包括承载的建立和释放等。

> 跟踪区（TA，Tracking Area）列表管理。

在 EPS 中，MME 的作用非常重要，在实际的网络部署中，为了维持 LTE 系统的可靠性，一个基站常常在网络中和多个 MME 连接，多个 MME 组成 MME 资源池，相互之间是负荷分担的工作模式，即使有一个 MME 出现故障，也不会影响基站的正常工作。

• SGW（服务网关）负责处理用户的业务，完成用户 IP 数据分组的路由和转发。

SGW 的主要功能有：

> 当用户在不同的 eNB 之间移动而发生切换时作为用户面的锚点；当用户处于空闲状态时，SGW 保存承载信息。

> 下行的数据临时存储在 SGW 缓冲区，方便在 MME 发起 UE 寻呼时重建承载。

> 基于用户的计费。

对每一个与 EPC 相关的 UE，在一个时间点上都有一个 SGW 为其服务。SGW 可以理解为数据业务的中转站，连接移动用户和固定网络之间的数据传输。

• PGW（分组数据网网关）是和公用数据网络（如互联网）的接口，也是外网互联的接入点，不会和 eNB 直接进行信息交互。

PGW 的主要功能有：

> 为接入的用户分配 IP 地址。

> 把下行用户的数据分配给不同 Qos 承载。

> 根据 PCRF 规则进行流量计费。

在实际的通信系统中，PGW 和 SGW 往往是同一套物理设备，可以减少时延，用户同时可以接入多个 PGW。

• HSS（归属地用户服务器）用来存储和管理用户的签约数据，包括用户鉴权信息、位置信息和路由信息等。

• PCRF 根据用户的业务信息、签约信息和运营商的配置，生成用户数据传输的服务质量和计费规则。

例如，电话业务会有一个 QoS 等级和计费策略，QQ 和微信的需求类似，会被划分相同的 QoS，数据到达 PGW 后转发给目的地址，由此引起的下行数据流（如视频流）根据运营商的收费策略进行计费。以上这些网元是网络结构中的逻辑节点，在实际的物理实现中，很多网元是能合并在一起的，如 MME、PGW 和 SGW 就经常合并在一个物理设备中。

如图 6-3 所示为 3G 网络中存在的无线网络控制器（Radio Network Controller，RNC）网元，在网络中其介于核心网和基站之间，LTE 中把 RNC 网元的一部分功能合并到基站中，另一部分功能合并到核心网中，因此 LTE 和 3G 相比网络架构趋于扁平化，减少了用户面端到端的时延。

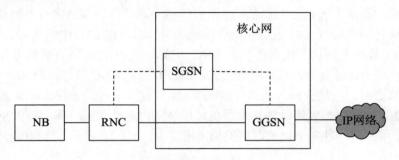

图 6-3　3G 网络的核心网组成

端到端的时延不仅和移动通信网络有关，还和外部互联网或者某种应用服务器有关。一般在不考虑重传的情况下，用户面端到端的信息传输过程是：首先，将手机发送的信息传到基站上，经过基站处理后将数据传输到核心网上，核心网再通过光缆将数据传输到互联网服务器或种应用服务器上，最后再返回给手机。和 3G 网络相比，在 LTE 的传输过程中因为少了一个网元设备 RNC，所以减少了数据传输过程中的信息处理时间，LTE 网络用户面端到端的时延为 10ms 左右。

由于核心网需要同时处理控制信令和用户数据，控制信令和用户数据对网络的要求和部署是不同的，控制信令需要更加集中的部署，方便资源的分配，而用户数据需要分布式的部署，更加贴近用户端，如果控制面和用户面合在一个网元中则会造成大量的时延。

为了减少传输路径和时延，降低成本，提升用户体验，核心网的演进过程也可以看作用户面和控制面分离的过程。如图 6-3 所示，在 3G 核心网中有 SGSN 和 GGSN 网元，SGSN 对控制面进行集中管理，GGSN 主要承担用户面的功能，同时管理用户面和用户面的数据。3G 核心网的用户面和控制面并没有完全分离，LTE 核心网中的 MME 承担了控制面的所有功能，用户面的数据经过 SGW 和 PGW 直接传输到互联网上，不需要经过 MME，因此除了个别网元（如 SGW）同时承担控制面和用户面的功能外，LTE 核心网中的控制面和用户面是完全分离的，这种设计减少了用户面的时延。

6.1.4　无线接入网

无线接入和有线接入是相对的两个概念，无线接入是以电磁波的形式接入移动通信网络中，从 1G 开始就有了无线接入网（Radio Access Network，RAN）的概念，随着移动通信技术的发展，无线接入网一直在演进、变化。

3G 移动通信技术标准是通用移动通信系统（Universal Mobile Telecommunications System，UMTS），其中定义的无线接入网叫作 UTRAN（UMTS Terrestrial Radio Access Network，UMTS 陆地无线接入网）。LTE 是 3G 的演进，LTE 中的无线接入网称为 E-UTRAN（Evolved UMTS Terrestrial Radio Access Network，演进的 UMTS 陆地无线接入网）。

基站是接收终端无线信号的设备，在不同的移动通信网络系统中有不同的称呼，其在 GSM 系统中叫作 BTS，在 3G 系统中叫作 NodeB（NB），在 LTE 中叫作 eNodeB（eNB）。

3G 中的无线接入网由 NB 和控制器 RNC 组成，由 RNC 对所有资源进行统一管理和分配，但是管理上比较复杂，系统时延较大。LTE 取消了 RNC 节点，把 RNC 的管理功能一部分归入核心网，一部分归入基站。E-UTRAN 只有一个网元 eNB。eNB 就是遍布城市的各个 4G 基站（可以是大的铁塔基站，也可以是室内悬挂的只有路由器大小的小基站）。E-UTRAN 采用的是一种扁平化的网络架构（相较 3G 来说），它是 UE 和核心网 EPC 之间的桥梁。

eNB 主要负责一个或多个小区内所有与无线相关的功能，包括无线资源管理、无线承载控制、无线准入控制、调度、重传协议、编码和各种天线方案等。基站的主要任务就是连接、管理和控制用户，并为核心网连接、管理和控制用户提供沟通的桥梁。

eNB 一般是按照基带和射频分离的架构设计的，基带模块称为 BBU，射频模块称为 RRU，在实际进行基站部署时，可以将基带模块和射频模块放置在同一机柜中，也可以采用射频拉远的方式。

6.2　LTE 无线接口协议栈

无线接口协议是移动通信系统运行的法则，是信息交互时共同遵守的规范。eNB 的主要功能是连接、管理和控制 UE，并为核心网连接、管理和控制 UE 提供沟通的渠道。为了实现这些功能，需要 eNB 分别和 UE、核心网进行信息交互。UE 只能通过无线接口才能与基站连接，如图 6-4 所示。要了解 LTE 中的核心网、基站和 UE 是如何进行信息传递的，首先需要了解 LTE 无线接口协议栈。

图 6-4　无线接口示意

6.2.1　LTE 无线接口协议栈简介

在计算机网络通信中，有国际标准化组织定义的开放系统互联（Open System Interconnection，OSI）模型和基于国际互联网工程任务组（The Internet Engineering Task Force，IETF）制定的 TCP/IP 模型。

OSI 模型是先定义模型，然后制定标准协议，它想让所有的计算机，通过 OSI 七层协议标准互联为网络。OSI 的协议从底层到高层分别是：物理层、数据链路层、网络层、传输层、会话层、表示层和应用层，如图 6-5 所示，各层的作用如下：

- 物理层：解决两个硬件之间的通信问题，实现不同的物理介质上信息比特流的传输。
- 数据链路层：实现两个相邻节点之间的通信，通过数据分组，匹配不同的物理层介质，保证数据可靠地传输。
- 网络层：为数据源的分组选择合适的路由和交换节点，实现数据准确传输给目的地址的传输层。
- 传输层：产生一个端到端的可靠的、透明和优化的传输，提供给会话层。
- 会话层：在两个节点之间建立端到端的连接。
- 表示层：处理通信双方信息的表示方法。
- 应用层：给特定的网络应用提供访问的手段。

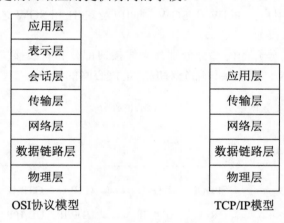

图 6-5　OSI 模型和 TCP/IP 五层协议模型

TCP/IP 是五层协议模型，在互联网中应用广泛，底层的协议和 OSI 相同，只是把 OSI 的会话层、表示层和应用层合为一层——应用层，成为五层的协议模型，如图 6-5 所示，一般来说，底层的协议为上层的协议提供服务，上层不需要了解下层的具体处理过程。

由于移动通信接入网系统的用户数据是通过无线信号进行传输的，无线信道和计算机网络的传输介质（电缆、光纤等）相比，更加多变和不确定，所以，无线接入网的接口协议和有线系统的 OSI 协议模型和 TCP/IP 有很大的区别。主要变化有：

- 无线接入网没有网络层和传输层，因为无线接入网络和互联网相比网络结构简单，不存在多点之间的传输，不需要网络层和传输层来实现数据的路由和寻址。
- 根据移动通信网络的特点，在应用层设置了 RRC（无线资源控制）层和 NAS（非接入控制）层，主要实现用户和基站、核心网之间的信令交互。
- 由于传输介质是无线信道，受到环境的影响会使数据传输错误，所以在物理层的上面增加了媒体接入控制（Media Access Control，MAC）层，通过 MAC 和数据链路

（Radio Link Control，RLC）层共同保障数据的可靠传输。

- 为了保障无线信号的安全性，在接入网中增加了分组数据汇聚协议（Packet Data Convergence Protocol，PDCP）层，对数据和信令进行加密和完整性保护。

LTE 系统的接口协议相当于一个三层的协议栈，最底层是物理层，第二层由 MAC 层、RLC 层和 PDCP 层组成，第三层是应用层，由 NAS 层和 RRC 层组成。

如图 6-6 所示为 LTE 协议架构示意。协议栈分为用户面和控制面两部分。在用户面，LTE 无线接入网的协议由 PHY（物理）层、MAC 层、RLC 层和 PDCP 层组成；在控制面，除了和用户面相同的协议层外，还设计了 NAS（非接入控制）层和 RRC（无线资源控制）层。这两层作为应用层，实现无线资源的控制和非接入控制。

基站和核心网是有线连接，核心网协议栈类似于 TCP/IP 五层模型，由 PHY（物理层）、L2（数据链路层）、网络层、传输层和应用层组成。在传输层，用户面采用的协议是 UDP，控制面采用 SCTP；在用户面 PGW 和 SGW 之间以及 eNB 和 SGW 之间的数据封装协议是 GTP-U（GPRS 隧道协议）。

在图 6-6 中，虚线分开的两部分分别为无线接口部分和有线接口部分，无线接口部分对应的是接入网的协议，有线接口部分对应的是核心网的协议。

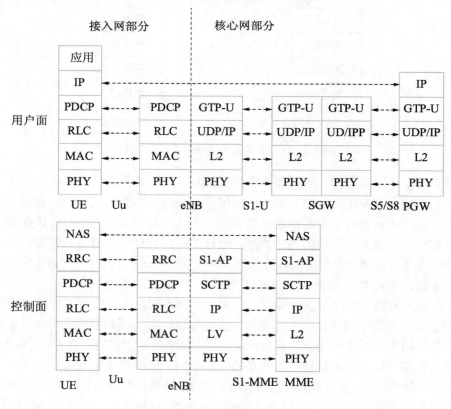

图 6-6 LTE 协议架构示意

6.2.2　LTE 无线接口协议栈的主要功能

在 LTE 移动通信系统中，当进行数据传输时，发送端将承载高层业务应用的 IP 数据流，经过 PDCP 的压缩加密处理后传送到 RLC 层。RLC 层为了保障两个节点之间的通信，对数据进行分段和重组，以匹配物理层的资源。数据传送到 MAC 层，经过 MAC 的信道映射、复用和调度等变成物理层可处理的传输块，然后将其送入物理层进行信道编码、调制、资源映射等处理，最后发送出去。在接收端是逆过程。

PHY 层也称为 L1（Layer 1），MAC、RLC、PDCP 合起来称为 L2，RRC 和 NAS 层称为 L3。针对移动通信网络特点的设计主要集中在 L2 部分。

1. LTE PDCP

LTE PDCP 在用户面是 L2 的最高层，起着连接无线与高层的作用。在用户面，它的主要工作是将高层的 IP 数据分组转换为移动通信网络的协议数据分组，并对 IP 数据进行压缩和加密后传输给 RLC 层。在控制面，PDCP 传输 RRC 层的信令，并对信令进行加密和完整性保护，在接收端进行解密和完整性验证。PDCP 在网络侧只存在于基站中。PDCP 的主要功能如下：

- 头压缩/头解压缩。PDCP 主要负责执行数据的头压缩。头压缩是为了减少传输的数据量和无线接口上传输的比特数，提高通信效率。来自上层的 IP 数据分组往往带有一个较大的分组头，由于 UE 在和相关的网元之间的通信过程中，不需要对 IP 信息进行处理，在空口传输这些数据比较浪费资源，所以在 PDCP 层对 IP 数据的分组头进行压缩，在对应的接收端是进行头解压缩的过程。
- 完整性保护和加密/完整性验证和解密。PDCP 层还负责 RRC 层信令的完整性保护和加密。无线通信系统比有线通信系统的风险大，主要体现在空中的无线传输上。空中传输的信号发生泄露和被篡改的概率很大。例如，在战争片中，我们经常会看到对阵双方通过无线电台发射的信号被对方截获，以获取对方的军事机密，因此，在无线信号发送之前需要对其进行加密，以防对方窃取情报。具体做法是对传输的数据进行加密和完整性保护，加密是保障数据不会泄露，完整性保护是保障数据不被篡改。接收端是完整性验证和解密的处理过程。

数据在 PDCP 层经过头压缩、完整性保护和加密后，最后增加一个 PDCP 头信息，携带解密所需的信息。PDCP 的输出转发给 RLC 层处理，功能如图 6-7 所示。LTE 只对控制面的信令进行完整性保护，只对用户数据进行头压缩。

图 6-7 中出现了 SDU 这个缩写，SDU（Service Data Unit，服务数据单元）是高层传递给底层的还没有经过底层处理的数据单元，在底层中就把这个数据单元称为 SDU。PDU（Protocol Data Unit，协议处理单元）是高层完成协议处理后，递交到底层的数据单元，对高层来说就是 PDU。其实，SDU 经常和 PDU 一起出现，传递到底层的 SDU 在高层称为

PDU。SDU 和 PDU 的概念是相对的,同一个数据单元,在不同的协议层可能是 SDU 也可能是 PDU。与 PDCP SDU 相关联的数据包是需要经过 PDCP 协议处理的数据,与 PDCP SDU 不相关的数据包不需要经过 PDCP 处理。

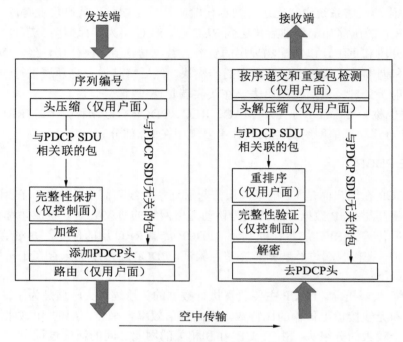

图 6-7 LTE PDCP 层的功能

2. LTE RLC

RLC 层是 L2 的第二个子层,在 MAC 层的上面,PDCP 子层的下面。RLC 层的主要任务是根据 MAC 层的调度信息来确定传输什么数据和怎么传输数据。

RLC 的分组和级联是 LTE RLC 的主要功能。MAC 层根据实际物理层的资源情况告知 RLC 可以调度的协议数据的大小。RLC 根据 MAC 层的要求,从 SDU 缓冲区中选择一定量的数据进行传输,并对 SDU 分段或级联,以满足 MAC 协议数据的要求。整理完成后生成 RLC 的 PDU,为每个 RLC 的 PDU 添加一个 RLC 头并把 RLC 的 PDU 递交给 MAC 层。

RLC 层是有重传控制(ARQ)功能,以保障高层的数据可以无差错传输。ARQ 在接收端和发送端的 RLC 实体之间运行。在 RLC 的确认模式中,是通过 ARQ 进行数据可靠传输保障的。

在移动通信系统中,将 RLC 层的 ARQ 和 MAC 层的 HARQ 相结合以保证数据的正确传输。RLC 层的 ARQ 可以修复 MAC 层 HARQ 出错的情况,对丢失的 RLC PDU 进行重传。通过检查所接收的 RLC 协议数据单元 PDU 包头中的序号,可以检测到丢失的 RLC PDU,然后向发送端请求重传、查重(发送端发送了 ACK,接收端误解释为 NACK,导致重复传送），并对高层数据按顺序传送。RLC 为 PDCP 服务，一个 UE 的每个无线承载都会配置一个 RLC 实体。RLC 层 ARQ 的处理过程要比 MAC 层 HARQ 的处理时间长。

RLC 有 3 种传输模式：透传模式（Transparent Mode，TM）、无确认模式（Unacknowledged Mode，UM）和确认模式（Acknowledged Mode，AM）。

- TM：透传模式，不对业务数据单元（Service Data Unit，SDU）进行分段，也不添加任何额外的 RLC 头，直接交给 MAC 层处理，此时的 RLC 层相当于数据缓存的功能。RLC 这种工作模式对应的传输信息一般也没有经过 PDCP 层的加密和完整性保护，属于系统的公共信息，一般处理广播控制信道（BCCH）、寻呼控制信道（PCCH）和公共控制信道（CCCH）的信息。

- UM：无确认模式，发送方在 PDU 上添加必要的 RLC 头和分段然后发送，其没有使用重传协议，不保证对等实体可以正确收到数据，一般用于处理不需要确认的信息。QoS 比较低的专用的业务信道（DTCH）信息就是采用这种 RLC 传输模式，如 IP 电话业务。

- AM：确认模式，在 PDU 上添加必要的 RLC 头和分段并保证传送到对等实体上，具有 ARQ 能力，保证对等实体能正确接收数据。如果接收方的 RLC 检测到 RLC PDU 丢失，则通知发送方的 RLC 重传，如果接收方检测到重复的 PDU 则将其丢弃，如果正确接收，则去 RLC 头，重组 SDU。AM 是分组数据传输的标准模式，用于处理专用业务信道（DTCH）和专用控制信道（DCCH），浏览网页和电子邮件业务就是这种传输模式。

3. LTE MAC

MAC 层是 L2 的一个子层，位于 L2 的最底层，主要用于解决高层数据在无线信道的物理资源上如何传输的问题，处于系统调度师的位置。在制定传输策略时，要适应当前的无线信道特性，提高资源的利用率。

对于 MAC 层来说需要解决两个问题：一个是传输哪些数据，另一个是数据如何传输。

在 LTE 移动通信系统中，通过共享信道传输数据，可以同时传输多个用户、多种类型的数据，此时的多个用户共享物理资源，哪些数据可以在共享的物理资源上进行传输是由 MAC 层决定的。实现决策的功能模块包括 MAC 层的逻辑信道优先级处理、复用和解复用、逻辑信道和传输信道的映射和调度请求等。这些处理过程决定：是否有数据需要传输，哪些信道的数据可以优先传输，应当分配多少物理资源。

发送端 MAC 层传输的数据是由 RLC 层生成的逻辑信道。MAC 层通过控制逻辑信道和传输信道的映射，实现逻辑信道的复用、混合 ARQ 重传、上行和下行的调度和调制方式与编码策略（MCS）控制等功能。

为了支持优先级管理，多个逻辑信道（每个逻辑信道都有自己的 RLC 实体）可以在 MAC 层复用到一个传输信道。在接收端，MAC 层进行解复用操作。

对于下行而言，MAC 复用和逻辑信道优先级是留给基站来实现的，不同的厂商可能有不同的实现。对于上行而言，UE 利用分配到的无线资源创建 MAC PDU 并将其传输给物理层的过程是完全规范化的，这就保证了接入同一小区的所有 UE 遵循相同的规范，以一致的方式满足每个配置无线承载的 QoS。

MAC 以逻辑信道的形式为 RLC 提供服务。应该说，基站的核心就在这一层，重传和调度做好了，速率就提升。图 6-8 所示为 MAC 层功能示意。

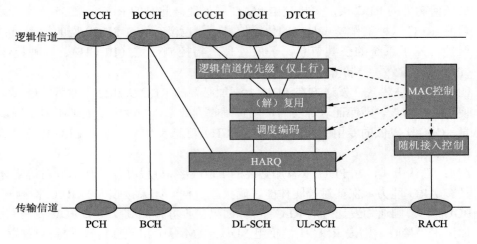

图 6-8　MAC 层功能示意

4. LTE PHY

物理层负责编码/解码、调制/解调、多天线映射及其他物理层功能。物理层是最复杂的一层，也是最考验产品设计的一层协议。在实际设计中，物理层涉及诸多算法，最能体现实际芯片的性能，物理层的功能和硬件紧密相关。图 6-9 所示为物理下行共享信道（PDSCH）的处理过程。

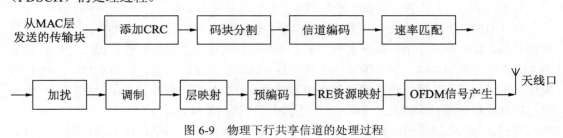

图 6-9　物理下行共享信道的处理过程

在发送端，下行物理层共享信道的处理过程包括 CRC 校验、码块分割、信道编码、速率匹配、加扰、调制、层映射、预编码、RE 资源映射和 OFDM 信号产生，最终数据在载频上以无线信号的形式发送。以下行数据流为例，说明数据发送时的处理过程。假设，用户需要从网上下载视频，其数据的处理过程如图 6-10 所示。

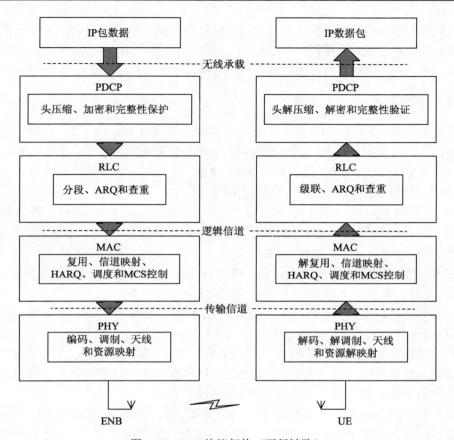

图 6-10　LTE 协议架构（下行链路）

在图 6-10 中，视频数据流被封装为 IP 数据包的形式，IP 数据包从应用层传入 PDCP 层，在 PDCP 层会进行 IP 包头压缩和加密，减少数据在无线接口上传输的比特数。PDCP 处理完毕后将 IP 数据包转发到 RLC 层上，RLC 根据 MAC 层的调度决策，依据资源调度的要求，选择缓冲区中一定量的数据进行级联或分段、重传鉴定。RLC 处理完毕后，数据以逻辑信道的形式被转发到 MAC 层上。MAC 层把不同逻辑信道上的传输数据复用形成传输块，相当于对逻辑信道进行复用，在传输块中添加一个 MAC 头信息，传输块的大小取决于信道自适应机制所选择的瞬时数据传输速率，由数据调制方式和编码方式决定，传输块以传输信道的形式转发到物理层上。物理层首先对传输块添加 CRC 校验码，如果传输块的长度超过信道编码器的输入要求，则需要进行码块分割，经过信道编码后添加编码冗余信息，以抵抗信道衰落，经过速率匹配，实现传输比特和资源传输能力的精准匹配，通过添加扰码操作，避免了其他小区信号对数据传输的干扰。在调制方面，根据基站的调度要求，采用某种调制方式（16QAM、64QAM）进行调制，再由基站调度的天线工作模式（TM3、TM5）进行天线资源映射，最后生成 OFDM 信号，完成物理层的处理过程，在射频载波上以无线信号的形式发射出去。

用户接收无线信号以后，执行和基站相反的处理过程，如果通过 CRC 校验检测出错，则需要通知基站重新发送数据，触发 HARQ 过程，就这样，通过基站端的发送处理和用户端的接收处理，用户获得了自己所需要的视频数据，这个处理过程就形成了无线接口协议。

5. LTE RRC

无线资源控制（Radio Resource Control，RRC）层是 L3 的协议层，是整个无线接入网的核心部分，用于对无线接入网协议栈的其他部分进行配置和控制。由于用户和基站之间的无线信道会随着时间或空间而发生变化，RRC 层需要加强小区的所有用户和基站间的通信保障，对整个接入网进行统一的控制和配置。

RRC 的主要功能有：系统消息的广播、寻呼、连接管理（RRC 建立、维护和释放）、安全管理、承载管理（SRB、DRB 的建立、配置、维护和释放）、移动性管理（小区切换、小区选择和小区重选）、QoS 管理、UE 的测量和上报、NAS 消息传递等。

RRC 的消息主要在逻辑信道上传输，通过信令承载 SRB（Signaling Radio Bearer）传送给 UE，无线接入网有 3 种 SRB 类型，详细介绍见 6.2.3 小节。

在 LTE 中，RRC 协议中定义了两种协议状态：空闲态（RRC_IDLE）和连接态（RRC_CONNECTED），这两种状态之间可以进行转化。

在移动通信系统中，用户开机以后就完成了在网络中的注册和鉴权（验证用户是否拥有访问通信系统网络的权利），如果完成注册后用户没有使用某些业务，也就是没有上行或下行的数据传输，此时用户会进入空闲态。

当用户处于空闲态时，基站不知道用户的准确位置，如果基站需要给用户传送数据，则要发起寻呼过程。为了节能，实现低功耗，当用户处于空闲态时，一般不会和网络进行信息交互，当用户处于休眠状态时，会间歇性地监听（DRX）网络的寻呼消息，进行信道质量检测并上报给基站。如果信道质量很差，基站会发起小区选择/重选过程，用户此时也可以接收小区选择/重选的系统配置参数和相邻小区信息，实现移动中的位置更新。

如果用户或基站有数据传输的请求，会通过随机接入过程建立网络的连接，此时用户处于 RRC 连接态。

当用户处于连接态时，用户或基站可以根据调度信息，接收或发送共享信道的数据信息，对于接收方，根据指示的传输格式对某个资源位置的数据进行解调，如果解调成功就提交给高层，如果没有成功，则发起重传机制。此时，用户根据 RRC 配置进行信道测量和上报，实现移动中的小区切换等。

6.2.3　无线承载

1. 承载

在 LTE 无线协议栈中，各协议层相互独立地对传输的数据进行某些操作。例如：PDCP

层对数据进行压缩加密操作；RLC 层对数据进行分段重组操作；MAC 层实现数据在物理资源的传输方式设定，保障数据的可靠传输。各协议层在处理数据时，可以根据算法和参数的改变对用户提供不同的服务质量（Quality of Service，QoS）。

　　QoS 的概念来自互联网，指一个网络能够利用各种底层技术，为特定网络通信提供更好的服务能力，解决网络时延和阻塞等问题，实现某特定业务需要的传输保障。在互联网通信过程中，当网络发生阻塞时，所有的数据流都有可能被丢弃。由于用户对不同的应用有不同的服务质量要求，为了满足用户对服务质量的不同要求，需要网络能根据用户的要求分配和调度资源，对不同的数据流提供不同的服务质量，对实时性强且重要的数据优先处理，对实时性要求不高的普通数据，提供较低的处理优先级，网络拥塞时甚至可以丢弃。

　　例如我们出差时整理行李箱，按照自己的生活需要，对随身物品有个大致的分类，可以分为日常必需品、一般物品和可有可无的物品，这是物品装进行李箱的优先级排序，重要的必需品优先级高，肯定优先放入箱子，然后再装入一般的物品，如果箱子还有空间，可以再放进一些不太重要的物品，如果此时箱子已经装满，那么这部分物品可以不装，相当于网络阻塞时丢弃低优先级的数据。

　　在移动通信系统中，QoS 可以理解为底层数据传输的性能指标，它的参数包括传输时延、抖动、带宽和错误率等，这些参数都和数据传输速度及可靠性有关。

　　承载的概念来源于有线通信，承载就是用于传输具有相似 QoS 特征的一个或多个业务数据流通道。将具有相似的 QoS 特征归为一个承载，表示各协议层在处理相同 QoS 的用户数据时，使用一致的处理策略（算法相同、参数相同）。例如，快递公司会根据运送货物的特点选择打包方式，对于易碎物品，首先会使用缓冲材料如气泡袋等包裹物品，然后在箱内加入蓬松的填充物，使其不会直接接触运输包装箱的内壁，最后再装箱，对于所有的易碎物品都会使用相同的处理方式，这就是快递中的"承载"。

2. EPS承载

　　LTE 系统中也涉及 EPS 承载的概念，EPS 承载是在 UE 和 PGW 之间实现某种 QoS 特性的传输保证而采取的处理策略。EPS 承载由无线承载（Radio Bearer，RB）、S1 承载和S5/S8 承载组成，如图 6-11 所示。在 EPS 承载中 UE 和 eNB 空口之间为无线承载，eNB到 SGW 之间为 S1 承载，无线承载与 S1 承载统称为 ERAB（Evolved Radio Access Bearer），其是 Uu 口和 S1 承载的合称，SGW 和 PGW 之间是 S5/S8 承载。EPS 承载分为默认承载和专用承载，相当于快递物品有一般物品和易碎物品之分。

　　默认承载是为了满足默认的 QoS 特征的数据传输保障，各协议层所采取的数据处理策略。默认承载随着数据通信服务网络连接的建立而建立，随着数据通信服务网络连接的拆除而销毁，为用户提供永久在线的 IP 传输服务。默认承载类似于处理一般的快递物品，进行常规的包装处理即可。

　　专用承载是为了满足更高的 QoS 特征的数据传输要求，在默认承载基础上建立的各协议层的数据处理策略，类似于快递易碎物品时的处理过程，需要更加仔细地包裹和填充物品，防止物品破损。

一般情况下，专用承载的 QoS 比默认承载的 QoS 要求高。例如，QQ 或微信这两个业务可能会用到某个专用承载，而电话业务可能会用到默认承载。

在一个数据通信服务网络连接中，只有一个默认承载，但可以有多个专用承载，一般最多为 11 个专用承载。

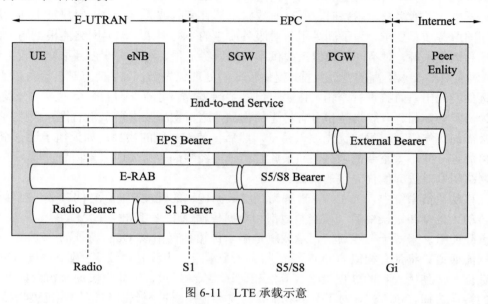

图 6-11　LTE 承载示意

3．无线承载

在 EPS 承载中，UE 和 eNB 空口之间为无线承载，根据承载的内容不同分为信令承载（Signaling Radio Bearer，SRB）和数据承载（Data Radio Bearer，DRB）。SRB 用于传输控制面（信令）数据，根据传输的信令不同分为以下 3 类：

- SRB0：传输通过公共控制信道（CCCH）承载的 RRC 信令，在 RLC 层采用 TM 模式。
- SRB1：传输通过专用控制信道（DCCH）承载 RRC 信令（包含 NAS 信令），在 RLC 层采用 AM 模式。
- SRB2：传输通过专用控制信道（DCCH）承载 NAS 信令，在 RLC 层采用 AM 模式。SRB2 优先级低于 SRB1，在安全模式完成后才能建立 SRB2。

DRB 承载用户面数据，根据 QoS 不同，UE 与 eNB 之间可同时最多建立 8 个 DRB。

6.3　LTE 的信道

信道就是信息处理的过程，在无线接口协议栈中，上层处理完数据后，需要把处理结果交给下一层，这时，在两层之间需要定义一个双方都认可的标准接入点，不同协议层接入点的标准接口就是信道。LTE 中定义了 3 类信道：逻辑信道、传输信道和物理信道。逻辑信道定义需要传输的内容，传输信道定义如何进行传输，物理信道是数据在空中传输的实际承载。

6.3.1　逻辑信道

MAC 层是以逻辑信道的形式为 RLC 提供服务的，逻辑信道表示承载的内容是什么，其分为两大类，即控制信道和业务信道。控制信道主要有以下 5 类：

- 广播控制信道（Broadcast Control Channel，BCCH）是面向小区内的所有用户广播的系统信息。
- 寻呼控制信道（Paging Control Channel，PCCH）：当不知道用户具体处在哪个小区的时候，寻呼控制信道用于发送寻呼消息。
- 公共控制信道（Common Control Channel，CCCH）：传输与随机接入相关的控制消息。
- 专用控制信道（Dedicated Control Channel，DCCH）：是上行和下行的控制信息传送信道，在 UE 和网络建立了无线连接以后使用。
- 专用的业务信道（Dedicated Traffic Channel，DTCH）：双向的业务数据传送信道。

6.3.2　传输信道

MAC 层以传输信道的形式将数据转发到物理层，下行传输信道主要有以下 3 类：

- 广播信道（Broadcast Channel，BCH）：是覆盖整个小区、固定传输格式的下行传输信道，用于给小区内的所有用户广播特定的系统消息。
- 寻呼信道（Paging Channel，PCH）：是覆盖整个小区、发送寻呼信息的下行传输信道。为了减少用户的耗能，用户端支持寻呼消息的非连续接收（DRX）。
- 下行共享信道（Downlink Shared Channel，DL-SCH）：是传送业务数据的下行共享信道，支持混合自动重传（HARQ），支持自适应调制与编码（AMC），支持传输功率的动态调整，支持动态和半静态的资源分配。

上行传输信道主要有以下两类：

- 随机接入信道（Random Access Channel，RACH）：规定了用户要接入网络时的初始信息格式。RACH 是一个上行传输信道，在用户接入网络开启业务之前使用。由于用户和网络还没有正式建立连接，RACH 信道采用开环功率进行控制。用户通过 RACH 发送接入请求时，是基于碰撞（竞争）的资源申请机制。
- 上行共享信道（Uplink Shared Channel，UL-SCH）：用户传送业务数据的信息是上行共享信道，其支持 HARQ，自适应调制编码和传输功率的动态调整，支持动态和半静态的资源分配。

逻辑信道复用是复用不同的逻辑信道，并将逻辑信道映射到适当的传输信道。如

图 6-12 是逻辑信道、传输信道和物理信道的信道映射关系。

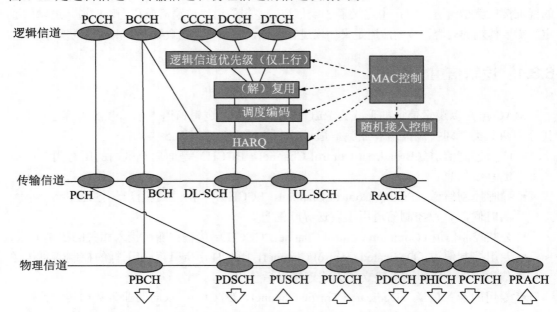

图 6-12　逻辑信道、传输信道和物理信道的映射关系

6.3.3　物理信道

在 LTE 中，物理信道对应的是实际的射频资源，如时隙（时间）、子载波（频率）和天线端口（空间），物理信道在特定的天线端口上，对应的是一系列无线时频栅格资源（RE），传输的数据采用特定的调制编码方式。一个物理信道是有开始时间、结束时间和持续时间的。物理信道和 LTE 的上下行的传输机制关系极为密切，在第 7 章会详细介绍，根据它所承载的上层信息的不同，定义了不同类型的物理信道。

LTE 主要的下行物理信道包括：

- 物理广播信道（PBCH）；
- 物理下行共享信道（PDSCH）；
- 物理下行控制信道（PDCCH）；
- 物理控制格式指示信道（PCFICH）；
- 物理 HARQ 指示信道（PHICH）。

LTE 主要的上行物理信道包括：

- 物理上行控制信道（Physical Uplink Control Channel，PUCCH）；
- 物理上行共享信道（Physical Uplink Share Channel，PUSCH）；
- 物理上行随机接入信道（Physical Random Access Channel，PRACH）。

6.4　LTE 的帧结构与物理资源

6.4.1　FDD 和 TDD

在通信系统中，根据数据传输的方向和其与时间的关系可以分为单工、半双工和全双工 3 种形式。单工是数据只能向一个方向传输，不能反相传输；半双工是数据可以向两个方向传输，但不能同时实现，只能分时实现不同方向的数据传输；全双工是数据可以同时双向传输。移动通信中的通信方式是全双工的，在时分全双工中，上行和下行的切换时间是毫秒级的时间单位，可以认为基本是同时进行数据的发送和接收。

在 LTE 中，数据传输的通信技术分为频分双工（Frequency Division Duplexing，FDD）和时分双工（Time Division Duplexing，TDD）两种，分别称为 FDD-LTE 和 TDD-LTE。TDD-LTE 在我国也叫作 TD-LTE，和 FDD-LTE 相比，我国在 TDD-LTE 上的专利比例更多一些。可以说，TD-LTE 只是一个品牌，实质是 TDD-LTE 制式。

FDD-LTE 制式是采用两个独立的信道进行下行和上行的数据传输，需要使用成对的频率区分上行和下行信道。在时间上，同时接收和发送上下行数据，为了防止邻近的发射机和接收机之间产生干扰，在两个信道之间留有一个保护频段。

TDD-LTE 制式只需要一个频率信道同时进行数据的接收和发送，上行数据和下行数据分布在不同子帧（很小的时间单位，4G 中以 ms 为单位）上，如图 6-13 所示。TDD-LTE 不需要成对的频率，通信系统能使用各种频率资源，TDD-LTE 制式适用于不对称的上下行数据传输速率，特别适用于 IP 型的数据业务，但其对时间同步的要求比较苛刻。

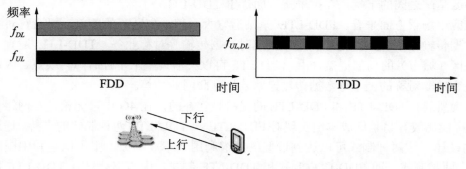

图 6-13　FDD 和 TDD 工作示意

什么是不对称的上下行数据传输呢？在实际通信中，根据数据传输需要，一般是下行流量较大，如上网业务，需要下载的数据量比较多；而要上传的数据量比较少，这种业务的上下行数据量就是不对称的，也是一种 IP 型的数据业务，这种业务就比较适合 TDD-LTE

制式，不会造成资源浪费。如果是单向的数据传输，系统的处理时延也不会影响用户的使用体验，如从网上下载文件，我们只需要多花几秒钟而已。

和不对称的上下行数据传输相反的是对称的上下行数据传输，如打电话，这是一种交互式的业务，打电话时，我们希望说完一句话后马上就能得到对方的回应，因此对系统的处理时延要求比较高，如果时延大，会影响正常的沟通交流，降低用户的使用体验。因此交互式的业务一般要求时延在 100ms 以内。这种业务比较适合 FDD-LTE 制式。FDD-LTE 和 TDD-LTE 的性能比较如表 6-1 所示。

表 6-1　FDD和TDD的性能对比

	FDD	TDD
频谱利用率	低	高
抗干扰方面	消除邻小区基站和本小区基站之间的干扰	存在系统间的干扰和系统内的干扰
应用场景	大面积（郊区）的覆盖	高密度用户地区（城市）的局部覆盖
支持移动速度	高	低
下载速率	高	低
适合业务	上下行对称的业务	上下行非对称的业务
系统复杂性	高	低

从频谱利用率方面来看，TDD-LTE 上下行数据占用相同的频段，频谱资源利用率高，频谱配置灵活，更易于网络部署。而 FDD-LTE 上下行数据在不同频段同时独立地传输，其数据传输能力更强，但系统需要成对的频谱，上下行频段之间还需要保护间隔，对频谱资源的要求比较苛刻，不利于网络部署。

从抗干扰和信道衰落方面来看，TDD-LTE 对系统有严格的时频同步要求，以对抗各种干扰和衰落，但是存在系统间的干扰和系统内的干扰。FDD-LTE 可以消除邻小区基站和本小区基站之间的干扰，在抗干扰方面优于 TDD-LTE。

从应用场景方面来看，FDD-LTE 基站适宜大面积（郊区）的覆盖，更适宜对称的上下行数据传输速率，如打电话和交互式实时数据传输等对称业务。TDD-LTE 适宜高密度用户地区（城市）的局部覆盖，由于 TD-LTE 可以灵活调整上下行时隙转换点，因此可以方便地支持非对称的上下行数据传输速率，如互联网业务等。

综上所述，TDD-LTE 和 FDD-LTE 的优势是互补的，在 4G 中，无论是在网络侧还是终端，都能比较容易且低成本地实现对 FDD-LTE 和 TDD-LTE 两种制式的支持。通过系统地优化设计，这两种制式可以达到近似的频谱利用效率。例如，中国电信和中国联通的 4G 包含两种制式，即 FDD-LTE 制式和 TDD-LTE 制式，中国移动只有 TDD-LTE 制式。FDD-LTE 的标准化与产业发展都领先于 TDD-LTE，在国际上的普及率较高，因此 FDD-LTE 可以支持国际网络的无缝漫游。

6.4.2　物理资源

在 LTE 系统中可以调度的物理资源有时域资源和频域资源，在时域中定义了帧、子帧、时隙和符号等资源单位，在频域中定义了子载波。不同的子载波数和不同的时域单位组成 RE（Resource Element）、RB（Resource Block）、REG（Resource Element Group）和 CCE（Control Channel Element）等资源分配单位。

- 帧：在汉语词典中，帧为量词，用于字画等的表示，如一幅字画叫一帧。在专业词典中，帧的定义是符合协议的一组结构完整的比特序列。在计算机网络中，帧表示不同协议层之间进行数据传输的数据封装格式。在移动通信中，帧表示物理层数据传输的时间单位，是数据传输的最小时间单位，也就是说，数据在无线网络上，只能以帧为单位进行传输，在移动通信中，帧通常也称为无线帧。
- 子帧：在 LTE 中，无线帧为 10ms 的时间单位，每个无线帧分 10 个子帧，每个子帧为 1ms 的时间单位。
- 时隙：在 LTE 中，每个子帧包含两个时隙，每个时隙为 0.5ms 的时间单位。
- 符号：在时域资源中，符号的持续时间取决于子载波间隔，是子载波间隔的倒数，LTE 的符号时长为 66.7μs。在常规 CP 情况下，每个子载波的一个时隙有 7 个符号；在扩展 CP 情况下，每个子载波的一个时隙有 6 个符号。实际工作中碰到的大部分是常规 CP 情况。如图 6-14 给出的是常规 CP 时一个 RB 资源的示意。
- 子载波：LTE 采用的是 OFDM 技术，在频域资源中以子载波的形式存在，在时域资源中以 OFDM 符号的形式存在。在 LTE 中，通常情况下子载波间隔为 15kHz。
- 采样周期 T_s：LTE 采用 OFDM 技术，在 20MHz 的带宽下，每个子载波为 2048 阶 IFFT 采样，子载波间隔为 $\Delta f = 15\text{kHz}$，则 4G 采样周期 $T_s = 1/(2048 \times 15000) = 0.03255\mu s$。在 LTE 帧结构中，时间描述的最小单位就是采样周期 T_s。
- RE（Resource Element）：由一个子载波和一个 OFDM 符号构成的基本资源单位称为资源单元（RE）。
- RB（Resource Block）：频率上连续 12 个子载波，时域上一个时隙，为 1 个 RB 资源，根据一个子载波带宽是 15kHz 可以得出，1 个 RB 的带宽为 180kHz。常规 CP 下，一个时隙由 7 个 OFDM 符号组成。每个 RB 有 7×12=84 个资源元素 RE。
- REG（Resource Element Group）：一个 REG 包括 4 个连续未被占用的 RE。REG 主要针对 PCFICH 和 PHICH 速率很小的控制信道资源分配，以提高资源的利用效率和分配灵活性。
- CCE（Control Channel Element）：是 PDCCH 的基本组成单位。每个 CCE 由 9 个 REG 组成，之所以定义相对于 REG 较大的 CCE，是为了方便数据量相对较大的 PDCCH 的资源分配。每个用户的 PDCCH 只能占用 1、2、4、8 个 CCE，称为聚合级别。

　　RE 是 LTE 中的最小物理资源。一个 RE 可存放一个调制符号，该调制符号可使用 QPSK（对应一个 RE 存放 2 比特数据）、16QAM（对应一个 RE 存放 4 比特数据）或 64QAM（对应一个 RE 存放 6 比特数据）等调制。

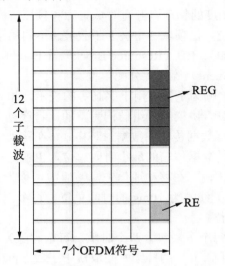

图 6-14　常规 CP 时一个 RB 资源示意

　　图 6-15 所示是 LTE 的子载波分布示意，在下行的资源分配中，各子载波的中心频率在子载波的中心。在系统工作带宽的载波的中心频点，有一个不使用的直流子载波，因为它的功率较强，会对系统造成强干扰，所以一般不用它进行数据传输。在上行的资源中没有直流子载波，上行的中心频率在两个上行子载波之间，不存在不用的子载波情况。

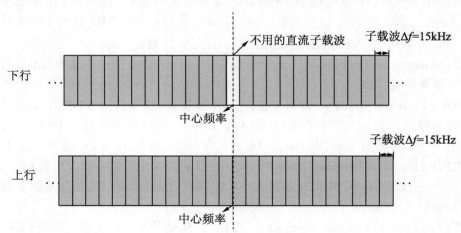

图 6-15　LTE 的子载波分布示意

6.4.3　FDD-LTE 帧结构

FDD-LTE 的无线帧为 10ms，每个无线帧可以分为 10 个子帧，每个子帧为 1ms，每个子帧包含两个时隙，每个时隙为 0.5ms，每个时隙含有多个子载波，如图 6-16 所示。

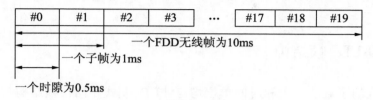

图 6-16　FDD 帧结构示意

LTE 的时隙为 0.5ms，在当时的技术下，如果以 0.5ms 进行资源调度，则信令开销太大，对器件要求较高。LTE 中的调度周期 TTI（Transmission Time Interval，传输时间间隔，是无线传输中能够独立解码的数据长度）为一个子帧的时长（1ms），其包括两个资源块 RB 的时长，因此在一个调度周期内，资源块 RB 都是成对出现的。

一个常规时隙包含 7 个连续的 OFDM 符号。为了克服符号间的干扰，需要加入 CP。CP 的长度与覆盖半径有关，基站要求的覆盖半径越大，需要配置的 CP 长度就越长，但过长的 CP 会导致系统开销太大。

上行和下行 FDD 无线帧，在常规 CP 和扩展 CP 情况下的时隙结构如图 6-17 所示。在常规 CP 中，第一个 OFDM 符号的 CP 时长和其他 6 个 OFDM 符号的 CP 时长不同，0 号符号的 CP 时长约为 5.2μs，而其他 6 个 OFDM 符号的 CP 时长约为 4.7μs，每个实际的 OFDM 符号时长约为 66.7μs，一个时隙中有 7 个 OFDM 符号，7 个 OFDM 符号加上 7 个 CP 的时长之和约为 0.5ms。

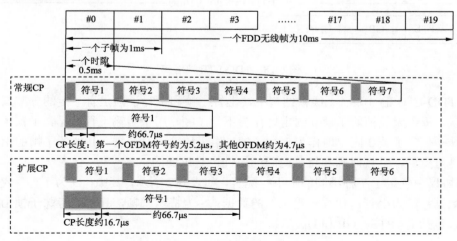

图 6-17　FDD 无线帧的时隙结构

如果 FDD 上下行无线帧的循环前缀格式配置为扩展 CP，那么每个时隙的 OFDM 符号数是 6 个，每个时隙内，OFDM 符号的 CP 时长相同，其 CP 的时长约为 16.7μs，OFDM 符号时长约为 66.7μs。

在 FDD 中，上行数据传输和下行数据传输同时进行，上行和下行分别工作在不同的频点，它的上行无线帧中只含有上行子帧，下行无线帧中只含有下行子帧，无线帧结构比较简单。

6.4.4 TDD-LTE 帧结构

TDD 制式的子载波间隔和时间单位均与 FDD 制式相同，帧结构与 FDD 类似，TDD-LTE 的无线帧为 10ms，每个无线帧包含两个 5ms 的半帧，每个半帧由 4 个数据子帧和 1 个特殊子帧组成，如图 6-18 所示。

TDD-LTE 中的一些子帧用于进行下行数据传输，另一些子帧用于进行下行数据传输，上行和下行之间的切换发生在特殊子帧。

特殊子帧只存在于 TDD-LTE 中，为下行和上行切换提供必要的保护时间，它包括 3 个特殊时隙：DwPTS（下行导频时隙，也称为下行部分）、GP（保护间隔）和 UpPTS（上行导频时隙，也称为上行部分）。特殊子帧持续时间是一个子帧的时间，总时长为 1ms。其中，DwPTS、GP 和 UpPTS 的时间配置是可调的。

在 LTE 系统中，无线帧的上行和下行子帧数量是不对称的，可以根据实际的通信场景，采用不同的上下行子帧配比，特殊子帧也可以根据通信需要设置不同的配比。

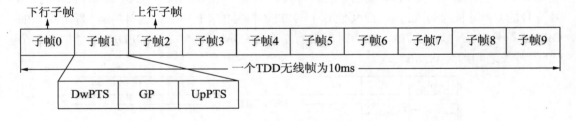

图 6-18 TDD-LTE 帧格式

在 TDD-LTE 的 10ms 无线帧结构中，上行子帧和下行子帧是有一定的分配策略的，一般来说，每个无线帧的子帧 0 固定地作为下行子帧，用于传输下行数据，子帧 1 固定地作为特殊子帧，子帧 2 固定地作为上行子帧，用于传输上行数据。其他各子帧的上行和下行属性是可变的，常规时隙和特殊时隙的属性也是可调的。

R8 协议中规定了 7 种不同的上下行配置，如表 6-2 所示，其中，D 为下行，代表传输下行的数据；U 为上行，代表传输上行的数据；S 为特殊子帧，1ms 的特殊子帧由 3 个部分组成，包括 DwPTS、GP 和 UpPTS。

表 6-2　7 种TD-LTE无线帧的上下行配置

配置 ＼ 子帧号	0	1	2	3	4	5	6	7	8	9
#0	D	S	U	U	U	D	S	U	U	U
#1	D	S	U	U	D	D	S	U	U	D
#2	D	S	U	D	D	D	S	U	D	D
#3	D	S	U	U	U	D	D	D	D	D
#4	D	S	U	U	D	D	D	D	D	D
#5	D	S	U	D	D	D	D	D	D	D
#6	D	S	U	U	U	D	S	U	U	D

可以根据实际的场景需求进行无线帧的设置，如果下行数据多，那么选择#2、#4 和 #5 等这样的配置可以提高下行的速率。在实际移动通信网络中，常用的配置是#1 和#2。为了避免不同小区的上行和下行的数据干扰，相邻小区一般采用相同的上下行配置。在实际的通信系统中，上下行配置的动态调整非常困难，一般都是相对静态的，设置以后基本不变，只是在不同的地区采用不同的配置。

由于在 TDD-LTE 中，上行和下行数据传输在相同的工作频点，因此基站和用户都需要进行发射和接收的切换，下行和上行之间的切换时刻就在特殊子帧中。特殊子帧的配置非常灵活，其规则如下：

- DwPTS 传输下行数据，长度可配置为 3～12 个 OFDM 符号。
- UpPTS 可配置为 1 或 2 个 OFDM 符号，由于其持续时间比较短，不适用于传输上行数据，但其可以用作随机接入或发送信道探测参考信号，也可以为空，此时相当于额外的保护间隔。
- GP 下行和上行切换的保护间隔，这是 TDD 系统的基本要求。在这里留出一段时间，不传输任何数据，以防止影响后面的上行数据。GP 的时长由两个因素来决定：首先，应当保证"设备收发转换时延"，就是在 GP 的持续时间内，基站和用户终端的电路能从下行的数据传输切换到上行数据传输，一般情况下，下行和上行电路转换时间在 20μs 的数量级上；其次，GP 需要保证上行和下行数据不会在基站处互相干扰，这一点可以通过用户的定时提前（TA）来控制，此时 TA 产生的主要原因是传输时延，小区的边缘用户决定了最大的 TA，TA 越大，需要的 GP 越大。如图 6-19 所示，UE1 是近端用户，UE1 到基站的传输时延是 T1，UE2 是边缘用户，UE2 到基站的传输时延是 T2，T2>T1，GP 时长不仅要满足 UE2 的时间提前量 T2，而且在 GP 内要留给 UE2 足够的时间完成下行接收上行发送的电路转换，因此，GP 决定了基站所支持的小区半径的大小。

在保护间隔的设置中还需要考虑基站之间的干扰，必须保证来自相邻小区基站发出的下行干扰信号在本小区基站开始接收上行数据时已经衰减到非常小，因此保护间隔要设置得足够大。

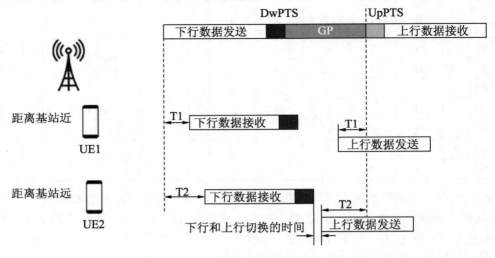

图 6-19　TDD-LTE 上行和下行的切换示意

UpPTS 和 DwPTS 同样可以用作上行和下行数据的传输，对于特殊子帧，扩展 CP 的情况和常规 CP 基本相同，这里不做过多介绍。

6.4.5　LTE 的子帧结构

资源调度由 MAC 层进行控制，通过 MAC 层和物理层之间的信息交互，实现数据从高层到物理层的映射。MAC 层根据物理层的信道测量情况进行调度，并以传输信道的形式将数据传递给物理层，传输块经过物理层的处理，将数据以 OFDM 符号的形式映射到时频资源栅格上，数据映射到物理层，在时域资源上是以子帧的形式体现的。

物理层的数据包含有控制信令和业务数据，LTE 中的控制信令携带的是 MAC 层的调度控制信息和物理层的资源控制信息，控制信令映射到子帧的资源部分称为控制区域，用户传输的数据映射的子帧资源部分称为数据区域。

在 LTE 中，根据传输数据的特性，上行子帧和下行子帧的数据区域和控制区域的分配方式并不相同。

在下行物理信道中，每个子帧的格式如图 6-20a 所示，在下行子帧中，每个子帧的数据区域和控制区域是按照从左到右的方式分配的，左边是控制区域，一般占 1～3 个 OFDM 符号，右边是数据区域，占用剩下的 11～13 个 OFDM 符号。

在上行物理信道中，每一个子帧按照频率的大、中、小进行功能划分，如图 6-20b 所示。中间的频谱区域用于传输数据，两端的频谱区域用于传输控制信息，即控制区域在频域上通常被配置成位于系统带宽的边缘，在同一子帧内，上行物理控制信道（PUCCH）

前后两个时隙的物理资源分别位于可用的频谱资源的两端。中间的整块频谱资源用于传输用户数据（PUSCH）。这样的设计不仅能够提供 PUCCH 的频率分集增益，还不会打散上行数据的频谱，因为上行是以 SC-FDMA 的方式进行数据传输的，这样可以保证上行传输的单载波特性。

由于系统带宽决定了数据的速率，从图 6-20b 中可以看出，LTE 的上行数据的传输带宽比系统带宽小，因此 LTE 中的上行峰值速率（50Mbps）低于下行峰值速率（100Mbps）。

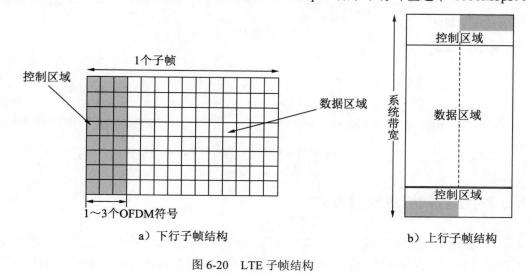

a）下行子帧结构　　　　　　b）上行子帧结构

图 6-20　LTE 子帧结构

6.5　LTE 的资源映射方式

6.5.1　下行的资源映射方式

控制无线信道频率选择性的方法是，将下行的数据分布在频域内，以此获得频率增益。一般情况下，如果分配的资源超过一个资源块时，可以通过频域扩展的方式进行资源分配。

在 LTE 中，物理下行共享信道是 PDSCH，它的频域资源分布有两种方式，分别是连续频率资源分配（集中式）和不连续频率资源分配（分布式）方式。LTE 是以 VRB（虚拟资源块）对的形式进行资源分配的，传输时将 VRB 对映射到 PRB（物理资源块，实际的物理资源）对上。

图 6-21 所示为两种资源映射方式示意图，集中式资源分配是 VRB 到 PRB，是直接一对一的映射，占用的是连续的子载波。分布式资源映射是将数据在频域进行扩展，增加频率增益，处理过程比集中式资源映射复杂，通过频率扩展后，各个 VRB 对被映射到不连

续的子载波上，然后将每个映射的资源块按照时隙分开，让 PRB 中的每个资源块在一定的频率间隔上进行传输，相当于在时隙上跳频。

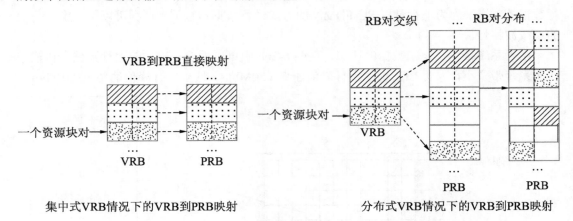

图 6-21　下行传输的两种资源映射方式示意

6.5.2　上行的资源映射方式

在物理层，LTE 中的物理上行共享信道是 PUSCH，物理上行共享信道中也涉及 VRB 的概念。LTE 上行是单载波的 SC-FDM 波形，用户的数据在传输时必须占用连续的子载波，但在 PRB 对中，在子帧的第一个时隙和第二个时隙中的数据会有一定的频率间隔，因此 LTE 上行的数据传输相当于两个过程，首先，进行 VRB 对到 PRB 对的集中映射，其次，根据预定义的跳频图案进行每个时隙资源块的跳频，如图 6-22 所示。

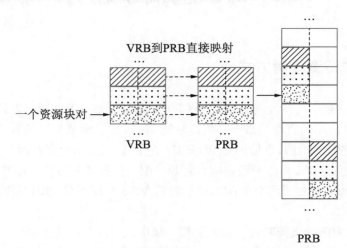

图 6-22　上行传输的资源映射方式示意

如图 6-23 所示为上行资源映射的示例，整个上行的带宽内定义了一组连续的子带，在上行子帧结构中，边缘的资源块分配给了控制信道，因此子带只占据传输数据的中间频带部分，整个上行的带宽有 50 个资源块，带宽的低频和高频各占了 3 个资源块，用于控制信息传输，每个子带含有 11 个资源块，上行的共享信道一共有 4 个子带。

在图 6-23 中，在基于子带跳频的情况下，根据调度分配一组 VRB 资源，资源块占据编号为 7、8 和 9 的 VRB。根据跳频图案的定义，第一个时隙的值为 1，意思是向右移 1 个子带进行数据传输，对应的 PRB 编号是 17、18 和 19 的资源位置。第二个时隙的取值为 3，向右移动 3 个子带进行数据传输，对应的 PRB 编号是 39、40 和 41 的资源位置。这里的子带移动是循环向右移动。

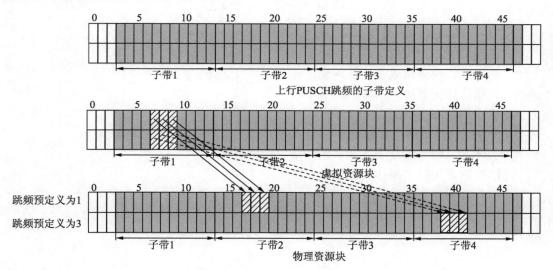

图 6-23　上行传输的资源映射示例

6.5.3　LTE 的资源调度

LTE 数据传输是在共享传输信道中进行的，各用户动态地共享时频资源。资源调度由 MAC 层进行控制，通过 MAC 和物理层之间的信息交互实现数据从高层到物理层的映射，MAC 层根据物理层的信道测量情况进行调度，把传输到 MAC 层的多个信道的数据映射到物理层的资源上，数据传输是以资源块对（PRB）的形式映射到物理层资源上的，对应是 1ms 的时间和 180kHz 带宽的资源。

LTE 的资源调度是动态调度，基站需要每 1ms 调度一次，在给调度用户传输数据的同时，把调度信息也发送给所有调度用户。

上行调度和下行调度是分开进行工作的，上下行也可以有独立的调度策略。下行调度是控制对哪些用户进行数据传输，以及每个调度用户的数据应该在哪些资源块上进行传输。下行调度时需要充分考虑信道的质量，据此控制数据传输时的调制方式、编码方式、天线工作模式和传输块的大小，RLC 层根据 MAC 层的调度决策，对传输数据进行分组和级联处理，实现在某个数据速率情况下的数据传输。

上行调度和下行调度的工作类似，上行的信道状态信息（CSI）需要用户按照设定的周期上报给基站，如果基站在某个时间内检测到用户有调度请求，则可以根据用户上报的信道质量信息告知用户传输数据时的数据调试方式和编码方式，保证在某个数据传输速率下数据可以正确地传输。

6.6 习　　题

1．描述 LTE 网络架构。
2．简述核心网的组成及主要网元。
3．简单描述无线接入网（E-UTRAN）。
4．简单描述 LTE 无线接口协议。
5．简述 MAC 层的主要作用。
6．简述 FDD 和 TDD 两种制式的性能比较。
7．LTE 物理层的主要作用是什么？
8．LTE 的物理资源单位有哪些？
9．LTE 的上行和下行子帧是如何分配的？

第 7 章　LTE 的物理信道和物理信号

物理信道是指在特定的频域、时域和空域上采用特定的调制编码方式发送数据的物理资源，物理信道是空中接口的承载媒体，根据承载的上层信息的不同，定义不同的物理信道。

在 LTE 中主要定义了 6 类下行的物理信道，包括物理广播信道（Physical Broadcast Channel，PBCH）、物理下行共享信道（Physical Downlink Shared Channel，PDSCH）、物理下行控制信道（Physical Downlink Control Channel，PDCCH）、物理控制格式指示信道（Physical Control Format Indicator Channel，PCFICH）、物理 HARQ 指示信道（Physical Hybrid ARQ Indicator Channel，PHICH）和物理多播信道（Physical Multicast Channel，PMCH）。

- 物理广播信道（PBCH）相当于小区的大喇叭，给小区的所有用户发送广而告之的公共信息，并不是所有的公共信息都在物理广播信道上传输，还有一部分公共信息在物理下行共享信道（PDSCH）上发送。
- 物理下行共享信道（PDSCH）是实际传输用户数据的信道，为小区所有用户共享，用于传输基站发给用户的数据。当用户需要传输数据时，会占用共享信道的物理资源来传输信息，信息传输完后，会释放占用的物理资源供其他用户使用。
- 物理下行控制信道（PDCCH）用于发送基站的调度信息，告知用户发送数据的所在位置和调制方式等，用户需要不断监听 PDCCH，检查是否有发送给自己的数据。
- 物理控制格式指示信道（PCFICH）有点像藏宝图，告诉用户宝物（控制信息）所在的位置，其传送的信息是控制信道占用的符号数目。
- 物理 HARQ 指示信道（PHICH）可以理解为负责摇头或点头工作，其负责实现物理层的混合重传工作，如果基站正确解调了用户的数据，则反馈 ACK（1）信息，反之则反馈 NACK（0）信息。
- 物理多播信道（PMCH）类似点播节目，其负责把高层的节目信息或相关的控制命令发送给用户。

在 LTE 中定义了 3 类上行的物理信道，包括物理上行控制信道（Physical Uplink Control Channel，PUCCH）、物理上行共享信道（Physical Uplink Share Channel，PUSCH）和物理随机接入信道（Physical Random Access Channel，PRACH）等。

用户通过物理上行控制信道用于传输用户反馈给基站的信道信息、混合重传信息和功率信息等。物理上行共享信道是传输用户实际数据的物理资源；物理随机接入信道是用户需要接入移动通信网络或传输数据时，用来发起随机接入申请物理资源。通过这些物理信道之间的相互协同，LTE 系统实现了移动通信中的大部分控制和数据传输功能，还有一部分功能是依靠物理信号实现的。

物理信号是在物理层上生成并使用的，在物理资源中占有特定的一系列无线资源单元，这些物理信号不携带高层的信息。LTE 中的下行物理信号主要包括：小区专用参考信号（Cell Reference Signal，CRS）、解调参考信号（Demodulation Reference Signal，DMRS）、信道状态信息参考信号（Channel State Information Reference Signal，CSI-RS）、主同步信号（Primary Synchronization Signal，PSS）和辅同步信号（Secondary Synchronization Signal，SSS）等。LTE 中的上行物理信号主要包括解调参考信号（DMRS）和探测参考信号（Sounding Reference Signal，SRS）。

7.1 LTE 物理信道的处理过程

7.1.1 下行物理信道的处理过程

下面以物理下行共享信道（PDSCH）为例，来看看下行物理信道的处理过程。图 7-1 所示为物理下行共享信道的处理过程。

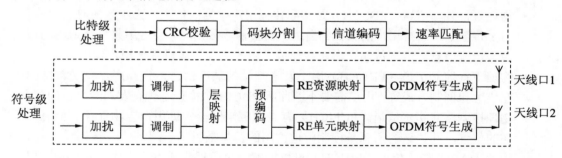

图 7-1 物理下行共享信道的处理过程

在发送端，来自 MAC 层的数据流经过两大处理过程——比特级处理和符号级处理后通过天线发送出去。下行物理层信道的处理过程包括：CRC 校验、码块分割、信道编码、速率匹配、加扰、调制、层映射、预编码、RE 资源映射和 OFDM 符号生成。

1. CRC校验

经过 MAC 协议层的处理，数据以传输块的形式下发给物理层，物理层为了实现混合重传（HARQ），需要在数据块中添加 CRC 数据校验，因此，物理层的首要任务是计算

CRC。在 PDSCH 中 CRC 为 24bit，将得到的 CRC 添加在每个传输块的后面，接收方通过 CRC 校验检测每个传输块中是否出现传输错误，如果有错误则需要重新发送该传输块，此时将触发 MAC 层的 HARQ，请求重传。

2. 码块分割

LTE 的 PDSCH 编码是 Turbo 编码器，能支持的最大码块是 6144bit，如果传输块的长度超过最大码块则需要进行码块分割，就是把一个长传输块分割成较小的码块，以匹配 Turbo 编码器的输入要求。分割以后的各个码块后面需要附加一个额外的 CRC 码，这个附加的 CRC 码也是 24bit，但和传输块的 CRC 生成不同，如图 7-2 所示，附加的 CRC 的主要作用是对每个分割码块传输过程中的错误进行检测。如果码块的长度在允许的范围内，则不需要进行码块分割。

3. 信道编码

物理下行共享信道的信道编码是通过 Turbo 编码器实现的，包括交织过程和编码过程，如图 7-3 所示，该编码器包括两个 1/2 速率的子编码器，总的编码速率为 1/3，LTE 支持的码块长度为 40～6144bit。信道编码输出的比特流中含有编码比特，增加了信息的冗余，提高了信道的抗干扰能力。

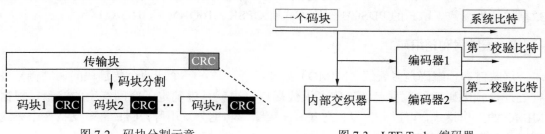

图 7-2　码块分割示意　　　　　　　　　图 7-3　LTE Turbo 编码器

4. 速率匹配

无线信道是随时变化的，信道质量忽好忽坏。不同的无线信道质量，对应的调制编码方式也不同。无线信道质量好，可以采用高阶调制，在相同的时频资源中，传输的数据速率也高。在分配给用户的数据传输信道中，即使是时频资源都不发生变化，资源上传输的数据速率也是根据无线信道的质量变化实时变化的。无线信道的数据传输速率决定了在一个调度周期内，在该资源上传送比特的数量。

速率匹配就是从信道编码的输出比特流中选择一部分比特数据，使其能准确匹配调度的资源。选择比特数据之前需要分别对信道编码输出的系统比特、第一校验比特和第二校验比特进行交织，然后将结果插入一个环形的缓冲器中。先插入系统比特，然后将第一校验和第二校验比特交替插入，比特数据选择是从环形缓冲器中提取连续的比特，以匹配物理资源的比特传输要求，如图 7-4 所示。

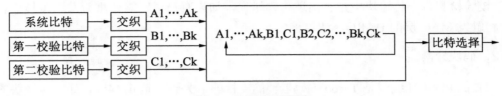

图 7-4　速率匹配示意

5．比特级加扰

加扰的过程就是信道编码之后的比特流和一个扰码进行异或操作，扰码序列实际上是一个伪随机序列，在接收端通过解扰获得实际的比特流。解扰过程本质上是扰码序列的相关过程，所有的下行物理信道都需要经过扰码处理，使干扰随机化，增强抗干扰能力。每个小区使用不同的扰码序列，各小区的扰码序列根据各自的物理小区 ID 生成，小区外的用户无法利用该扰码序列进行解扰。

6．调制

调制过程是将加扰比特块转化为复数调制符号，根据不同的调制方式把二进制的比特数据转换为复数。LTE 的 PDSCH 调制方式有 QPSK、16QAM 和 64QAM 等。

7．层映射和预编码

层映射和预编码是多天线（MIMO）处理过程，是对一个或两个传输块的调制符号进行处理，预编码后的数据已经确定了天线端口，也就是说确定了空间维度的资源。根据MIMO 的工作模式，可以分为发送分集、波束赋形和空分复用等，LTE 最多支持 8 个天线端口的数据传输。

8．RE资源映射

在每个天线端口上，将预编码后的数据对应在子载波和时隙组成的二维物理资源（RE）上，这些资源元素是由基站资源调度配置的。基站资源调度是以资源块（RB）为单位进行的，每个资源块由 168 个 RE（每个资源块含有 14 个 OFDM 符号和 12 个子载波）组成。但是，在有些 RE 中不能进行数据传输，这些 RE 要么是传输下行的物理参考信号，要么是传输下行的控制数据。

7.1.2　上行物理信道的处理过程

上行物理层信道的处理过程是用户发送数据给基站的物理层处理过程，以物理上行共享信道（PUSCH）为例，其处理过程主要包括：添加 24bit 的 CRC 校验、码块分割、基于内部交织的 1/3 码率的 Turbo 信道编码、速率匹配、加扰、调制、DFT 预编码、RE 映射和 OFDM 符号生成。物理上行共享信道比特级处理过程和物理下行共享信道基本相同，符号级的处理过程略有不同，在 LTE 上行中多了 DFT 预处理模块，如图 7-5 所示。

　　物理上行共享信道的大部分模块的处理和物理下行共享信道相同，这里只介绍 DFT 预处理模块。

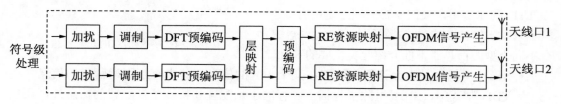

图 7-5　物理上行共享信道的符号级处理过程

　　在上行方向上，输入的信号经过 DFT 后，变换至频域上，然后映射至各个子载波上，经过 IFFT 再变换至时域上。IFFT 之后的时域信号相当于 DFT 之前时域信号的重复，这样做的目的是降低峰均比。

　　M 个调制符号组成一个 DFT 的输入并进行 M 点的 DFT，M 代表分配的子载波资源数目，最后映射到物理资源的 M 个子载波上。从实现方面考虑，DFT 的快速算法支持大小为 2 的幂运算，限制了资源调度的灵活性。在 LTE 中，DFT 的 M 大小决定上行资源块的分配，为了方便设计，M 被限定为 2、3 或 5 的乘积，即分配的子载波为 24、36 或 60 等，DFT 可以设计为基 2、基 3 和基 5 的组合。

7.2　物理广播信道

7.2.1　系统消息

　　在 4G LTE 中，系统消息的接收关系到能否顺利接入网络，如果用户刚刚开机，在进行数据传输之前，需要寻找能用的移动通信网络，这个过程实际上是用户在支持的频率范围内搜索系统消息的过程。系统消息在广播控制信道 BCCH 上传输，在 MAC 层把系统消息分为两部分：主信息块（Master Information Block，MIB）和系统信息块（System Information Blocks，SIBs）。这两部分的信息分别通过两个不同的传输信道来发送，系统信息的 MIB 在广播信道上传输，映射到物理广播信道上；系统信息的 SIBs 在传输信道上传输，映射到物理下行共享信道上，如图 7-6 所示。

　　在物理广播信道上传输的消息只是系统消息中非常有限的一部分,大多数的系统信息仍然需要通过 SIBs 块发送。MIB 包含的是最重要、最常用的一部分系统消息,包括下行小区的带宽、PHICH 的配置和系统无线帧号。用户检测到 MIB 以后,需要继续接收 SIBs 消息以获取更多的系统消息。在 LTE 的 R8 中,根据重要的程度定义有 12 种 SIBx,如 SIB1、SIB2 等。不同的 SIBx 消息中含有不同类型的信息。下面介绍几类主要的 SIBx。

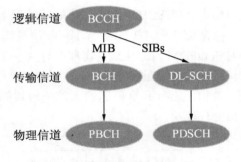

图 7-6　系统消息的映射示意

- SIB1 中包含是否允许用户驻留在某个小区的信息,其中有小区运营商的信息。在 TDD 制式中,SIB1 里除了包括上下行的子帧配置和特殊子帧配置的信息外,还包括其他 SIBx(SIB2 等)的时域调度信息。
- SIB2 包含上行小区带宽、随机接入的参数和上行功率控制的参数等用户能正常接入小区的必要信息。
- SIB3 包含小区重选的相关信息。
- SIB4 到 SIB8 包含邻小区的相关信息。

　　不是所有的 SIBx 消息都要在小区中广播,用户也不需要接收所有的 SIBx 消息,可以根据自己的需要来接收,SIBx 也是周期发送的,重要的 SIBx,发送周期短一些,如 SIB1 的发送周期是 80ms,高阶的 SIBx 的发送周期更加灵活,不同的网络的发送周期不同。所有的 SIBx 消息都是在共享信道上进行传输的,依靠小区参考信号实现数据解码。

7.2.2　PBCH 传输的内容

　　PBCH 传输用户接入系统所必需的系统信息(MIB),MIB 包含用户接入 LTE 系统所需要的最基本的信息,如系统带宽(3bit)、系统帧号 SFN(8bit)和 PHICH 配置(3bit)。BCH 信息比特共 24 位,有 10bit 的预留比特。

- 系统带宽:4G 系统的带宽配置为 1.4MHz、3MHz、5MHz、10MHz、15MHz、20MHz,一共 6 种情况,只需要 3bit 就可以完成编码。
- 系统帧号 SFN:占用 8bit 的信息,SFN 的变化范围为 0~1023,位长为 10bit,在 PBCH 中传输的只有系统帧号的高 8 位,低两位由 PBCH 发送周期内的位置决定。PBCH 的发送周期是 40ms,每 10ms 重复发送一次,如图 7-7 所示。系统帧号剩下的低 2 位根据该帧在 PBCH 40ms 周期窗口的位置来确定,如果是第一个 10ms 帧,则对应的无线帧号的低 2 位为 00,第二帧 10ms 的低 2 位为 01,第三帧 10ms 的低 2 位为 10,第四帧 10ms 的低 2 位为 11。用户可以通过盲检确定 PBCH 的 40ms 窗口。用户只有成功解码了 MIB,才能完成系统帧号的同步。
- PHICH 配置:用来计算 PHICH 的位置,包含两个参数,一个参数表示目前是扩展

CP 还是常规 CP,用 1bit 表示,另一个参数是计算 PHICH 的参数 Ng={1/6, 1/2, 1, 2},用 2 bit 表示。PHICH 的位置会影响 PDCCH 和 PDSCH 的解码,因此 PHICH 的配置参数需要提前在 MIB 中传输。

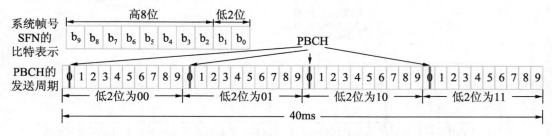

图 7-7　系统帧号 SFN 的低 2 位和 PBCH 的位置关系示意

7.2.3　PBCH 时频资源

PBCH 的时频资源如图 7-8 所示。在频域,不同的系统带宽都占用中间的 1.08MHz （72 个子载波）,不管实际的工作带宽是多少,均可以保证小区中的每个用户都能接收广播信息。

在时域,每 10ms 无线帧内,PBCH 位于子帧#0 的第 2 个时隙的前 4 个 OFDM 符号上。也就是说,在每个无线帧中,PBCH 只在子帧#0 中传送,其他子帧中没有 PBCH 信息。

PBCH 的发送周期是 40ms,每 10ms 重复发送一次,如图 7-9 所示,终端可以通过 4 次中的任一次接收并解调出 PBCH。

PBCH 的物理层处理流程如图 7-10 所示。首先,需要计算 CRC 码,在 PBCH 中为了节省 CRC 开销,

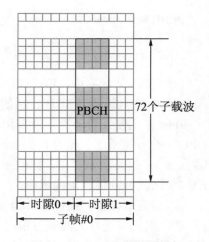

图 7-8　PBCH 时频位置示意

采用的是 16bit 的 CRC 码,在 PBCH 的 40ms 发送周期内,如果 CRC 校验成功,则用户开始接收 PBCH 信息。基站端对添加 CRC 的数据流进行信道编码,PBCH 采用的是码速为 1/3 的咬尾卷积编码,原因是 BCH 的传输块很小,咬尾卷积编码的性能优于 Turbo 编码。通过信道编码增加信息的冗余,以此提高信道传输的抗干扰能力。在信道编码中还包括速率匹配和重复编码数据,以满足发送资源的要求。为了对抗小区间的干扰,信道编码之后的数据流经过加扰处理,使干扰信号随机化,减少了小区间的干扰。在数据调制方面采用 QPSK 调制。由于广播信息非常重要,所以要保证数据可靠地被用户接收,QPSK 低阶的调制方式即使在信道质量比较差的时候也能保证数据的准确性,降低误码率。

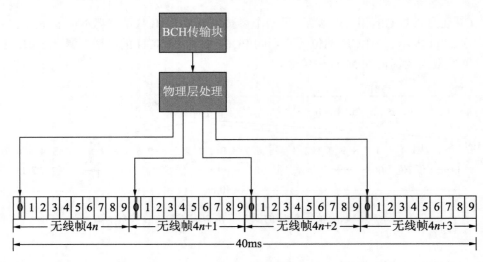

图 7-9   PBCH 的发送周期示意

图 7-10   PBCH 的物理层处理过程

在常规 CP 配置中，PBCH 信息占用 24bit，添加 16bit 的 CRC 和码速为 1/3 的信道编码之后为 120 bit，从 PBCH 占用的资源中可以看出，每个无线帧占用 $4 \times (72-12)=240$ RE，在 40ms 内重复发送 4 次，所占用的总资源是 960 RE。数据经过 QPSK 调制，每个 RE 的 OFDM 符号携带 2bit 信息，因此速率匹配需要输出 1920bit 数据，相当于对信道编码的数据重复 16 倍。由此可见，PBCH 的编码中含有大量的重复编码，用户解码时只需要很低的信噪比就可以将其正确解出。

广播信道在多天线传输方面使用的是发射分集技术，如果是 2 天线端口，则采用 SFBC（空频块编码）进行天线映射编码，如果是 4 天线端口，则采用 SFBC+FSTD 相结合的天线映射编码技术。终端可以通过盲检 PBCH 获得小区的天线端口数目。

7.3   物理控制格式指示信道

物理控制格式指示信道（PCFICH）传输的是一个子帧中控制区域所占用的 OFDM 符号数目，即传输数据在子帧中的开始位置。正确获得 PCFICH 的信息很重要，用户只有正确解码了 PCFICH，才能知道如何处理控制信道，知道在子帧中数据区域从哪个符号开始。PCFICH 中的主要信息 CFI（Control Format Indicatior）包含有 2bit 信息，对应于 1、2 或 3 个 OFDM 符号，4 为预留，不使用。

PCFICH 是以 4 个 RE 为一组映射到子帧的第一个 OFDM 符号上。4 个 RE 涉及一个概念——资源组（REG）。REG 是由不包括小区特定参考信号在内的 4 个连续的 RE 组成。如果某个 RE 是为小区专用参考信号（CRS）预留的，则这个 RE 是不能用来组成 REG 的。根据 REG 是否包含 CRS，可以将其分为两种结构，如图 7-11 所示。

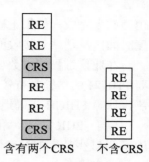

图 7-11   REG 的两种结构

PCFICH 在资源分配上是以 REG 为单位，以频率分集的形式发送的，它分布在 4 个 REG 频域资源上，采用这种发送方式是为了提高发射分集。为了避免小区间 PCFICH 数据的干扰，频域的起始位置（第一个 REG 的位置）由小区的物理小区 ID（PCI）决定，4 个 REG 之间相差 1/4 带宽，并且 4 个 REG 在频域上有良好的分离性。时域映射到该子帧的第一个 OFDM 符号上，如图 7-12 所示。PCFICH 的信道编码采用的是咬尾卷积码，2bit 的 CFI 经过码率为 1/16 的信道编码，得到一个 32 bit 的数据，为了保障数据可靠地传输，数据调制方式是低阶的 QPSK 调制，形成 16 RE 的符号信息覆盖整个下行的带宽。

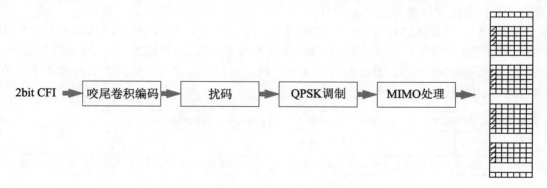

图 7-12   PCFICH 的处理过程及映射示意

用户只有解码 PCFICH 才能知道控制区域的大小，因此 PCFICH 总是映射在每个子帧的第一个 OFDM 符号上。为了获得频域上的分集效应，组成 PCFICH 的 4 个 REG 将均匀分布在整个带宽中。每个 REG 的位置与物理小区标识（PCI）和带宽有关，而物理小区标识只有在获得下行同步以后才能获得，因此用户只有在解码 PSS/SSS 同步信号和 MIB 之后才能解码 PCFICH，即在小区搜索中完成下行同步以后才可以获得 PCFICH 消息。

7.4   物理 HARQ 指示信道

物理 HARQ 指示信道（PHICH）用于传输基站对用户上行数据的混合 ARQ（HARQ）反馈信息。移动系统根据 HARQ 机制，对接收的信息都要进行确认，对上行数据的确认由基站来完成。如果正确解调用户数据，基站回复 ACK，反之则回复 NACK。在每个调度时间内，基站对接收的用户数据都要反馈。

在通信过程中，数据的传输正确与否事关重大，为了保障 HARQ 机制正常运转，需要 PHICH 的传输具有较高的可靠性，对 PHICH 的发射功率根据信道质量情况进行动态控制，保障 PHICH 正确地接收信息。

由于 PHICH 功率的动态调整，PHICH 在进行资源映射时往往会扩展多个资源元素 RE，以减少功率的波动性影响。在 LTE 中，多个用户的 PHICH 以码分的方式映射到相同的物理资源元素上，用户会在指定时刻、指定位置去解码 PHICH 信息。

7.4.1 HARQ 时序

1. FDD系统中的HARQ时序

基站下发那么多用户的 HARQ，用户如何判断是否有发给自己的 HARQ 信息呢？这里有一个检测时间，就是 HARQ 时序，用户可以根据 HARQ 时序进行检测。

FDD 系统中的 HARQ 时序相对比较简单，固定为 4 个子帧，图 7-13 所示为上行数据传输，用户发送数据，基站接收数据，基站如果校验正确则反馈 ACK，反之则反馈 NACK。发送数据和 HARQ 反馈信息之间间隔 4 个子帧，用户在发送上行数据之后的第 4 个子帧上检测 HARQ 反馈。

图 7-13　FDD 中 HARQ 的时序示意

下行数据发送的情况和上行相同，反馈信息和数据之间也是间隔 4 个子帧，如果需要重传，则间隔 8 个子帧后重新发送。因此，在 FDD 中发送方只需要在发送数据后的第 4 个子帧上监听 HARQ 消息，从数据发送到收到反馈需要 4ms。

2. TDD系统中的HARQ时序

TDD 系统中的 HARQ 时序比较复杂，需要根据上下行帧的结构定义静态的配置，上行的 HARQ 反馈消息只能在上行子帧中发送，下行的 HARQ 反馈消息只能在下行子帧中发送，时序关系较复杂，如果在第 n 个子帧传输数据，接收方的 HARQ 反馈消息在第 $n+k$ 子帧上发送，一般情况下，$k \geqslant 4$。

表 7-1 所示为帧结构的上下行配置为#0 时的例子，k 在不同子帧中取值不同。在子帧 0 中，$k=4$，基站发送的下行数据在间隔 4 个子帧的上行子帧 4 中可以接收用户反馈的

ACK/NACK 信息；特殊子帧中的 $k=6$，下行导频时隙中传送的下行数据的 HARQ 反馈信息（ACK/NACK）在子帧 7 中进行传输；上行子帧 7 的 $k=4$，用户发送的上行数据的 HARQ 反馈信息在下一个无线帧的子帧 1 上传输，同理，子帧 8 和子帧 9 的上行数据的 HARQ 反馈在下一个无线帧的子帧 5 上，如图 7-14 所示。综上所述，在 TDD 中，从数据发送到收到 HARQ 反馈需要大于或等于 4ms。

表 7-1　配置#0 的 k 值

配置#0	D	S	U	U	U	D	S	U	U	U
子帧号	0	1	2	3	4	5	6	7	8	9
配置#0 的 k 值	4	6	4	7	6	4	6	4	7	6

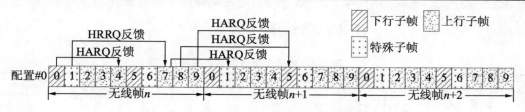

图 7-14　配置#0 的上下行 HARQ 时序关系

7.4.2　HARQ 群

多用户进行数据传输时，每个接收的传输块都会有一个 PHICH 进行 HARQ 反馈。LTE 中将多个用户的 PHICH 以码分的方式分配到资源块上，在常规 CP 情况下，一个 PHICH 群包含 8 个用户的 PHICH，处理流程如图 7-15 所示。HARQ 确认的消息只含有 1bit 的信息，对它进行重复编码 3 次，生成 3bit 的重复信息，数据调制采用最低阶的 BPSK 来保障数据的可靠性，用 4 位的正交序列进行扩频，组成一个 PHICH 群。同一群中的 PHICH 通过不同的正交序列来区分，最后以小区特有的方式进行加扰，生成 12 个 OFDM 符号映射到 3 个 REG 中，间隔为 1/3 带宽，当然在频域的资源分配也要避免相邻小区的干扰，第一个资源元素的位置和物理小区标识（PCI）有关。

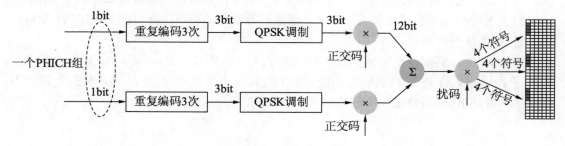

图 7-15　PHICH 处理流程

时域方面，一般情况下，PHICH 只分布在第一个 OFDM 符号中，因为系统对 PHICH 的可靠性要求更高，如果用户对 PCFICH 信息解码失败，允许用户可以试着解码 PHICH。

在实际系统中，具体的配置信息（如 PHICH 占用 1 个 OFDM 符号还是 3 个 OFDM 符号）在广播信道的 MIB 消息中传输。

在 FDD 中，根据 PBCH 可以获得 PHICH 的资源信息。但在 TD-LTE 中，要获得 PHICH 的准确位置及资源数，还需要获得上下行子帧的配置情况。在常规 CP 情况下，一个子帧中 PHICH 群的个数可以通过式（7-1）来计算，其中，$N_g \in \{1/6, 1/2, 1, 2\}$，$N_g$ 的具体配置信息在 PBCH 中传输。$m_i \in \{0、1、2\}$，取值与上下行子帧配置有关，如表 7-2 所示。N_{RB}^{DL} 是当前带宽下的资源块的个数，$\left\lceil N_g \left(N_{RB}^{DL} / 8 \right) \right\rceil$ 是对运算结果向上取整。

$$\text{PHICH群的个数} = m_i \times \left\lceil N_g \left(N_{RB}^{DL} / 8 \right) \right\rceil \tag{7-1}$$

表 7-2　m_i 和上下行配置的关系

上下行配置	子帧号									
	0	1	2	3	4	5	6	7	8	9
0	2	1	—	—	2	1	—	—	—	—
1	0	1	—	—	1	0	1	—	—	1
2	0	0	—	1	0	0	0	—	1	0
3	1	0	—	—	—	0	0	0	1	1
4	0	0	—	—	0	0	0	0	1	1
5	0	0	—	0	0	0	0	0	1	0
6	1	1	—	—	—	1	1	—	—	1

对于 FDD 而言，收到主系统消息（MIB）就可以计算出预留给 PHICH 的资源。对于 TDD 而言，用户仅仅收到 MIB 是不够的，还需要知道上下行配置和子帧号。通过小区搜索，用户可以知道当前子帧号，通过接收系统消息（SIB1），可以知道上下行配置。SIB1 在 PDSCH 中发送，要知道 PDSCH 的具体资源位置，需要先解码 PDCCH，但解码 PDCCH 时，用户必须先获得 PHICH 资源占用情况，而 PHICH 资源占用的计算又依赖于 SIB1 中指定的上下行配置，这样就形成了死锁。解决的方法是，用户根据可能的 PHICH 配置情况，对 PHICH 进行盲检。

如果 PHICH 群出现在子帧的首个 OFDM 符号中，那么首先可以为 PCFICH 分配 4 个 REG 资源，然后将 PHICH 组映射到没有被 PCFICH 占用的 REG 中，如果有多个 PHICH 群，则映射的 REG 数目是 3 的倍数。

7.5　物理下行控制信道

物理下行控制信道（PDCCH）传输的是与上下行数据相关的资源调度和功率控制等控制信息，用下行控制信息（Downlink Control Information，DCI）表示，这些控制信息一部分来自物理层，一部分来自 MAC 层。对于下行来说，用户只有正确解码 DCI，才能正确地接收和解码共享信道上传输的用户数据。PDCCH 以控制信道单元（CCE）为基本单位进行资源分配，频域分布在整个带宽，时域分布在每个子帧的控制区域所占的 OFDM 符号上。

7.5.1　下行控制信息

下行控制信息的正确传输是用户和基站协调有序工作的基本保障，DCI 中携带了调度资源的所有信息，只有正确解码了 DCI，用户才能获得自己需要的数据信息。例如，上网业务中，网络的数据信息在下行的共享信道上传输，但其具体的资源位置信息在 DCI 中传输，用户需要正确解码基站发给自己的 DCI，才能找到数据资源。DCI 主要包含的信息有：

- 下行调度的资源分配：包括用于数据传输的 PDSCH 的资源分配情况、数据传输格式、基站反馈的 HARQ 信息，和 MIMO 有关的控制消息，以及用户用来传输 HARQ 反馈的 PUCCH 功率控制命令等。
- 上行调度的资源分配：包括 PUSCH 资源分配、数据传输格式、HARQ 的信息和 PUSCH 的功率控制命令。

图 7-16 所示为上行和下行资源调度示意。在上行调度中，用户接收下行子帧的控制区域的 DCI 信息，获得基站对上行传输数据的资源分配位置，在上行子帧到来时，在基站分配的 PUSCH 资源上传输数据；下行调度的 DCI 是和数据一起传输的。DCI 位于控制区域每个子帧前面 1～3 个 OFDM 符号上，会被提前接收，用户接收 DCI 消息后，解码获得 PDSCH 中给自己发送的数据的资源位置和调制格式等信息，在对应的时频资源上接收和解码数据，然后进行 CRC 校验，根据数据检验的情况反馈 ACK/NACK 消息。

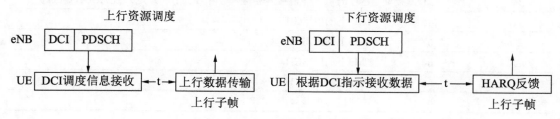

图 7-16　上行和下行资源调度和 DCI 信息的关系

在 LTE 中，根据消息的种类和大小设计有不同的 DCI 格式。表 7-3 所示为主要的 DCI 格式定义。下行调度的主要 DCI 格式有：

- 格式 1 是没有空分复用的传输方式，多天线可以选择的传输方式有 TM1、TM2 和 TM7，在频域上，资源分配方式是非连续的。
- 格式 1A 在资源分配上只支持频域连续的资源分配方式，可用于所有的多天线传输格式。
- 格式 1B 用来提高小区边缘用户的数据传输速率，天线传输模式是秩为 1 的基于预编码矩阵的 TM6，这种格式的信令开销比较低。
- 格式 1C 用于很多特殊的场景，如寻呼、随机接入和系统消息传输等，其传输的数据量较小，同时传输给多个用户，数据的调制方式仅支持 QPSK 调制，数据传输过程没有 HARQ 保障机制。
- 格式 1D 是多用户 MIMO 传输模式（TM5），其在传输数据的同时需要在调度信息中发送预编码信息，因为同时多个用户共享相同的资源，所以在数据传输中需要进行功率控制。
- 格式 2 是格式 1 的扩展，支持闭环的空分复用（TM4），在进行数据传输时需要传输层数和预编码信息。
- 格式 2A 支持开环的空分复用（TM3），在进行数据传输时只发送层的信息，不需发送要预编码信息。
- 格式 2B 是在 R9 中设置的，其中引入了 DMRS 支持双流的波束赋形（TM8）。由于 DMRS 在预编码之前就被添加在数据中，所以用户可以通过 DMRS 获得预编码信息，在进行数据传输时，不需要发送预编码信息。

表 7-3　DCI格式

DCI格式	bit	使 用 场 景
0	45	上行PUSCH调度
1	55	单天线/发射分集的下行PDSCH调度
1A	45	下行压缩格式PDSCH调度
1B	46	TM6下的PDSCH
1C	31	寻呼消息、随机接入相应和小型BCCH的发送以及MCCH更改通知
1D	46	TM5下的PDSCH
2	67	TM4下的PDSCH
2A	64	TM3下的PDSCH
2B	64	TM8下的PDSCH
3,3A	45	功率控制命令

和上行调度有关的 DCI 是格式 0。格式 0 的资源调度信息包括：上行资源分配情况、用户发送数据的调制方式、上行数据的编码速率、传输块的大小和上行数据传输时的功率

控制等。如果是两个传输块，即在上行支持多用户 MIMO 的情况下，基站还需要发送预编码信息。格式 0 中还携带着信道状态请求和信道探测请求，信道状态请求是触发非周期的信道状态信息（CSI）上报，基站要求用户在上行报告信道状态信息，信道探测请求是触发非周期的探测信号，用户在带宽内发送 SRS 参考信号，基站据此进行带宽内的上行信道状态探测。

DCI 格式 3,3A 是功率控制命令，它是对用户上行功率控制的补充，各用户通过无线网络标识（Radio Network Tempory Identity，RNTI）分辨对一组用户发送的功率控制命令。该命令主要实现半静态的功率控制，可以分别控制 PUCCH 和 PUSCH 的发射功率。

PDCCH 采用其中一种 DCI 格式来携带信息。例如，在一个小区中有多个用户，每个用户的调度信息在 PDCCH 中独立进行传输，一个用户在同一子帧内可以接收多个 DCI，每个 DCI 和一个无线网络标识（RNTI）对应，而每个用户的 RNTI 是唯一的，也就是说，用户在每一个子帧中只能看到发给自己的 DCI。

7.5.2　PDCCH 的处理流程

PDCCH 的处理流程如图 7-17 所示，DCI 非常重要，需要 HARQ 机制保障其运行。每个 DCI 中都添加了 CRC 码，RNTI 被包含在 CRC 计算中并隐式传输，不同用户的 DCI 识别依靠 RNTI，根据 DCI 中调度的消息类型，对应有不同的 RNTI。例如，SI-RNTI 是发送给用户的系统调度信息，P-RNTI 是用户的寻呼消息调度信息，RA-RNTI 是用户发送随机接入前导所使用的资源调度，C-RNTI 是用户自己业务数据的调度。

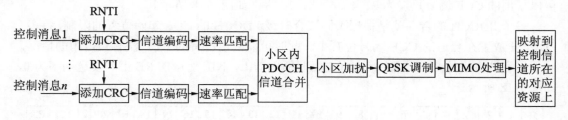

图 7-17　PDCCH 的处理流程

由于控制信道也需要保障高可靠性，在调制时，采用较低阶的 QPSK 调制方式。信道编码采用咬尾卷积编码。各种控制消息经过 CRC 校验、信道编码、速率匹配、小区内的 PDCCH 合并、小区加扰、QPSK 调制和 MIMO 处理，在接收端，用户用期待接收消息对应的 RNTI 和 CRC 进行检测，如果检验通过，说明 DCI 消息接收正确，从而解码 DCI，每个用户在每一个子帧中只能解码一个 DCI。

7.5.3 小区内的 PDCCH 合并

一个 DCI 对应一个 PDCCH，PDCCH 到资源的映射有个特定的逻辑结构。这种结构就是 CCE，每个 CCE 对应 9 个 REG（1 REG=4 RE），含有 36 个 RE。PDCCH 由一个或几个连续的 CCE 组成，具体格式如表 7-4 所示。PDCCH 占用 CCE 的数量也叫聚合等级，聚合等级有 4 种值，分别是 1、2、4、8，表示一个 PDCCH 使用 1、2、4 或 8 个 CCE。

当进行 PDCCH 传输的时候，实际使用的 CCE 数量会随着可用资源和信道质量自适应地发生变化，PDCCH 所占用的 CCE 数目取决于用户所处的下行信道环境，对于下行信道环境好的用户，基站只需给 PDCCH 分配 1 个 CCE，对于下行信道环境较差的用户，基站需要为其分配较多的 CCE。

表 7-4 LTE中支持的 4 种不同类型的PDCCH

PDCCH格式	CCE个数	REG个数	子载波个数	PDCCH比特数目
0	1	9	36	72
1	2	18	72	144
2	4	36	144	288
3	8	72	288	576

为了简化用户在解码 PDCCH 时的复杂度，LTE 中还规定 CCE 数目为 N（$N=1$，2，4，8）的 PDCCH，其起始位置的 CCE 号必须是 N 的整数倍。例如，聚合等级为 2 的 PDCCH，可以使用的 CCE 编号只能为 2、4、6、8、10 等，如图 7-18 所示。

多个 PDCCH 的合并就是根据不同聚合等级 PDCCH 的 CCE 起始位置的限制，将多个 PDCCH 放置在合适的 CCE 编号位置上。此时可能会出现有的 CCE 没有被占用的情况，对于没有被占用的 CCE，R8 标准规定需要插入 NIL，NIL 对应的 RE 上的发送功率为 0，如图 7-18 所示。

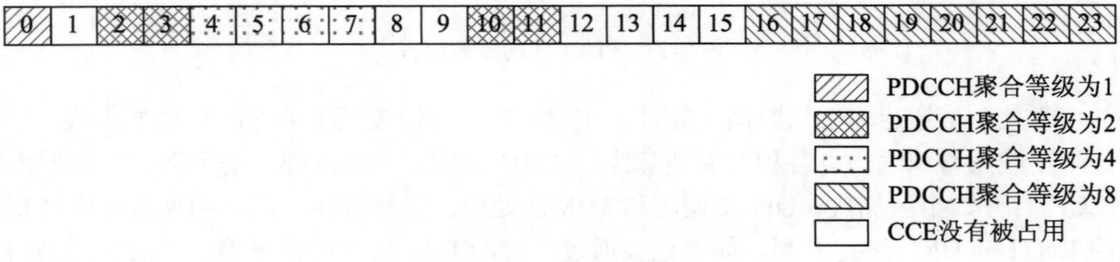

图 7-18 不同聚合等级的 PDCCH 合并

7.5.4　控制区域的资源分配规则

在下行子帧中，控制区域由 PCFICH + PHICH + PDCCH + CRS（Cell Reference Symbols）组成。资源映射顺序为：首先，根据物理小区 ID（PCI），计算小区专用参考信号（CRS）资源起始位置，根据天线端口和 CRS 的分配原则映射到对应的 RE 上；其次，按照 PCFICH 和 PHICH 的资源分配规则，在控制区域的资源上进行映射，起始位置与小区的 PCI 有关；最后，将控制区剩下的 RE 重新格式化并划分为 CCE 资源单元，由 PDCCH 的聚合等级进行信道合并映射。

PDCCH 可用的 CCE 的资源数量取决于控制区域的大小、小区带宽、下行天线端口数及 PHICH 所用的资源。可用的 CCE 资源数量决定了基站可以同时进行调度的用户数目。每个 PDCCH 所需的 CCE 的数量是不同的，终端只有正确解码 DCI 信息后才能处理 PDSCH 或 PUSCH 数据。

7.6　物理上行控制信道

物理上行控制信道用来传输上行控制信息，包括：上报下行信道状态信息（Channel State Information，CSI）、用户对接收的下行数据 HARQ 反馈（ACK/NACK）和用户请求上行数据传输的资源申请（Scheduling Request，SR）等，这些控制信息可以和上行数据同时传输，也可以单独传输。控制信息的信道编码方式是分组编码，调制方式是 QPSK 调制。

在上行控制信息中没有上行共享信道数据传输的资源调度，调度的工作是由基站来完成的。用户接收的基站下行控制信息中包含上行数据传输资源调度，用户只能在基站给定的资源上进行数据传输，并且进行数据传输时，采用哪种调制方式和什么编码速率，都由基站决定，因此基站预先知道上行共享信道使用的传输格式。上行控制信息在上行子帧中传输，即使用户没有上行的数据发送，也要传输控制信息。

在传输控制信息时，基站可能会给用户分配上行的共享资源，也可能没有分配。如果没有给用户分配共享资源，则在 PUCCH 上传输控制信息，如果已经给用户分配了上行的共享资源，则控制信息可以和上行数据以时分复用的方式在 PUSCH 上传输，这种情况下，数据传输之前，用户不需要发送调度请求。

7.6.1　PUCCH 的时频位置

如果用户没有分配上行的资源，那么上行的控制信息在分配的 PUCCH 上进行传输，多个终端可以通过复用的方式共享相同的 PUCCH 资源。PUCCH 在一个上行子帧内占 2

个时隙，每个时隙在频域上占 12 个子载波，即 1 个 PRB。PUCCH 在两个时隙中以跳频的方式映射在小区带宽的两端，以提高频率增益，如图 7-19 所示。如果用户量非常大，需要传输的控制信息非常多，则可以使用紧挨着的下一个资源块。

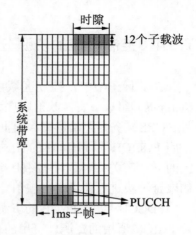

图 7-19　PUCCH 的时频分布

7.6.2　上行控制信息

基站需要时刻了解信道的质量情况，LTE 通过下行的小区专用参考信号（CRS）进行信道估计，这个工作在用户端完成，由 UCI 携带信道状态信息（CSI）并发送给基站。除了 CSI，UCI 还发送下行数据的 HARQ 反馈（ACK/NACK）信息和上行调度请求（SR），ACK/NACK 是对下行传输数据是否正常接收的反馈，如果 CRC 校验正确，用户反馈 ACK，反之则反馈 NACK。

1.　上行资源调度请求

当用户需要发送数据，却没有可用资源时会发送上行资源调度请求（Scheduling Request，SR）。用户只能在 PUCCH 上发送 SR，SR 属于无竞争的资源申请，基站会为每个用户分配一个专用的物理资源用于发送 SR。由于用于发送 SR 的资源是用户专用且由基站分配的，因此 SR 资源与用户一一对应，也就是说，用户在发送 SR 信息时，并不需要指定自己的 ID（C-RNTI），基站通过 SR 资源的位置，就知道是哪个用户请求上行资源。

有时基站没有给用户配置发送 SR 的资源（这取决于不同厂商的实现），此时用户只能通过随机接入过程发起上行资源的调度请求，这种情况属于竞争的资源申请。

当用户上行同步失败时，也会释放 SR 资源，如果此时用户有上行数据要发送，则需要触发随机接入过程。

2.　反馈当前用户的信道状态信息

CSI（Channel State Information）是用户上报给基站的信道状态信息，包括信道质量指示（Channel Quality Indicator，CQI）、预编码矩阵指示（Precoding Matrix Indicator，PMI）和信道秩指示（Rank Indicator，RI），用户使用 CQI 来告知基站的 MAC 层调度器下行信道质量信息情况，MAC 调度器据此选择较好的信道资源分配给用户，如果需要使用 MIMO 传输，CQI 会包含所需的 MIMO 相关的反馈。

CQI 可以看作对信噪比（SINR）的一种测量，但又不仅仅是 SINR。CQI 的测量需要将 SINR 及用户的接收能力考虑在内，对于采用了先进信号处理算法（如干扰消除技术）的用户而言，可以上报一个更高的信道质量信息给基站，基站在调度时可以分配较高的数据速率。

7.6.3　PUCCH 的格式

如果用户没有分配上行共享信道资源，控制信息只能在物理上行控制信道（PUCCH）上进行传输，如果单个用户占用一个资源块进行控制信息传输，则会造成资源浪费，一般是多个用户共享相同的控制信道。PUCCH 有 3 种格式，如表 7-5 所示。

表 7-5　PUCCH的格式

PUCCH格式	承 载 信 息	内　　容
1	SR	UE是否有调度请求
1a	ACK/NACK	1个HARQ确认
1b	ACK/NACK	2个HARQ确认
2	CQI	PMI+RI+CQI
2a	CQI+ACK/NACK（1bit）	混合传输CQI及HARQ确认
2b	CQI+ACK/NACK（2bit）	
3	ACK/NACK	多个HARQ确认（载波聚合）

1．PUCCH格式1/1a/1b

PUCCH 格式 1 携带 0bit 信息，用来传输用户的上行资源调度请求（SR），PUCCH 格式 1a/1b 携带 1/2bit 信息，反馈下行数据 PDSCH 的 HARQ 确认，即对应的 ACK/NACK 消息。在常规 CP 情况下，统一的格式如图 7-20 所示，这是一个时隙的资源组成，频域对应的是 12 个子载波，时域是 7 个 OFDM 符号。

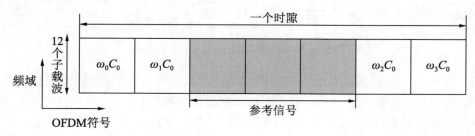

图 7-20　常规 CP 下 PUCCH 格式 1/1a/1b 在一个时隙内的结构示意

资源中间的 3 个 OFDM 符号是 PUCCH 解调用的参考信号（DMRS），基站通过 DMRS 对每个用户进行信道估计，剩下的符号主要用于 SR 或 ACK/NACK 的传输。由于 SR 和 HARQ 反馈信息的重要性及其承载的信息有较少的比特，所以需要较多的符号传输以保障信道估计的准确性。

PUCCH 的每个小区内使用的基本序列是与小区 PCI 有关的 ZC 序列，用户实际使用的 ZC 序列都是通过基本序列进行循环移位产生的，同一个根序列的不同循环移位序列之间正交。序列的长度为 12，序列承载的 PUCCH 信息映射在每个 OFDM 符号的 12 个子载波上，再经过时域扩展生成对应的 4 个 OFDM 符号上的数据。

PUCCH 的每个用户在同一个时隙中的 4 个 OFDM 符号是由同一个正交码扩展而成的，如图 7-20 所示，$[\omega_0, \omega_1, \omega_2, \omega_3]$ 是时域的正交码，如果用户的频域序列为 C_0，那么，对应的 4 个 OFDM 符号上的数据分别是 $\omega_0 C_0$、$\omega_1 C_0$、$\omega_2 C_0$ 和 $\omega_3 C_0$，映射在时隙两端的 OFDM 符号上。参考信号的生成和 PUCCH 部分类似，只不过参考信号的时域扩展正交码的长度为 3。

PUCCH 格式 1 发送的是 SR，每个用户的 SR 都是周期性的，由基站分配，并且每个用户的周期可以不同。基站在为用户分配一个 SR 周期时会为用户分配 PUCCH 格式 1 资源，包括：在哪个具体的物理资源块上传输数据，选用哪个 C 序列和 ω 序列。如果用户有上行调度的要求，则会在配置的时刻发送 C 序列和 ω 序列信息，如果用户没有上行数据传输的需求，在 SR 时刻什么也不需要发送。

基站会在用户的 SR 时刻不断检测用户的 PUCCH 格式 1，如果检测到有信号发送，那么基站会为用户分配 PUSCH 资源。为了节约资源，基站开始分配的资源很少，因为基站只知道用户要发送数据，不知道用户需要发送多少数据。用户获得 PUSCH 资源后，可以通过 PUSCH 传输更加详细的资源需求。

PUCCH 格式 1a/1b 用于反馈 ACK/NACK 信息，在时隙中的结构和格式 1 相同，具体的处理过程如图 7-21 所示。格式 1a 携带的是 1bit 的信息，格式 1b 携带的是 2bit 的信息，分别经过 BPSK 或 QPSK 调制，生成一个复数的调制符号。经过 ZC 序列的调制，产生长度为 12 的复数序列，对应频域的 12 个子载波，用长度为 4 的正交码对复数序列进行时域扩展，得到 48 个复数，映射到对应的 4 个 OFDM 符号的时频资源上。

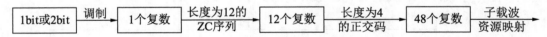

图 7-21　PUCCH 格式 1a/1b 的处理过程

同一个 PRB 上可以承载多个用户的 PUCCH，为了在同一个时频资源上进行用户区分，需要保证各个用户之间的正交性，多个用户同时传输控制信息时，不同用户之间，要么对根序列使用不同的循环移位获得不同的 ZC 序列，要么时域 ω 序列不同且正交。

2. PUCCH格式2/2a/2b

PUCCH 格式 2/2a/2b 携带最多 11bit 控制信息，用于上报信道状态信息，其一般在小区上行频带的边缘传输。PUCCH 格式 2/2a/2b 上报的信道状态信息包括 CQI、PMI 和 RI，适用于周期的 CSI 上报，根据天线的工作模式确定具体上报哪些信息。

PUCCH 格式 2/2a/2b 中只用到频域序列 C，没有用到时域扩展序列，时域上每个 OFDM 符号承载不同的数据，每个时隙有两个参考信号。在常规 CP 下，参考信号的位置如图 7-22 所示，每个时隙可以传输 5 个 OFDM 符号，两个时隙是 10 个 OFDM 符号，控制信息的调制方式是 QPSK 调制，PUCCH 经过信道编码可以生成 20 bit 的数据。在多用户复用场景中，使用不同的循环移位可以获得不同的 ZC 序列，方便进行用户区分。

　　用户的 PUCCH 格式 2/2a/2b 的资源分配和 CSI 的反馈方式有关，其周期由基站配置。如果是非周期的 CSI 上报，则 CSI 上报时刻根据触发非周期 CSI 上报的时序而定，CSI 仅在 PUSCH 中进行传输。

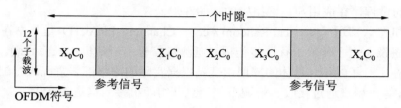

图 7-22　常规 CP 下 PUCCH 格式 2/2a/2b 在一个时隙内的结构示意

3. PUCCH格式3

PUCCH 格式 3 是在 3GPP R10 标准中引入的，用于下行的载波聚合。在多个成员载波上同时传输数据时，需要反馈多个 HARQ 的确认信息，PUCCH 格式 3 可以支持最多 22bit 的控制信息，用于传输多个 HARQ 的确认，这里不再深入介绍。

7.6.4　控制信息传输

1. PUCCH上的控制信息传输

　　一般情况下，PUCCH 格式 2/2a/2b 上报 CSI 信息，在小区上行频带的边缘传输，相邻的频域位置是 PUCCH 格式 1/1a/1b（传输 HARQ 反馈，SR），PUCCH 格式 3 的位置是可以配置的，如图 7-23 所示。

2. PUSCH上的控制信息传输

　　如果用户在 PUSCH 上传输控制信息，说明基站已经给用户分配了可用的 PUSCH 资源，控制信息和数据以时分复用的形式在 PUSCH 上进行传输，只在 PUSCH 上传输 ARQ 确认和 CSI 上报，因为此时用户已经被调度，不用发送调度请求。PUSCH 上的 CSI 上报基本是非周期的。

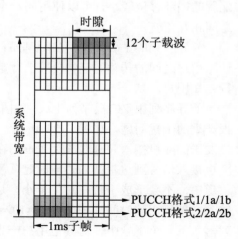

图 7-23　PUCCH 资源块分配

7.7　物理随机接入信道

随机接入的过程是获得上行同步和获得系统为用户分配的唯一无线网络标识（C-RNTI）的过程，完成用户在网络中的初始注册。

物理随机接入信道（Physical Random Access Channel，PRACH）是基站在上行子帧中预留的公共资源，用于传输上行同步传播时延测量信号——随机接入前导码。PRACH 周期性地出现在上行子帧中，具体的周期由基站根据实际的网络部署情况进行配置，可以是10ms 或 5ms 等，用户通过接收、解调系统消息获得随机接入信道的配置。

1．随机接入前导序列

随机接入前导序列是 ZC 根序列通过循环移位生成的序列，3GPP 规定每个小区有 64个可用的随机接入前导序列，用户会选择其中一个（或由基站指定）在 PRACH 上传输，一个随机接入前导序列可以根据根序列和循环移位唯一地确定。

经过循环移位的 ZC 根序列有幅度恒定、较高的自相关性和较低的互相关性等特点。例如：序列的幅度恒定，保证了功放的性能和上行的低峰均比属性；序列有良好的自相关性，可以精确估计时延；相同的 ZC 根序列生成的不同循环移位序列之间的互相关为 0，多个随机接入序列之间不会形成干扰。

循环移位的大小由基站配置，在系统消息中传给用户，不同的前导序列可能由同一个根序列循环移位生成，也可能由不同的根序列循环移位而来。覆盖半径大的小区配置较大的循环移位，为了生成 64 个前导序列，会用到多个 ZC 根序列。覆盖半径小的小区因为配置的循环移位较小，可以使用同一个根序列生成前导序列，经过循环移位的各前导序列之间相互正交。

前导序列的主要作用是告诉基站：用户有一个随机接入请求，基站可以根据该请求估计与用户之间的传输时延，校准上行定时，保证上行数据对齐并将校准信息通过定时提前量告知用户。

前导序列由 ZC 根序列生成，如果仅仅依靠 ZC 根序列构成随机接入序列，则会引起很严重的干扰问题，如图 7-24 所示。假设系统预留的随机接入信道时域时长为 1ms，用户发送的随机接入序列时长为 1ms，在覆盖半径为 10km 的小区，离基站近的用户发送的随机接入信号到达基站的传输时延几乎为 0，此时的前导序列会落在系统预留的随机接入信道中，不会形成干扰；对位于小区边缘的用户，假设距离基站 10km，随机接入序列传输到基站所用的时间为 $10\text{km}/3.0\times10^8=33.3\mu\text{s}$，这个传播时延会导致有一部分的随机接入序列落入下一个子帧中，对其他用户产生干扰。因此，在序列的前面添加循环前缀（CP），在序列后面增加保护间隔，可以降低干扰，如图 7-25 所示，前导序列由 CP、ZC 根序列和保护间隔构成。

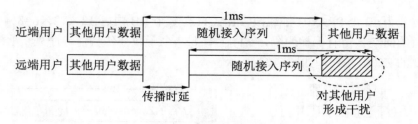

图 7-24　由随机接入序列的传输时延造成的用户干扰

为了避免干扰，基站可以根据小区的覆盖半径，
计算边缘用户数据正常落在随机接入信道的最大序
列时长，上例中的序列时长为：1ms-33.3μs=966.7μs。

图 7-25　前导序列的组成

为了减少干扰，随机接入前导序列的时长由小区的覆盖半径决定，一般由 CP 和 ZC 根序
列构成一个随机接入的序列。根据不同的小区半径，可以配置不同时长的随机接入序列。

LTE 系统定义了 4 种格式的 PRACH 长度，如图 7-26 所示，分别为：格式 0，时长为
1ms；格式 1，时长为 2ms；格式 2，时长为 2ms；格式 3，时长为 3ms。

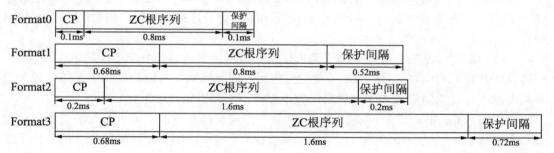

图 7-26　随机接入的前导序列格式

从 PRACH 格式 0 到格式 3，对应支持的序列时长（CP+ZC 根序列）大约为 0.9ms、
1.48ms、1.8ms 和 2.28ms。在保护间隔内没有数据传输，只是提供保护时间间隔，LTE 可
以支持的最大覆盖半径为 100km，其中，CP 越大，对时延的容忍度就越大，小区就可以
支持更大的覆盖范围。

小区中的随机接入前导序列的配置信息是通过系统消息告知用户的，格式 0 是典型的
随机接入配置，支持的小区半径为 15km。

2．随机接入信道的资源

在频域，PRACH 占用了相当于 6 个 PRB 大小的带宽（1.08MHz），LTE 的最小系统
带宽是 1.4MHz。PRACH 在频域保证系统工作在最小带宽时也有匹配的随机接入信道，无
论工作在哪种系统带宽下，都可以使用相同的随机接入前导序列。PRACH 的子载波间隔
与上行其他 SC-FDMA 符号不同，PRACH 的子载波间隔是 1.25kHz，系统的 15kHz 的子

载波间隔被分为 12 个 PRACH 子载波，PRACH 在 6 个 RB 内有 12×12×6=864 个子载波，一般在信道的两端预留有保护间隔，实际上有 839 个子载波传输前导序列，承载的是序列时长为 839 的 ZC 根序列，如图 7-27 所示。

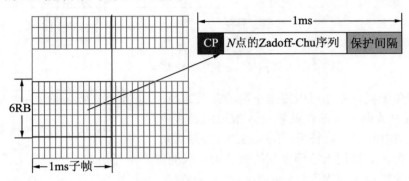

图 7-27　随机接入信道示意

在时域，随机接入前导序列的长度由系统的随机接入序列配置决定，基本的序列是 1ms，根据小区的覆盖半径可以设置为 2ms 或 3ms 的更长序列，持续子帧的个数由 PRACH 格式确定。

一般情况下，基站会分配专用于随机接入的信道资源，具体分配多少随机接入信道，在协议中并没有明确规定，基站要尽量避免将用户的普通数据传输调度到用于随机接入的时频资源上，要求随机接入序列和用户数据保持正交，以免产生干扰。

在 FDD 系统中，每个子帧最多可以配置一个随机接入资源，随机接入的资源应尽量分布在时域上，以减少用户的等待时间。在 TDD 系统中，因为无线帧所包含的上行子帧数目较少，所以可以在单个上行子帧中配置多个随机接入资源，如果有多个用户发起随机接入，则可以在频域进行复用。一般情况下，TDD 的一个无线帧可以配置的最多随机接入信道资源数是 6 个。

3.　随机接入前导序列的检测

基站在接收含有 PRACH 的上行子帧时，一方面，由于其上的子载波间隔不同于其他信道，另一方面，PRACH 在时间上和其他信道也不同步，所以一般情况下需要对 PRACH 单独处理。

基站检测前导序列的方法是信号相关法，基站经过 FFT 提取 PRACH 所对应的资源数据。首先在子帧上采样，采样数据进行 FFT 以后变换到频域，其输出的是接收信号的频域数据，然后将频域信号和 ZC 根序列进行相关运算，相关结果通过 IFFT 变换到时域。如果存在相关值大于某个检测门限，则认为有用户发送随机接入信号，用户发起随机接入时所用的 ZC 根序列以相关峰值所处的采样时刻进行循环移位，即某个时间 i 处出现峰值，表示用户使用的是位移为 i 的循环移位序列。在这种情况下，系统传输时延为 0，如图 7-28

所示。

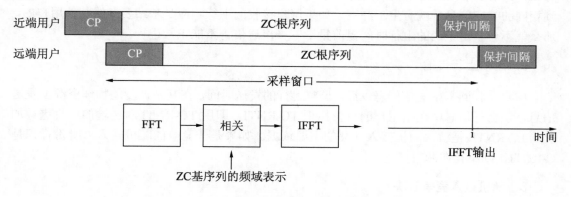

图 7-28 随机接入前导序列的频域检测方法示意图

如果相关值都没有超出检测门限，则在子帧上时延一个采样点，继续采样，继续和 ZC 根序列相关。如果时延到第 N 个采样点时出现一个相关值大于检测门限，则表明有用户发起随机接入，用户所用的 ZC 根序列为相关值最大的时刻对应的循环时延序列，此时，系统的传输时延为 $N \times$ 采样周期。用同样的方法继续时延采样和随机接入序列检测，直到检测出所有的随机接入信道。

如果整个过程中都没有超过检测门限的相关值，则认为当前没有用户发起随机接入。前导序列检测的具体实现由基站完成。随机接入的过程由基站响应、用户上行传输和随机接入竞争解决这几个步骤完成。

4．基站响应随机接入

如果基站检测到随机接入消息，获得用户的随机接入前导序列，就获得了前导序列的索引号。基站通过时域的峰值计算用户到基站的传输时延。

基站响应随机接入是在共享信道中下发一个信息给用户，在信息中会加入一个扰码 RA-RNTI（用于随机接入响应）的网络标识，用户在发起随机接入请求以后，在响应的时间窗口中监听基站的控制信道，如果检测到 RA-RNTI，就接收基站的随机接入响应信息。

基站发送的响应信息中包括随机接入前导序列的索引号、传输时延、调度和一个临时的无线网络标识（TC-RNTI）。如果用户发起随机接入使用的序列索引号和基站反馈的索引号相同，则说明该响应是针对这个随机接入有效的，调度指示的是用户再次发送信息时使用的物理资源，传输时延是告诉用户的上行提前时间，TC-RNTI 是用户和基站进一步通信时的临时身份标识。

如果用户在监听窗口中没有检测到随机接入响应，则意味着随机接入失败，需要重新发起随机接入请求。如果多个用户在发起随机接入时使用不同的前导序列，那么在相同的资源上传输也不会发生冲突，基站可以根据前导序列区分用户。但是可选的前导序列数量有限，如果多个用户使用相同的前导序列，在相同的资源上传输，那么多个用户会同时收到相同的响应信息，就产生了冲突。如果用户接收的下行响应是基站要发给其他用户的，那么就不会获得正确的上行时间提前量，下一步通信将不能正常进行。

5．用户上行传输

用户在收到基站响应信息以后，调整上行的发送时间，在基站调度的物理资源上发送信息，该上行信息中包括用户的身份标识 TC-RNTI，即用 TC-RNTI 对传输的信息进行加扰。TC-RNTI 是解决随机接入冲突的主要依据。如果是非竞争的随机接入，身份标识是 C-RNTI，则不存在冲突问题。

6．随机接入竞争解决

基站收到用户的上行信息以后，给随机接入用户下发含有身份标识的信息，如果是非竞争的随机接入，那么只要在下行的控制信道中检测到 C-RNTI 就可以随机接入成功。对于竞争的随机接入，基站下发的信息中会包括 TC-RNTI 标识，如果用户在下行控制信道中检测到自己的身份标识 TC-RNTI，并且和基站响应随机接入发给自己的标识相同，则随机接入成功，此时的 TC-RNTI 升级为 C-RNTI。如果用户没有检测到 TC-RNTI 或者检测到的 TC-RNTI 和基站发给自己的不一致，则随机接入失败，需要重新发起随机接入过程。

7.8　下行物理信号

在 LTE 中，下行的物理信号有两大类，一类是参考信号（Reference Signal，RS），另一类是同步信号（Synchronization signal，SS）。参考信号是预先定义的符号序列，在时频栅格中占特定的资源元素，主要有小区专用参考信号（Cell Reference Signal，CRS）、解调参考信号（DMRS）、用于终端获取 CSI 的 CSI-RS 和定位参考信号等。同步信号由主同步信号和辅同步信号共同组成，在小区搜索中共同实现下行同步。

7.8.1　参考信号

1．CRS

CRS 是 LTE 中最基本的下行参考信号，LTE 中设计 CRS 的目的不是传输用户数据，而是让用户对接收的 CRS 进行解调。CRS 是用户已知的伪随机序列，据此实现下行信道的估计，最终实现传输数据解调。CRS 在不同的时频栅格的分布形式还代表不同的空间资源，即天线端口。用户可以通过对 CRS 的测量，实现小区选择和切换等移动性管理过程。

CRS 和同一个用户的数据传输以频域复用的方式传输。

　　CRS 生成基于伪随机序列的定义如式（7-2）所示。实际上是长度为 220 的序列，这个序列也可以叫作 r 序列，r 序列的实部和虚部分别由 2 个 c 序列构成，由式（7-3）到式（7-5）可以看到：c 序列为 gold 序列，由 m 序列 x_1 和 x_2 组成，由于 mod 2 的存在，每个 c、x_1 和 x_2 序列的值均对应 0 或 1。

$$r_{l,n_s}(m) = \frac{1}{\sqrt{2}}[1 - 2 \cdot c(2m)] + j\frac{1}{\sqrt{2}}[1 - 2 \cdot c(2m+1)], m = 0,1,2\ldots,2N_{RB}^{\max,DL} - 1 \quad (7\text{-}2)$$

$$c(m) = [x_1(m + N_c) + x_2(m + N_c)]\bmod 2 \quad\quad (7\text{-}3)$$

$$x_1(m + 31) = [x_1(m + 3) + x_1(m)]\bmod 2 \quad\quad (7\text{-}4)$$

$$x_2(m + 31) = [x_2(m + 3) + x_2(m+2) + x_2(m+1) + x_2(m)]\bmod 2 \quad\quad (7\text{-}5)$$

其中，n_s 是时隙号，l 是时隙中 OFDM 符号的序号，N_c=1600，x_1 序列的初始化满足 $x_1(0) = 1, x_1(n) = 0, n = 1,2\cdots,30$，$x_2$ 序列需要根据 $C_{init} = \sum_{i=0}^{30} x_2(i)2^i$ 进行初始化，在每个符号的起始位置使用 $C_{init} = 2^{10}(7(n_s + 1) + l + 1)(2N_{ID}^{cell} + 1) + 22N_{ID}^{cell} + N_{CP}$ 进行初始化，N_{ID}^{cell} 是小区的物理 ID，当为常规 CP 时 N_{CP}=1，当为扩展 CP 时 N_{CP}=0。

　　在 LTE 中，每个 OFDM 符号在整个频域带宽内都分布一个参考信号序列，即 r 序列的长度为 220，按照 CRS 信号的映射原则，在每一个 OFDM 符号内，每 12 个子载波，CRS 只映射到 2 个子载波上，如图 7-29 所示。

　　例如，系统带宽为 5MHz，那么实际上的资源数为 25RB，在每个 OFDM 符号内，参考信号在频域只能映射在 50 个子载波上，也就是有效传输的参考信号长度是 50，在接收端，在每个 OFDM 符号内用户只需对前 50 个点进行解调，进而实现信道估计和信道测量。

　　一个小区可以有 1 个、2 个或 4 个 CRS，分别定义为天线端口 1、2 或 4，对应逻辑天线端口 0～3。每个天线端口有相同的时频资源，不同的天线端口 CRS 占用的 RE 资源不同，为了避免各天线端口的干扰，如果一些 RE 资源位置被某个天线端口的 CRS 占用，在其他天线端口的时频资源中，这些位置上的 RE 必须留空。

　　CRS 主要用于小区搜索，信道估计、邻区测量（切换）和非波束赋形模式下的数据解调。CRS 离散地分布在时域或频域上，它只是对信道的时域和频域特性进行抽样，CRS 分布越密，信道估计越精确，但系统资源开销也会增大。在 LTE 系统中可以根据优化的方案进行 CRS 分布设计，常规 CP 场景下，CRS 的分布特性如图 7-30 所示。

　　在时域上，CRS 信号分布在每个时隙中的第 1 个 OFDM 符号和倒数第 3 个 OFDM 符号上。在频域上，相同符号的 CRS 之间有 6 个子载波的间隔，在时隙中，倒数第 3 个 OFDM 符号的参考信号与第 1 个 OFDM 符号的参考信号在频域上有 3 个子载波的间隔。每个资源块有 8 个 RE 携带参考信号。各 RE 承载的参考信号在不同 RE 上的值也不同，不同小区的参考信号也是不同的，CRS 可以看作小区特定的二维序列，序列的周期是 10ms。

　　LTE 定义了 504 个不同的参考符号序列，对应 504 个不同物理小区 ID（PCI），在小区搜索的过程中，用户通过检测 PCI 可以推测出小区使用的参考信号序列。

CRS 有 6 种频偏，范围是 0～5，小区所用频偏由该小区的 PCI 决定。每个频移对应 84 个小区标识，6 种不同的频偏涵盖 504 个小区标识，相邻的小区使用不同的频偏，可以减少相邻小区的符号干扰。

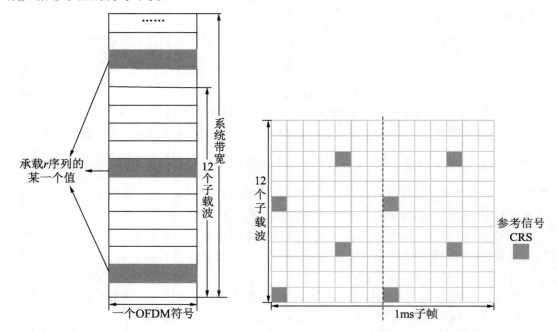

图 7-29　r 序列在一个 OFDM 符号中的映射　　图 7-30　频偏为 0 的单个天线端口的参考信号结构

在常规 CP 情况下，CRS 信号和天线端口的关系是：在相同的 OFDM 符号内，相同的天线端口其参考信号间隔 6 个子载波；在相同 OFDM 符号内，不同天线端口其参考信号间隔 2 个子载波。天线端口 0 和 1 在每个时隙的第 1 个 OFDM 符号和倒数第 3 个 OFDM 符号上，天线端口 2 和 3 在每个时隙的第 2 个 OFDM 符号上。图 7-31 所示为常规 CP 场景下，频偏为 0 时 4 个天线端口的 CRS 信号分布情况。

天线端口数不同，会影响小区特定参考信号的位置，因此用户需要明确地知道当前 LTE 系统的天线端口数。基站在传输主系统信息块（MIB）的时候，会根据当前天线端口数来选择不同的 CRC 掩码，因此，用户可以通过解码 PBCH，获取当前小区特定参考信号对应的天线端口数目。

另外，从图 7-31 中可以看出在 4 个天线端口情况下 CRS 占用的资源，4 个天线端口的 CRS 资源占用量明显比单天线端口或 2 个天线端口增加了，如果天线端口数再增大，那么 CRS 占用的资源会显著上升，并且 CRS 是在整个工作带宽上发送的，占用固定的资源，这样就会造成巨大的资源浪费，因此在 5G 中不再继续使用 CRS。

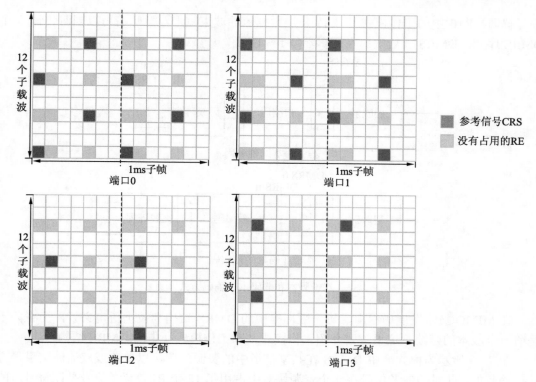

图 7-31   4 个天线端口的 CRS 信号示意

2. DMRS

CRS 是对同一小区的所有用户发送的，属于公共参考信号，而 DMRS 则相当于用户定制的参考信号。DMRS 的生成也基于伪随机序列，是对特定的用户进行信道估计，在只在分配给用户的资源上进行传输，在预编码之前就已加入数据中，和传输数据经历了相同的预编码和信道衰减，因此可以用 DMRS 对特定的用户进行信道估计。在添加 DMRS 的空分复用中，用户不需要知道发送端的预编码码本信息，通过信道估计即可解调数据。

如图 7-32 所示，CRS 和 DMRS 的发送情况不同。CRS 是根据发射端的天线端口数目决定占用的物理资源，在预编码之后添加对应的 CRS，接收端需要知道发送端的预编码矩阵才能解调数据，这就是基于码本的预编码方式。

DMRS 是在预编码之前添加的，DMRS 和发送的数据共同经过预编码过程，因此在接收端不需要知道发射端采用的预编码矩阵，这是非码本的预编码，在数据传输中可以采用任何预编码矩阵。在实际通信系统中，可以通过上下行信道的互易性来选择预编码矩阵，也可以通过信道质量信息反馈获得预编码矩阵。

DMRS 首次使用是在 MIMO 工作模式 7 中对单流波束赋形用户的下行数据进行解调。MIMO 的工作模式 8 是双流的波束赋形，其每层都有一个 DMRS，分别对每层的用户数据进行解调，R10 中的工作模式 9 支持 8 层数据流的波束赋形，意味着可以同时传输 8 个 DMRS 序列，DMRS 一般映射在逻辑端口 5～14 上。

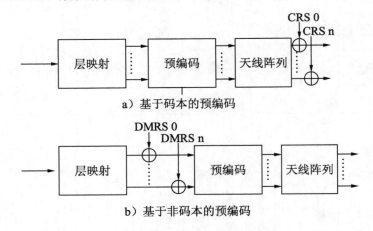

a）基于码本的预编码

b）基于非码本的预编码

图 7-32　基于码本和非码本预编码方式示意

在 MIMO 技术发展历程中，每一版标准中的 DMRS 结构都被重新定义了，而且并不是前一个版本的延续，这里主要介绍工作模式 8 和工作模式 9 中的 DMRS 结构。

图 7-33 所示为模式 8 中 DMRS 在共享信道中的资源位置，以单流或双流波束赋形方式传输数据，此时的参考信号在一个资源块对中占用了 12 个 RE，参考信号是以符号对的形式出现，如果传输两个参考信号，则两个参考信号之间通过正交码来区分，如 DMRS 0 用正交码[1 1]，DMRS 1 用正交码[1 -1]。

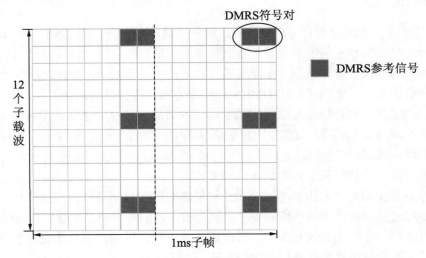

图 7-33　单流或双流波束赋形方式的 DMRS 资源位置示意

图 7-34 为 3GPP R10 中的 DMRS 结构，是以 8 层的波束赋形方式进行数据传输的，

支持 8 个参考信号。在一个资源块对中，DMRS 映射到 24 个资源元素位置，可以实现 4 个参考信号的频域复用。例如，序号为 0、1、4、6 的 DMRS 参考信号在频域占用相同的子载波资源，如何区分这 4 个参考信号呢？相同位置的参考信号之间是通过正交码进行区分的。在 3GPP R10 中，DMRS 的时域正交码跨越了 4 个参考信号，占用两个 DMRS 符号对，如 DMRS 0 和 DMRS 2 的正交码是[1 1 1 1]，DMRS 1 和 DMRS 3 的正交码是[1 -1 1 -1]。

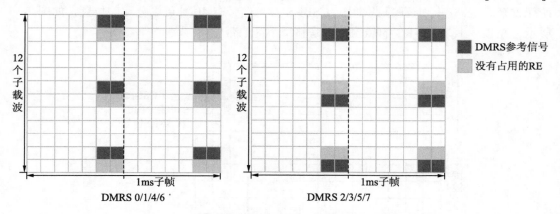

图 7-34　一个资源块中 8 层波束赋形的 DMRS 资源映射示意

基站以波束赋形的形式传输数据时，用户端需要理解 DMRS 资源所在的位置，而调度信息中有传输的层数，用户由此可以知道 DMRS 的结构以及对应的资源映射位置。

在 3GPP R10 中，DMRS 参考信号序列和物理小区号有关，不同的小区选用不同的序列。在 3GPP R11 中引入了特定的用户参考信号序列，可以在一个小区内区分更多的用户。只有在下行以波束赋形方式发送数据时，在分配的资源块内才能传输高密度的 DMRS，如果没有数据传输，则不会发送 DMRS，和 CRS 相比，DMRS 这种方式的灵活性更高。

3. CSI-RS

CSI 参考信号（CSR-RS）的生成也是基于伪随机序列。在 3GPP R10 标准中引入了 CSI-RS 信号，引入 CSI-RS 信号是为了支持大于 4 层的 MIMO 空分复用。因为 CRS 的资源开销太大，如果设计 4 层以上的天线端口，则会造成巨大的资源浪费。CSI-RS 在多天线工作模式 9 和工作模式 10 中传输，用于实现信道状态的估计，其支持双流或 8 流的波束赋形。

CSI-RS 的主要作用有两个：其一，为了获得精细的信道估计和对下行数据的相干解调；其二，获得信道状态信息，实现下行的动态自适应调度。

CSI-RS 和 DMRS 对应的天线端口并不相同，CSI-RS 主要用于实际的传输天线，DMRS 包括所有发送端的预编码。DMRS 主要用于数据解调，CSI-RS 主要用于对实际传输的无线信道进行测量。在 LTE 中，实际传输的数据使用的是单天线端口（CSI-RS 端口号为 15），

2 个天线端口（CSI-RS 端口号为 15 和 16），4 个天线端口（CSI-RS 端口号为 15、16、17 和 18），以及 8 个天线端口（CSI-RS 端口号为 15、16、17、18、19、20、21 和 22），最多有 8 个天线端口的 CSI-RS。

在时域上，CSI-RS 可以配置不同的发送周期，最短可以是 5ms 一次，最长可以是 80ms 一次。在每个发送子帧中，CSI-RS 可以在整个小区带宽上进行传输，具体的位置根据系统配置来确定，在一个资源块对中，CSI-RS 参考信号有 40 种可以分配的位置，如图 7-35 所示，在频域上，CSI-RS 的传输范围是整个小区的带宽。

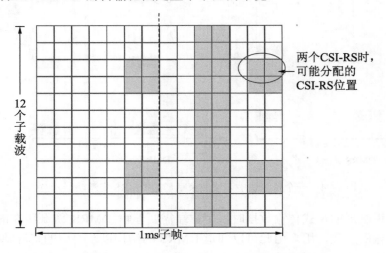

图 7-35　一个资源块中 CSI-RS 可以分配的位置

每个用户都有专用的 CSI-RS 配置，在一个小区内，用户可以使用相同的 CSI-RS 配置。由于在通信系统中引入了 CSI-RS，使得解调参考信号（用 DMRS）和获得信道状态信息参考信号（用 CSI-RS）分离，二者各司其职，从而使系统更加高效和灵活。CSI-RS 作为获得信道状态信息的有效工具，可以应用于干扰估计和多点传输等方面，在 5G 应用中进一步扩展，提供了波束管理的功能。

7.8.2　主同步信号和辅同步信号

在 LTE 中，用户和基站开始通信之前首先要找到可用的网络，用户通过扫频，搜索到某个可用的小区，实现和基站的上下行同步后，才能接收并解码基站下发的广播消息，获得必要的系统配置信息。完成这些过程以后，用户和基站之间才能进行各种数据传输。如果你刚刚开机，这些工作是在开机以后的几秒钟内完成的。

用户和基站的上行同步通过随机接入过程来完成，可以参考随机接入信道部分，用户和基站的下行同步是通过小区搜索过程实现的，在小区搜索中需要完成以下任务：

（1）实现用户与基站的频率同步和符号同步。

（2）实现用户与基站的无线帧同步，能定位下行子帧的起始位置。

（3）用户获得物理小区标识（Physical Cell ID，PCI）。

LTE 中定义了 504 个不同的物理小区标识，分为 168 个组，每个组内包含 3 个物理小区标识。为了辅助小区搜索的功能，LTE 定义了两个特殊的下行信号，即主同步信号（Primary Synchronization Signal，PSS）和辅同步信号（Secondary Synchronization Signal，SSS），用于小区搜索中实现用户和移动通信网络的时频同步。PSS 由 ZC 根序列产生，由于 ZC 根序列具有良好的自相关性，PSS 可以实现 5ms 时间对齐和频率同步。SSS 序列由伪随机序列产生，SSS 可实现 10ms 时间对齐、常规 CP 或扩展 CP 检测等。SSS 和 PSS 共同实现 PCI 检测。

1．PSS和SSS的频域结构

在小区搜索中需要检测 PSS 和 SSS 实现下行同步，为了使用户能够尽快检测到系统的频率和符号信息，无论系统带宽大小，PSS 和 SSS 都位于中心的 73 个子载波上。由于下行的工作带宽中心的子载波是直流子载波，为了避免强干扰，直流子载波不用于传输数据，因此可用于传输数据的子载波是 72 个。这 72 个子载波的两端各留有 5 个子载波作为保护带宽，因此实际传输数据的子载波是 62 个。用户会在其支持的中心频点附近尝试接收 PSS 和 SSS。如图 7-36 所示，不管是 FDD 还是 TDD，同步信号都分布在频带中心的 72 个子载波上，但只有中间的 62 个子载波上有数据。小区搜索过程中的频率同步就是通过接收某个频点周围的 72 个子载波信号，解调处理以后，对其同步信号进行判断，如果获得正确的同步信号，即可确定工作频点。

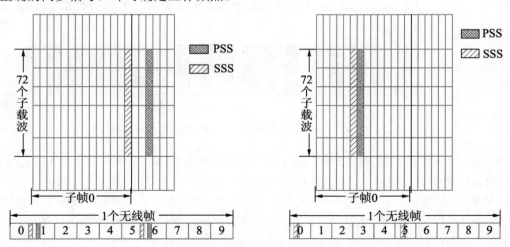

图 7-36　TDD 和 FDD 中的 PSS 和 SSS 的时频位置

2. PSS和SSS时域上的位置

TDD-LTE 制式如图 7-36a 所示，PSS 周期性地出现在子帧 1 和 6 的第 3 个 OFDM 符号上，SSS 周期性地出现在子帧 0 和 5 的最后一个 OFDM 符号上；FDD-LTE 制式如图 7-36b 所示，PSS 和 SSS 都随着子帧 0 和 5 的第 1 个时隙传输，其中 PSS 位于该时隙的最后一个 OFDM 符号上，SSS 位于该时隙的倒数第 2 个 OFDM 符号上。PSS 和 SSS 未同步时，用户并不知道小区的双工模式，但可以通过 PSS 和 SSS 在时域结构上的差别来获得。系统在进行小区搜索时，用户与小区的符号同步是通过检测 PSS 和 SSS 实现的。

3. PCI

PCI 由两部分组成，一个是物理小区标识 $N_{ID}^{(1)}$（0~167），另一个是物理小区组内标识 $N_{ID}^{(2)}$（0~3）。PCI（N_{ID}^{cell}）和两者的关系为 $N_{ID}^{cell}=3\times N_{ID}^{(1)}+N_{ID}^{(2)}$，组成了 504 个 PCI。SSS 负责传输物理小区标识（0~167），SSS 序列和 $N_{ID}^{(1)}$ 对应。在同一个小区内，一个无线帧上有两个 SSS 序列，这两个 SSS 序列基于两个长度为 31 的 X 和 Y 序列生成，X 序列和 Y 序列进行频域交织，如图 7-37 所示，这两个序列在频域的位置上进行了交换，生成的两个 SSS 序列分别在不同的时域位置。

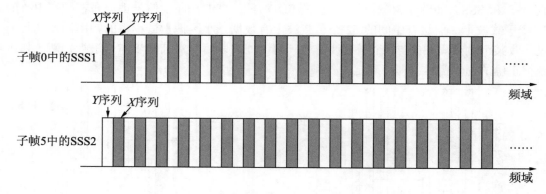

图 7-37　同一个无线帧的两个 SSS 序列的组成示意

PSS 序列由频域的 ZC 序列生成，ZC 序列的性质是：不同根的任意两个序列之间正交，为 PSS 检测提供了保障。PSS 序列的生成公式为（7-6），不同的根索引 u 对应 3 个不同的 ZC 序列。在同一个小区中，一个无线帧中的两个 PSS 是完全相同的。PSS 信号序列对应的是物理小区组内标识 $N_{ID}^{(2)}$，3 个 $N_{ID}^{(2)}$ 对应 3 个 u，如表 7-6 所示。如果用户检测到 PSS，则可以获得的信息有小区的 5ms 帧同步和物理小区组内标识 $N_{ID}^{(2)}$。

$$d_u(n)=\begin{cases}e^{-j\frac{\pi un(n+1)}{63}} & ,\ n=0,1\cdots,30\\e^{-j\frac{\pi u(n+1)(n+2)}{63}} & ,\ n=31,1\cdots,61\end{cases}\qquad(7\text{-}6)$$

表 7-6　产生 PSS 的根索引 u 和 $N_{ID}^{(2)}$ 的关系

$N_{ID}^{(2)}$	根索引 u
0	25
1	29
2	34

用户根据 SSS 和 PSS 的分布位置关系，可以检测到 SSS 序列，由无线帧中有两个不同 SSS 序列（SSS_1 在 0 号子帧，SSS_2 在 5 号子帧），可以确定 10ms 无线帧同步，由此可以得到 $N_{ID}^{(1)}$，因此，可以通过 $N_{ID}^{cell}=3 \times N_{ID}^{(1)}+N_{ID}^{(2)}$，计算得到 PCI。获得 PCI 和无线帧同步以后，再通过计算获得小区专用参考信号的信息，此时就可以进行信道估计并解调数据了。

4. 小区搜索

在 LTE 里，物理层根据 PCI 区分小区，PCI 总共有 504 个，详细的小区搜索流程如图 7-38 所示。在一个无线帧内，如果检测到两个完全一样的 PSS 序列，就可获得小区的工作频点和 5ms 的同步，同时也获得 $N_{ID}^{(2)}$。

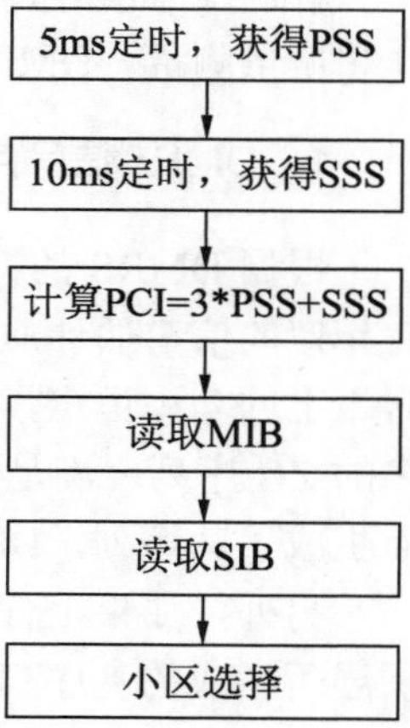

根据 SSS 和 PSS 的时域位置关系，可以搜索 SSS 信号所对应的 OFDM 符号，并检测 SSS 序列。用户并不知道系统配置的是常规 CP 还是扩展 CP，也不知道系统在何种工作模式下，是 FDD 还是 TDD，而且也不知道 SSS 采用的是哪一个序列。因此，在检测的时候，根据 PSS 的位置可以推断出所有情况下 SSS 可能出现的位置，从而进行逐一的检测，在所有可能出现的位置上，把 SSS 序列都试一遍，如果检测成功则为正确的 SSS。

在一个无线帧内，两个 SSS 的值是不同的，通过 SSS 检测，用户可以获得 10ms 的无线帧同步（在找到的 SSS 位置上可能有两种不同的序列）和 $N_{ID}^{(1)}$，由此得到 PCI。通过 PSS 和 SSS 检测，用户可以获得无线帧同步和 PCI，此时就可以精确地定位每个 OFDM 符号的起始位置了，根据 PCI 可以获取小区专用参考信号，实现信道估计和数据相关解调。

系统主信息块（MIB）在 PBCH 上传输，MIB 消息中包含系统帧号、系统带宽和 PHICH 配置信息，用户通过小区专用参考信号的信道估计，可以实现对 PBCH 数据的解码，获得系统的配置信息。如果用户需要其他的系统消息，可以通过继续接收并解码系统消息（SIBx）来获得。用户和基站完成上行同步后，如果有传输数据的需求，就会发起随机接入过程，实现上行同步。

图 7-38　小区搜索流程

5ms 定时，获得 PSS

10ms 定时，获得 SSS

计算 PCI=3*PSS+SSS

读取 MIB

读取 SIB

小区选择

7.9　上行参考信号

LTE 的上行定义了两种参考信号，一种是解调参考信号（Demodulation Reference Signal，DMRS），另一种是探测参考信号（SRS）。在基站用 DMRS 对上行的 PUSCH 和 PUCCH 的信道估计实现信道解码，因此 DMRS 是同 PUSCH 和 PUCCH 一起发送的。基站通过 SRS 信号实现上行信道的估计，获得上行信道质量情况，在对用户上行调度时根据信道的质量情况进行资源分配。

7.9.1　上行解调参考信号

解调参考信号是基站对上行 PUSCH 和 PUCCH 的相干检测和解调，进行上行信道估计和质量测量。DMRS 与上行的共享信道和控制信道一起发送，使用的带宽也相同。

1．DMRS信号序列

根据 DMRS 的特性，要求 DMRS 信号在频域上的功率变化较小，使其在所有频率上有相似的信道估计质量，在时域上有很好的自相关性和较小的峰均比，ZC 序列在频域和时域上的功率恒定，有很好的自相关性，可以满足 DMRS 的要求。为了得到数量尽可能多的 ZC 序列，满足不同小区的用户需求，LTE 对长度为素数的 ZC 序列进行循环扩展从而生成了基序列，DMRS 信号序列由基序列经过相位旋转生成。

另外，如果上行传输带宽比较小，则只能使用长度较短的 ZC 序列，短 ZC 经过循环扩展所生成的基序列数目还是很少，不能满足用户的需求，因此 LTE 用特殊的 QPSK 序列来代替 ZC 序列生成基序列，以满足不同小区的用户需求。

2．PUSCH中的DMRS

在上行共享信道中发送 DMRS 和在下行共享信道中发送 CRS 的原理是不同的，上行要充分考虑峰均比的问题，因此在上行子帧中专门分配了一个 OFDM 符号进行 DMRS 传输，在对应时隙的第 4 个 OFDM 符号上传输 DMRS 信号，如图 7-39 所示。对于同一个用户来说，参考信号 DMRS 和其传输的数据以时分复用方式传输，每个时隙占用一个符号传输 DMRS，在一个调度子帧中，DMRS 占用两个 OFDM 符号。

DMRS 基站用来进行上行共享信道估计，以

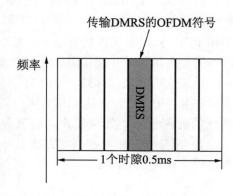

图 7-39　PUSCH 中的 DMRS 分布示意

实现用户数据的解调，基站需要了解在用户数据传输过程中每个子载波信道的情况，DMRS 在频域占用的资源与传输用户数据所占用的带宽有关，由用户调度的资源块大小来决定 DMRS 的频域分布，DMRS 序列的长度可以表示为 $12 \times N$，N 表示上行共享信道传输数据的资源块数目。

3. PUCCH中的DMRS

控制信道的格式有很多种，DMRS 在一个时隙内的资源映射与 PUCCH 格式有关，时隙之间采用跳频方式传输。在频域上，PUCCH 总是占用一个资源块，即 12 个子载波，因此在 PUCCH 中，DMRS 信号的序列长度是 12。

7.9.2　探测参考信号

探测参考信号（SRS）是基站通过对不同频率的上行信道状态进行估计，获得上行信道质量信息。基站根据信道质量情况对用户进行上行的资源调度，告诉用户选择哪一种调制方式和天线传输模式。用户不传输数据的时候也要发送 SRS，因为基站可能需要进行上行信道的定时校准对齐。因此 SRS 不一定和数据一起传输，而且和数据一起传输时也可能位于不同的频谱范围，并且数据和 SRS 之间的频谱跨度也很大。

在 LTE 中定义了两种 SRS，一种是周期性的 SRS，一种是非周期的 SRS。周期性的 SRS 按照某种时间间隔出现，周期最短的是每 2 个子帧发送一次（间隔时间为 2ms），周期最长的是每 16 个子帧发送一次（间隔时间为 160ms），如果在某个子帧中需要进行 SRS 传输，则一般占用该子帧的最后一个符号，如图 7-40 所示。在 TDD 制式中，SRS 是在 UpPTS 中传输，当 SRS 信号在 UpPTS 上传输时，占用任意一个或者两个 OFDM 符号。

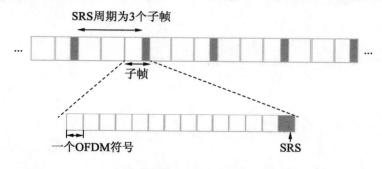

图 7-40　周期性 SRS 传输的时域位置示意

SRS 的频域宽度由基站进行配置，可以发送某一个宽带的 SRS，覆盖足够多的带宽，也可以在频域上进行跳频，发送窄带 SRS。SRS 的信号序列生成的方式和 DMRS 相同。非周期的 SRS 由基站下发的控制信令触发，用户的非周期 SRS 被触发后，在下一个可用的非周期的 SRS 时刻只能传输一次 SRS，频域结构和周期性的 SRS 相同，在时域上是在传输子帧的最后一个符号中传输 SRS。

7.10　习　　题

1．简述 LTE 下行物理信道的处理过程。
2．简述 LTE 上行物理信道的处理过程。
3．简述 LTE 的物理广播信道的作用。
4．简述 LTE 物理控制格式指示信道的作用。
5．简述 LTE 物理 HARQ 指示信道的作用。
6．简述 LTE 物理下行控制信道的作用及其资源分配方式。
7．LTE 上行物理控制信道的作用是什么？资源分配有什么特点。
8．简述 LTE 中的随机接入过程，并说明随机接入前导序列在其中的作用。
9．LTE 中的下行参考信号有哪些？主要功能是什么？
10．简述 LTE 的小区搜索过程，如何实现无线帧的同步？
11．LTE 中的上行解调参考信号有哪些？主要作用是什么？

第 8 章　5G 概述

随着基础科学的发展，人们对移动数据的业务需求迅速增长，物联网市场不断涌现出大量的新业务和新应用场景，遍及智慧交通、环境保护、政府工作、公共安全、平安家居和智能消防等多个领域，物联网要实现智能化识别和管理，海量设备需要连接网络。与此同时，各行业之间深度融合，网络要满足垂直行业终端互联的多样化需求。为了满足用户的新需求，2015 年国际电信联盟（ITU）确定了 5G 名称和场景，ITU 定义了三个 5G 的应用场景，分别是增强移动宽带（Enhanced Mobile Broadband，eMBB）场景，大连接低功耗的海量机器类通信（Massive Machine Type Communication，mMTC）场景和高可靠、低时延通信（Ultra-reliable and Low Latency Communications，uRLLC）场景。eMBB 用于提升用户的通信体验，主要针对 4K/8K、VR/AR 等大带宽应用；mMTC 针对低速率的大规模物联网连接，是对部署于 GSM 或 LTE 网络的窄带物联网（Narrow Band Internet of Things，NB-IoT）的演进；uRLLC 主要针对远程机器人控制和自动驾驶等高可靠、超低时延的应用。

5G 的第一个标准版本是 R15。3GPP 工作组在 2017 年第二季度开始 5G 的标准化工作，2018 年的第一季度完成了 R15 第一个版本标准化，主要完成了非独立组网（NAS）标准和 eMBB 场景的定义，2018 年的第二季度实现了独立组网（SA）场景的定义，2019 年 3 月完成了 R15 第三个版本的标准化，至此完全冻结 R15 标准。R15 中定义了 5G 的基础架构，解决 5G 初期最迫切的应用问题，定义了 eMBB 和 uRLLC 中最基本的功能。

5G 的第一个演进标准 R16 的标准化工作是从 2018 年 6 月开始的，2020 年 7 月完成。R16 主要关注的是垂直行业的应用及整体系统的提升，其对 uRLLC 和 mMTC 这两类重要的场景和服务行业应用能力进行了完善和增强，在 R15 的基础上，R16 对各种系统性能指标进行了优化和效率提升。例如：在工业互联网应用方面，由于新技术的引入，可以实现 $1\mu s$ 的同步精度，$0.5\sim 1ms$ 的空口时延，端到端时延最快在 $5\mu s$ 以内，具有更高的系统可靠性；在车联网应用方面，R16 支持智能汽车交通领域的 V2V（车与车）、V2I（车与路边单元）通信能力，引入了多种通信方式和车车间连接质量控制技术，可以实现车辆编队、半自动驾驶、外延传感器和远程驾驶等场景应用；在面向行业应用方面，R16 引入了多种 5G 空口定位技术，定位精度达到米级。

第二个 5G 演进标准 R17 的标准化工作是从 2020 年 3 月开始的，其目标是将 mMTC 作为 5G 场景的一个增强方向，更好地支持物联网应用。由于新冠肺炎疫情的影响，该项工作推迟到 2022 年才能完成版本协议代码冻结。

8.1　5G 的特点和应用

8.1.1　5G 的主要特点

5G 的主要特点如下：

- 数据传输速率高。4G 的峰值速率为 1Gbps，而 5G 的峰值速率将达到 20Gbps。在用户体验速率方面，4G 的用户体验速率为 10Mbps，5G 可达到 100Mbps。5G 可以通过高频毫米波进行通信数据的传输，可避开日益拥挤的 3GHz 以下频段。
- 连接数密度高。连接数密度是指在单位覆盖面积内可以支持的在线设备总和。5G mMTC 场景要求移动网络具备超千亿台设备连接能力，5G 采用大规模 MIMO 技术实现了在同一空间内更高的基站密度和频谱效率，其连接密度可支持每平方公里 100 万台设备（4G 的连接数密度为每平方公里 10 万台设备），相对 4G 增长了 10 倍。
- 流量密度高。5G 时代需要支持局部区域的超高数据传输。流量密度是指单位覆盖面积内可提供的总流量数，用来衡量 5G 网络在一定区域范围内的数据传输能力。5G 的流量密度指标为 $10Mbps/m^2$（4G 为 $0.1Mbps/m^2$），相比 4G 增长了 100 倍。
- 网络延时大大缩短。在 4G 网络中，用户数据在空口上的传播时延为 10ms，在 5G 中，理想条件下，用户数据在空口上的传播时延为 1ms，可以适应特定的通信场景的精度要求，如车联网和工业自动化等 uRLLC 场景，对于没有特别要求的场景，时延为 5～10ms。
- 支持高速移动的通信场景。5G 支持的移动速度可达 500km/h（4G 为 350km/h），可以满足高铁场景下的通信需求。
- 低能耗。5G 可以带来超高的能效，5G 的总功耗高于 4G，但对每比特来说，5G 的功耗更低。一方面是因为 5G 工作频点高，可以使用大带宽，如 100MHz 的带宽或者更大；另一方面是天线的数量提升，高频的天线更小，集成度可以更高，可以达到 64T64R。经验证，5G 的每比特能效比 4G 高 100 倍。

8.1.2　5G 的三大典型应用场景

1. 增强型移动宽带

增强型移动宽带（eMBB）是在现有移动宽带业务场景的基础上对用户体验等性能的进一步提升，具有更大的吞吐量和低时延等特点，主要针对的是多媒体业务，支持高清视频和虚拟现实（Virtual Reality，VR）视频的传输，以及增强现实（Augmented Reality，

AR）远程协作和高清的远程教学等。

我们观看 4K 的高清视频需要多大带宽呢？从理论上推导一下，4K 分辨率为 4096 像素×2160 像素，属于超高清分辨率，传输的每一帧图像有 R、G、B 三个分量，传输一个像素数据为 3×8（bit），视频为每秒 60 帧的速率播放，在 1s 内传输的数据量为 4096×2160×3×8×60≈11.9（Gbps），声音数据大概是视频数据量的十分之一，因此 4K 视频 1s 内的数据量大概是 13GB，如果将视频根据 H.265 编码标准进行压缩，编码后视频的压缩比是 350～1000。1s 的 4K 视频经过压缩后，大概是 13～38MB，需要 13～38Mbps 的带宽。

虚拟现实技术是一种可以创建和体验虚拟世界的计算机仿真系统，它利用计算机生成一种虚拟环境，用户可以沉浸在该环境中并进行实时的互动，VR 在视觉、听觉、触觉、运动、嗅觉、味觉方面可以给用户提供全方位的体验，因此 VR 视频需要的带宽更大。根据华为《面向 VR 业务的承载网络需求白皮书》的研究结果显示，视频画面分辨率为 4K 或更低时，基本点播 VR 业务需要的带宽大概是 25Mbps，沉浸式的极致 VR 视频体验的画面分辨率为 24K 或更高，3D 模式为主流，至少需要 1Gbps 的带宽支持。

2017 年，在中国联通与华为建设的 5G 高低频双频段试验场景中，单用户的峰值速率可以在 5～20Gbps 范围内进行调整，证明 5G 能满足移动互联网用户的完美视频和 VR 业务要求。

2．高可靠、低时延通信

高可靠、低时延通信（uRLLC）是针对垂直行业的业务需求而产生的一种 5G 应用场景。垂直行业这个词来自 IT 技术领域，在综合的 IT 技术中，有一项技术是客户关系管理，假设有 A 公司和 B 公司，B 公司是 A 公司的客户，如果 A 公司服务的行业和 B 公司从事的行业有一个交点，则称 B 公司的行业是 A 公司行业的垂直行业。

对于通信行业来说，行业内的企业包括设备商、运营商、各种通信工程、网络规划和优化服务等，而交通、能源、娱乐、工业、智慧城市和教育等行业中要用到 5G 技术，因此和通信行业存在特定的交叉点，所以这些行业便称作垂直行业。对于垂直行业，通用的移动通信的解决方案往往是不适用的，不同垂直行业对于网络指标的需求不同，网络实现方案也不尽相同，往往需要定制化的产品和实现方案。

在 uRLLC 场景中，对通信网络性能要求主要集中在高速率、低时延和高可靠性等方面，5G 通过灵活的网络切片来为各种垂直行业应用定制不同的网络解决方案，实现万物智能连接，如工业自动化和车联网等。车联网中对时延的要求是端到端的时延小于 3ms，车联网中的自动驾驶场景对可靠性的要求是 99.9999999%，可见垂直行业对移动通信技术的要求非常高，给 5G 技术带来无限的挑战。

3．海量机器类通信

在海量机器类通信（mMTC）场景中，5G 要实现机器之间的通信，这属于物联网领域的通信，主要在 6GHz 以下的频段部署，包括个人物联网、工业物联网和公共物联网。

个人物联网包括所有个人无线设备，如智能手表和智能眼镜等；工业物联网是在工业生产的各个环节中引入具有感知、监控能力的采集、控制类传感器或者控制器等，与移动通信、智能分析等技术相结合，实现工业智能制造或智能工业控制；公共物联网是在公共领域中设置的物联网网络，如智慧城市、智能交通、智能水表、智慧能源和智能监控等。

在 mMTC 场景中，越来越多的智能设备和互联网设备需要连接入网，对网络的性能要求主要体现在海量的连接数和高流量密度方面，未来，5G 网络需要实现每平方公里可支持 100 万的连接密度和 $10\text{Mps}\cdot\text{m}^{-2}$ 的流量密度。

8.2　5G 网络架构

和 LTE 相同，5G 通信系统也由 UE、5G 接入网（NG-RAN）和 5G 核心网（5GC）三部分组成，5G 核心网基于服务接口的网络架构如图 8-1 所示。5G 接入网只有一个网元就是 5G 基站（gNB）。

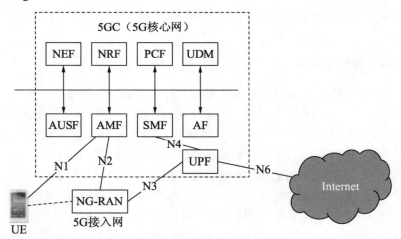

图 8-1　5G 系统架构示意

5G 核心网（5GC）将 4G 中的 SGW 和 PGW 的用户面功能集中在 UPF 网元，gNB 和 5G 核心网的 UPF 之间是 N3 接口，控制面功能集中在 AMF 网元，gNB 和 5G 核心网的 AMF 之间是 N2 接口，由 SMF 实现对用户面的控制功能，SMF 和 UPF 之间是 N4 接口。

表 8-1 所示为 5GC 中的部分主要网元的名称及其功能。网元的英文缩写在最后都有一个字母 F，代表英文单词 Function，也可以认为 5GC 中的网元相当于一个具有某种服务功能的模块。5GC 是基于服务的网络架构，它将传统的核心网网元进行软硬件解耦，软件部分称为网络功能。网络功能又被分解为多个自包含、自管理和可重用的网络功能服务，这些网络功能相互解耦，可以通过 3GPP 定义的标准接口（基于服务的接口）与其他网络功

能服务互通。

　　5G 核心网和接入网各司其职。接入网为用户提供独立接入的能力，接入网和通信网络应用场景、网络部署紧密相连，提高用户接入网络的便捷性和高效性。核心网兼容多种接入方式（4G、5G NR 和 Wi-Fi）并为用户提供多样化的服务，5G 核心网和特定的接入网在技术上是分离的，也可以说核心网和接入网解耦。

表 8-1　5GC的主要网元

名　　称	功　　能
AMF	接入及移动性管理功能（Access and Mobility Management Function）
SMF	会话管理功能（Session Management Function）
UPF	用户面功能（User Plane Function）
UDM	统一数据管理（Unified Data Management）
AUSF	鉴权服务器功能（Authentication Server Function）
NRF	网络存储功能（Network Repository Function）
NSSF	网络切片选择功能（Network Slice Selection Function ）
PCF	策略控制功能（Policy Control Function）

8.2.1　5G 核心网架构

　　核心网需要同时处理控制信令和用户数据，因此对网络有不同的要求和部署，控制面在演进中更加集中，而用户面演进为更加贴近用户端的分布式的部署形式，5G 核心网演进为用户面和控制面完全分离的设计形式。

　　核心网控制面的功能由 AMF 和 SMF 两个网元来管理，用户面的功能由 UPF 管理，控制面相当于协调分配工作的管理部门，用户面相当于执行实际工作。将执行功能和分配功能完全分离，有利于新业务的加入，引入新业务时，用户面甚至可以不用改动，只需要在控制面增加相应的新功能即可，这种设计进一步降低了用户面的时延，在各种新关键技术的共同作用下，在 5G 的 uRLLC 场景中，用户面端到端的时延性能指标可以达到 1ms。

　　举个例子来直观地理解 1ms 的意义。假设无人驾驶汽车的行驶速度为 60km/h，可以计算出，10ms 行驶的距离为 17cm，在 1ms 时间内，行驶距离仅为 17mm，所以需要 1ms 时延保障交通安全。

　　在 5G 核心网络中将用户面和控制面分离，控制面网元 AMF 是关键。AMF 相当于 4G 核心网中的 MME，用于控制面信令承载，进行接入及移动性管理，所有终端要接入 5G 网络，必须通过 AMF 来完成，从实际情况来看，AMF 一般用于统一管理一个较大区域的用户的网络接入。

　　SMF 和 UPF 相当于 4G 中的 PGW 和 SGW，SMF 用于进行会话管理和 UE 的 IP 地址分配管理，SMF 管理用户和哪个 UPF 建立连接，对用户进行数据传输。UPF 专门用来处理用户的数据，终端要上网或使用某个业务，必须通过 UPF 来访问数据，如图 8-2 所示。

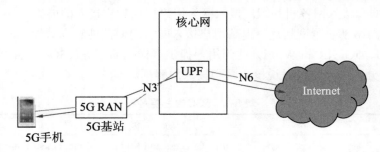

图 8-2   终端访问数据或应用的路径示意

随着各种行业的新物联网需求与日俱增，要求通信网络中的基站和核心网的设计、传输、管理和实现在功能上具有独立性，在接口上具有通用性，从而能够方便、快捷地进行 5G 网络的开发、部署和管理。为了适应 5G 应用场景的需求，5G 核心网结合 IT 产业比较成熟的 SOA（面向服务的框架）和 MSA（微服务框架）提出了基于服务的网络架构（Service-Based System Architecture，SBA），用于网络功能服务自动化管理。

SOA 的思想是对系统中的不同业务建立不同的服务，服务之间和接口连接，接口是开放的，独立的，与开发平台和编程语言无关。这种方式让业务逻辑可进行组合，每个服务可根据使用情况做出合理的部署。

MSA 通俗的讲就是对一个大的架构进行细化、分解为较小的功能独立的小模块，各个模块之间通过开放的 API 接口进行交互，各个模块的部署、系统升级或功能扩展互不影响，尤其不影响用户的正常使用，在用户无察觉的情况下可以进行应用的升级换代。这种方式极大方便了 5G 网络的开发、部署和管理。

5G 核心网的架构可以这样描述：网络功能服务+基于服务的接口。就是将以前的网元分解为多个网络功能服务，通过基于服务的接口进行连接，在实际的通信场景中，各个网络功能服务可以方便地进行编排和部署。

5G 的网络自动化管理功能是由 NRF 实现的。由 NRF 网络功能模块进行网络功能的自动注册、更新、自动发现、选择、状态检测和服务的认证授权，各网络功能服务之间可以根据需求任意通信，从而优化网络通信路径，满足 5G 网络的灵活性、开放性和可服务性的应用要求。

5G 核心网的网络架构是基于服务化的，核心网的各个网元设备之间采用的协议是 HTTP 2，支持 IT 协议，具有统一的接口功能。

8.2.2   5G 接入网

4G LTE 中取消了 3G 中的 RNC 节点，降低了网络时延，在网络部署方面也提高了其灵活性，但是在 LTE 中每个基站都要独立和周围的基站进行信息交互，任意两个基站之间需要保持无线连接，如图 8-3 所示。随着网络中的基站数量越来越多，需要保持互连的数量也越多，这是一个动态的不断扩展的网络，这将导致基站之间的信息交互不畅，基站间的干扰问题严重。

在 3G 接入网中，无线接入网中的控制器 RNC 对所有基站的信息一目了然，可以很方便地实现全局资源统一管理和分配，减少干扰，基于此，RNC 的设计思想在 5G 时代重新被启用，这就是 5G 接入网中的集中单元 CU（Centralized Unit）。

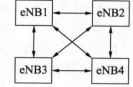

图 8-3　LTE 基站之间的信息交互

1．5G 接入网的架构

在 5G 系统中，接入网根据具体功能进行了网元分割，包括分布单元 DU（Distributed Unit）、集中单元 CU（Centralized Unit）和有源天线单元 AAU（Active Antenna Unit）三个部分，分割以后可以更好地满足 5G 网络的需求，更好地实现网络切片。CU 部分使用 NFV 技术来实现，可以更灵活地进行网络编排，按需进行业务部署。

如图 8-4 所示，DU 和 CU 之间通过 F1 接口连接，如果 CU 和 DU 在同一个物理设备上的 F1 接口是逻辑接口，则此时适用于对实时性要求较高的通信场景；在时延要求低的场景中，如果在一个中央 CU 下面部署多个 DU，增加池化增益，则此时的 F1 接口是物理接口。

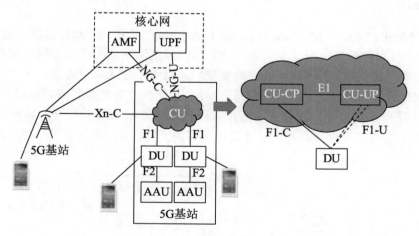

图 8-4　5G 接入网的架构

AAU 类似 4G 中的 RRU，AAU 和 DU 之间是 F2 接口。3GPP 对 CU 进一步划分为 CU 的控制面（CU-Control Plane，CU-CP）和 CU 的用户面（CU-User Plane，CU-UP），CU-CP 和 CU-UP 之间是 E1 接口，DU 和 CU-CP 之间是 F1-C 接口，DU 和 CU-UP 之间是 F1-U 接口，5G 接入网中实现了用户面和控制面的分离，可以更方便地进行网络扩容和单独的规划。

5G 基站（gNB）可以由一个或多个 CU-UP 和多个 DU 构成。一个 DU 仅连接一个 CU-CP，一个 CU 可以连接多个 DU，CU 中的 CU-CP 下面可以连接多个 CU-UP，一个 CU-UP 只能连接一个 CU-CP。

图 8-5 所示为 CU、DU 和 AAU 对应的协议部分示意，CU 和 DU 的无线接入协议栈主要是根据实时性来划分的，CU 包括无线高层协议 PDCP 层和 RRC 层等协议层，CU 也支持部分核心网功能下沉和边缘应用业务。DU 处理实时性的 RLC 层、MAC 层和部分物理层功能。

AAU 和 4G 中的 RRU 不同，RRU 是射频处理单元，AAU 中包含射频处理和物理层处理的一部分功能。由于 5G 对前传接口（基带和射频间的接口，即 F2 接口）的带宽要求大规模增加，对接口的处理能力要求非常高，成本相应增加，为了降低前传接口的压力，把一部分物理层处理的功能下沉到 AAU。

2．CU集中化管理

CU 的集中化管理有利于各站点之间的协作和资源管理池化。gNB 的这种分离的架构更适合对 CU 统一部署，集中管理。此外，CU 的高层功能可以池化、云化或虚拟化实现，有利于网络的部署、维护和发展，并且这种分离结构可以方便地和边缘计算（MEC）相结合进行部署。根据应用场景的需要，DU 的部署可以更加接近用户，减少网络时延。

3．MEC

MEC（Mobile Edge or Multi-access Edge Computing）是移动边缘计算或多点边缘计算，MEC 是对云计算的演进，云计算需要用户上传数据到网络上，在核心网的服务器端进行数据处理，再把结果返回给用户。5G 数据流急剧增大，要求海量连接、大带宽、高连接密度和低时延等，云计算无法满足其需求。MEC 是把数据处理服务器放置在网络的边缘，即数据的计算和存储基础设施位置靠近接入网，对用户数据就近处理，减少时延，提高数据传输速率，为实时性和高带宽业务提供更好的支持，图 8-6 所示为 MEC 的网络位置示意。

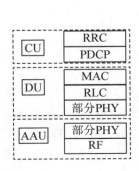

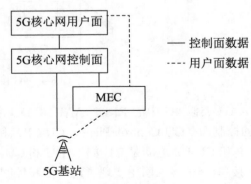

图 8-5　CU、DU 和 AAU 对应的协议示意　　　　图 8-6　MEC 的网络位置示意

4．网络功能虚拟化（NFV）技术

从 2G 开始，通信网络主要由专用硬件和专用软件组成，硬件和软件的关联性很强，随着移动通信的发展，设备的数量越来越多，不仅网络建设成本增加，而且限制了网络规模发展，随着通信业务的发展，商用建设周期较长，维护成本较高。为了解决这些问题，在 4G 网络发展后期，研究者们将 IT 行业的虚拟化技术引入通信行业中，NFV 主要通过特定的虚拟化技术，由 IT（Information Technology）通用的计算、存储和网络硬件设备实现电信功能节点的软件化。通俗地说，就是用 x86 服务器和虚拟机（Virtual Machines，VM），运行具备通信网络功能的软件，这种技术极大地降低了部署成本，使网络功能不再依赖于专用硬件，实现了灵活的资源共享。CU 运用 NFV 技术和 x86 通用硬件实现了网络功能虚拟化编排和网络配置功能，按照应用场景的需求来部署，更好地支持网络切片功能。

5．网络切片技术

图 8-7 所示为 5G 的 3 种业务场景指标要求，其中：eMBB 场景对数据传输速率、频谱效率、网络能效和移动性等指标有很高的要求，对链接密度和时延要求属于中等要求；mMTC 场景对连接密度要求较高，对其他指标都是低要求；uRLLC 场景主要关注移动性和时延的性能指标，并且对二者都是高要求，对其他指标要求很低。由此可见，三种场景对网络的性能要求不同，如果采用单一的网络则很难满足各种业务场景的需求，由于成本的原因，每种应用场景都建设一个 5G 网络也很不现实。

网络切片技术是按需组网的一种方式。网络切片可以在物理上实现业务隔离、功能定制和个性化等，在同一个网络中，通过网络切片，可以把 5G 网络划分为几个独立的逻辑网络，每个逻辑网络负责不同的业务场景通信，如图 8-8 所示。网络切片可以根据应用场景的需求切分协议栈，也可以切分物理资源，各个网络切片共享同一网络的基础设施，以提高资源的利用率。一个终端可以支持多个网络切片。

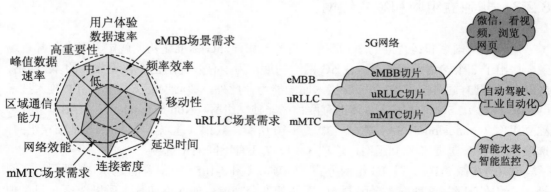

图 8-7　5G 的 3 种业务场景指标要求　　　　　图 8-8　网络切片示意

6. 5G接入网的部署

5G接入网是集合了所有网络结构的优势演进而来的,更加有利于5G多种不同应用场景的部署。5G接入网根据通信的场景需要进行网元部署,灵活性较高。

在对时延要求不高的通信场景中,根据通信需求,DU和CU可以合并部署,也可以分开部署,如图8-9所示,每个基站都有一套DU,多个站点可以共用同一个CU进行集中式管理,以节省资源。例如,教学楼和宿舍的基站要统一管理,集中部署DU并由CU统一调度。CU-CP和CU-UP也可以根据通信的场景需要进行部署,如果是热点或高容量接入的问题,则可以扩容CU-UP。

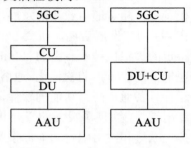

图8-9 5G接入网的两种部署

5G有三种典型的应用场景,不同场景对网络性能的需求不同,在进行网络部署时要根据不同的时延和带宽要求灵活部署或网络切片,以满足不同通信场景中的网络特性(网速、时延、连接数、能耗等)要求。

5G接入网的无线资源管理更加灵活,如无线帧格式、频谱和高层物理过程等,需要空口资源与具体的业务解耦,构造资源的池化管理,按需分配资源和资源共享。

5G接入网要求增强网络管理功能,需要接入网进行软硬件解耦,接入网底层硬件统一以X86通用硬件集中部署,通过网络功能虚拟化技术进行逻辑设计,在接入网上层开发对应的功能软件。

5G网络需要更强的空口协调、多点协作功能,由于5G的工作频点相对较高,小区覆盖半径小,其网络部署密度高,网络中的干扰大,所以需要多站点之间完美合作,在接入网中需要一个中央控制器进行各站点的协作管理。

8.2.3 非独立组网和独立组网

由于不同国家和运营商的5G部署策略各不相同,5G标准化初期就定义了多种部署场景,提出了8个网络部署选项。在5G网络初期,为了有效利用已经建设成熟的4G网络,5G核心网具有同时接入4G和5G接入网的能力,此外,核心网还支持非3GPP接入技术(如Wi-Fi等)。5G部署方案总体上有两种:非独立组网(Non-Standalone,NAS)方式和独立组网(Standalone,SA)方式,如图8-10所示,其中,选项1、2、5、6是独立组网,选项3、4、7、8是非独立组网,选项3、4、7还有不同的子选项。

选项1(图8-10a)是4G组网方式。选项6(图8-10f)中部署的是5G基站,核心网是4G的核心网,这种方式会限制5G系统的部分功能,如网络切片,所以选项6只是理论上存在。选项8(图8-10h)是在目前的4G核心网基础上部署5G基站,将控制面命令和用户面数据传输至4G核心网,由于需要对4G核心网进行升级改造,成本更高,不具有实际部署价值，所以实际能部署的网络形式只有剩下的其他选项。

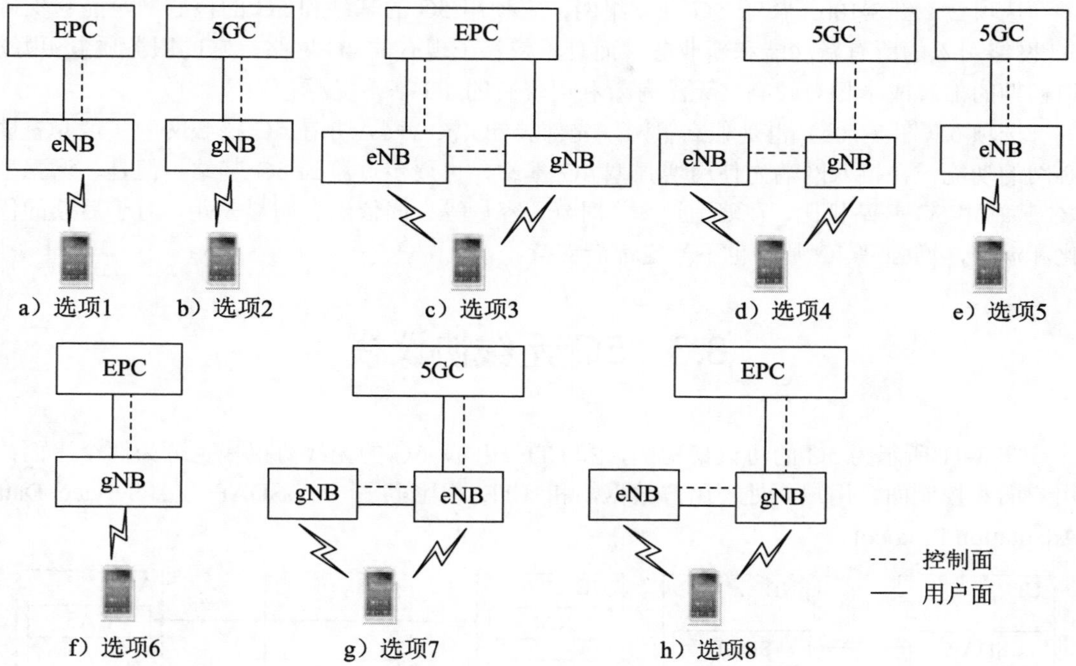

图 8-10　5G 组网示意

1．非独立组网

非独立组网（NSA）模式是 5G 建网初期的主要模式，这种方式可以最大限度地利用已有的 4G 基站和核心网的资源，节省成本，利用 5G 进行热点部署，开展业务较快。

NSA 模式主要由选项 3 系列组成，选项 3（图 8-10c）的共同点是 5G 基站优先接入 4G 核心网（EPC），控制面完全依赖 4G 的 EPC 和 RRC 层，它是以 4G 为主节点，5G 为辅节点的双连接，借助 4G 与 5G 无线系统的双连接提高数据传输速率，因此也叫双连接架构（EUTRA-NR Dual Connection，EN-DC）。

选项 4（图 8-10d）是一种非独立组网模式，其中，4G 基站和 5G 基站共用 5G 核心网，5G 基站作为主站，4G 基站作为从站。

选项 7（图 8-10g）系列也是一种非独立组网模式，和选项 3 不同，选项 7 的核心网为 5G 核心网，由于 5G 核心网比接入网的部署要晚一些，可以认为选项 7 是选项 3 的后期演进方案，用 5G 核心网代替 4G 核心网可以提升网络性能。

2．独立组网

独立组网（SA）是独立的 5G 网络部署，从 5G 基站直接连接到 5G 核心网。虽然独立组网不需要 4G 的协助，但是在实际通信中要考虑 4G 和 5G 之间的交互操作。

选项 2（图 8-10b）属于 5G 独立组网，它使用 5G 的基站和 5G 的核心网，能够支持 5G 网络引入的所有新功能和新业务，而且不依赖于现有的 4G 网络，它的服务质量更好，但初期的部署成本相对较高，无法有效利用现有的 4G 基站资源。

选项 5（图 8-10e）也是独立组网，先部署 5G 核心网，并在 5G 核心网中实现 4G 核心网的功能，在接入网端先使用增强型 4G 基站，再逐步过渡到 5G 基站。但是，增强型 4G 基站跟 5G 基站相比，在峰值速率、时延、容量等方面依然有明显差距，对于后续的优化和演进，增强型 4G 基站也不一定都能支持。

8.3 5G 无线协议栈

图 8-11 所示为 5G 的协议架构图，和 LTE 相同，5G 的无线协议栈也分为两个平面：用户面和控制面。用户面处理用户数据，和 LTE 相比多了一个 SDAP 层（Service Data Adaptation Protocol）。

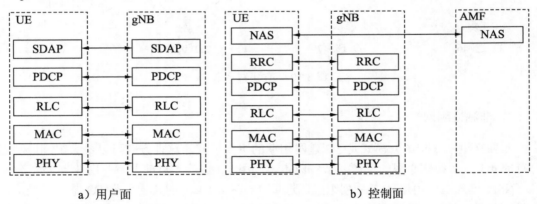

图 8-11　5G 用户面和控制面协议

5G 的控制面协议几乎与 LTE 协议栈一模一样，控制面主要处理系统信令层面的数据，UE 所有的协议栈都在 UE 内实现；在网络侧，NAS 层不位于 5G 基站上，而是在 5G 核心网的 AMF 网络功能实体上。

各层的主要功能和 LTE 相同，但为了适应 5G 的资源调度灵活性和应对三种应用场景的不同时延需求，5G 的各层协议在 LTE 的基础上均有所改进。例如：PDCP 层可以在收到传输请求之前，对要传递到 RLC 层的数据预先处理，生成 PDCP PDU，RLC 层也增加了预处理功能，把 PDCP PDU 传递给 RLC 层，由 RLC 进行预处理，加快数据分组处理，实现低时延的需求；5G MAC 层为了提高数据处理的速度，采用了增强型的 PDU 结构，加强了 MAC 层的控制能力。

　　RRC 层主要负责无线资源管理和移动性管理，包括系统广播信息、RRC 连接控制、移动性和测量报告等的管理，在 5G 的 RRC 协议中定义了 3 种 RRC 状态，分别为 RRC 激活态（RRC_CONNECTED）、RRC 非激活态（RRC_INACTIVE）和 RRC 空闲态（RRC_IDLE），这 3 种状态之间可以进行转换，实现系统的低功耗、低时延和高性能。

- RRC_CONNECTED 状态：在 RRC 的这种状态中，5G 和 LTE 的主要过程基本相同，基站通过资源调度为用户分配专用于数据传输的时频物理资源，用户可以在共享数据信道上传输数据。此时，用户需要监听控制信道，以便接收与调度相关的控制信息。在数据传输的同时，用户需要不断测量下行信道的质量，给基站反馈信道质量报告。

- RRC_INACTIVE 状态：LTE 没有 RRC_INACTIVE 状态。当处于这种状态时，5G 基站不会为用户分配专用的数据传输物理资源。用户需要保存所有的网络配置参数信息，接入网也会保存用户的网络配置参数信息，用户与核心网之间保持连接。如果核心网有数据需要发送给用户，那么可以通过最后服务基站发起对用户的寻呼过程。为了节省功率损耗，此时的用户采用非连续接收（Discontinuous Reception，DRX）方式，只有在每个 DRX 周期内，用户才会在寻呼时刻监听基站是否有发送给自己的寻呼信息，在非 DRX 周期，用户处于休眠状态。

- RRC_IDLE 状态：5G 和 LTE 的主要过程基本相同，基站不但不会为用户分配专用的数据传输物理资源，而且还会删除用户的网络配置参数信息，释放其与核心网之间的连接。用户在监听寻呼消息时和 RRC_INACTIVE 状态相同，采用 DRX 来节省功率损耗。

　　SDAP 层是 5G 新增加的协议层，是无线协议栈（空口协议栈）的最高层，它仅用于处理用户面的数据。SDAP 层的主要功能和 QoS 流有关（QoS 是针对吞吐量、延时、分组数据包丢失率等方面获得预期服务水平所采取的控制技术，相同 QoS 需求的 IP 数据包映射到同一个 QoS 流中），用户和 5G 核心网之间传输的 IP 数据包和 QoS 流相关联，QoS 流由某个无线承载（DRB）进行传输，一个或多个 QoS 流可以映射到一个 DRB，上行时，同一时间的一个 QoS 流只能映射到一个 DRB。

　　在发送端，SDAP 层根据高层配置的规则处理 QoS 流和 DRB 之间的映射，QoS 流转化为 DRB，然后添加 SADP PDU 子头并传递给 PDCP 层，如果所有的 QoS 流同时只映射到一个 DRB，则发送端的 SDAP 层不需要添加 SDAP 子头，SDAP 层发送端的处理过程如图 8-12 所示。

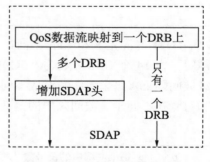

图 8-12　SDAP 发送端的处理过程

8.4 5G 的帧结构

8.4.1 5G 子载波间隔

5G 的物理层协议集中在 TS 38.2xx 系列中，TS 表示技术规范。R15 中规定，eMBB 场景的系统下行传输采用带循环前缀（CP）的 OFDM 波形，上行传输可以采用基于 DFT 预编码的带 CP 的 OFDM 波形，也可以与下行传输一样，采用带 CP 的 OFDM 波形。由此可见 R15 中定义的 5G 和 LTE 系统都基于 OFDM 传输。

两者的不同是：LTE 只支持固定的子载波间隔 15kHz，而 5G 采用灵活的子载波间隔，以支持 5G 宽带范围和各种不同场景的业务需求。R14 中定义的子载波间隔可以扩展的范围为 15～480kHz，但 R15 中没有包含 480kHz 的子载波间隔，只支持 5 种子载波间隔配置，子载波间隔表示为 $2^\mu \cdot 15$kHz（μ=0、1、2、3、4，不同的 μ 代表不同的子载波间隔），采用和 LTE 相同的 15kHz 作为基准，如表 8-2 所示（引自 TS 38.211 表 4.2-1）。大部分情况下，子载波间隔的循环前缀是正常的 CP，只有当子载波间隔为 60kHz 时，循环前缀才分为正常 CP 和扩展 CP 两种情况，子载波的频域位置是指该子载波的中心频率。

表 8-2 5G中不同的子载波间隔

μ	$\Delta f = 2^\mu \cdot 15$/kHz	循 环 前 缀
0	15	常规
1	30	常规
2	60	常规，扩展
3	120	常规
4	240	常规

5G 的时隙定义和 LTE 不同，在 LTE 中，时隙指的是 0.5ms 的时间单位，5G 中的时隙定义为 14 个 OFDM 符号。5G 的子载波间隔有 15kHz、30kHz 和 60kHz 等，在不同子载波间隔下，每个无线帧对应不同的时隙数和符号数。表 8-3 所示为无线帧、子帧、时隙和符号在不同子载波间隔中的定义，也称为参数集。

表 8-3 常规CP中的参数集定义

μ	每个时隙中的符号数	每个无线帧中的时隙数	每个子帧中的时隙数	每个时隙的时间
0（15kHz）	14	10	1	1ms
1（30kHz）	14	20	2	0.5ms
2（60kHz）	14	40	4	0.25ms

μ	每个时隙中的符号数	每个无线帧中的时隙数	每个子帧中的时隙数	每个时隙的时间
3（120kHz）	14	80	8	0.125ms
4（240kHz）	14	160	16	0.0625ms

从表 8-3 中可以看出，无论子载波间隔如何，一个无线帧固定有 10 个子帧，每个时隙固定有 14 个 OFDM 符号，这些和 LTE 的定义相同，这样极大地简化了系统调度等的设计。不同于 LTE 的是：在不同子载波间隔配置中，每个子帧中的时隙数不同，时隙数随着子载波间隔的增大而增大。由于符号的持续周期和子载波频率间隔之间是倒数关系，子载波间隔越大，其 OFDM 符号越短，持续的时间越少，所以，在不同的子载波间隔下，对应的 OFDM 符号时长也不同，如表 8-4 所示。时隙最大为 1ms，最小为 0.0625ms，不同子载波情况下的时隙长度如图 8-13 所示。

表 8-4　常规CP下符号时长与子载波间隔

μ	0	1	2	3	4
子载波间隔/kHz	15	30	60	120	240
OFDM符号时长/μs	66.67	33.33	16.67	8.33	4.17
循环前缀CP时长/μs	4.69	2.34	1.17	0.57	0.29
包含CP的符号时长/μs	71.36	35.67	17.84	8.92	4.46

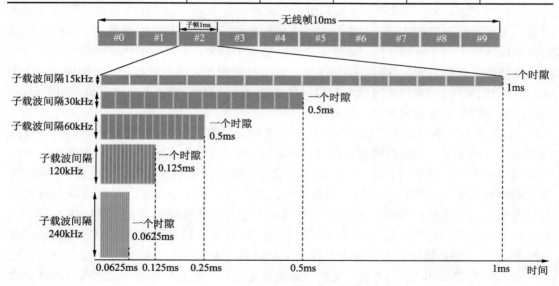

图 8-13　5G 不同子载波间隔下的时隙长度

当 $\mu=0$ 时，系统配置的子载波间隔为 $2^{\mu}\cdot15\text{kHz}=15\text{kHz}$，1 个子帧中含有 1 个时隙，1个子帧对应的 OFDM 符号数是 14 个，包含的 CP 的符号时长为 71.35μs；当 $\mu=1$ 时，子载

波间隔 $2^\mu \cdot 15\text{kHz}=30\text{kHz}$，每个子帧中有 2 个时隙，1 个子帧对应的 OFDM 符号就有 $2\times14=28$（个），包含的 CP 的符号时长是 35.67μs；当 $\mu=3$ 时，系统配置的子载波间隔为 $2^\mu \cdot 15\text{kHz}=120\text{kHz}$，一个子帧有 8 个时隙，1 个子帧对应的 OFDM 符号有 $8\times14=112$ 个，包含的 CP 的符号时长是 8.92μs。由此，对 5G 的系统资源配置的灵活性可见一斑，系统可以根据通信场景的实际需求配置不同的子载波间隔。

5G 设计灵活复杂参数集的主要目的是灵活满足各种应用场景的业务需求，子载波间隔的设置要满足场景需求。子载波间隔越大，占用的带宽越大，时域上缩短了 OFDM 符号的时长，时隙的粒度更小，调度的颗粒度小，物理上降低了系统的时延。但也不能一味追求过大的子载波间隔，系统子载波间隔越大，CP 的符号时长就越小，CP 的持续时间如果小于信道时延扩展，那么信道将无法克服多径干扰的影响；而子载波间隔越小，物理层性能就容易受到多普勒频偏的影响，从而影响高速移动的通信性能，因此子载波间隔设置要根据实际应用场景进行规划。为了更好地和 LTE 系统兼容，5G NR 将基准子载波间隔设计为 15kHz。

在时域，5G 的调度不再是以子帧（1ms）为最小单位，根据不同的帧格式，可以设置时隙或符号为最小调度单位，这样做的好处是可以直接减少 HARQ 的传输时延（LTE 中的 HARQ 传输时延大于或等于 4 个子帧）。例如：对实时性要求比较高的 uRLLC 场景可以配置较大的子载波间隔，减少时延；对时延要求不高，但对数据速率要求较高的 eMBB 场景，可以配置较小的子载波间隔，以提高资源利用率。

一般情况下，5G 的低频段主要是进行广域覆盖，高频段大多用于室内、补盲或热点覆盖。如果系统工作在低频段，那么可以选择较小的子载波间隔，如果系统工作在高频段则可以选择较大的子载波间隔，参数集的选择独立于频段，不同的子载波间隔可以根据实际的通信场景进行设置，数据信道和同步信道可以采用不同的子载波间隔。例如，工作在 6GHz 以下的频段，同步信道可以用 15kHz 或 30kHz 的子载波间隔，而数据信道可用 15kHz、30kHz 或 60kHz 的子载波间隔。

5G 支持 5 种不同的子载波间隔，有 5 种不同的时隙长度和频域宽度，不同的子载波间隔可以灵活配置。不同的时隙长度可以更好地支持 5G 多样的业务需求。在覆盖方面，子载波间隔越小，符号时长就越大，覆盖性能就越好；在移动性方面，子载波间隔越大，多普勒频移的影响越小，移动通信系统的性能就越好；在时延方面，子载波间隔越大，符号时长越短，系统时延就越小；在相位噪声方面，子载波间隔越大，相位噪声越小，系统性能就越好。在实际通信网络中，应根据网络部署的场景需求进行配置。例如：对广域覆盖的 eMBB 场景，业务信道设置为 15kHz 的子载波间隔，可以提高覆盖能力；对于车辆自动驾驶的 uRLLC 场景，其对时延要求比较高，业务信道可以设置为 120kHz 的子载波间隔。

8.4.2 5G 时隙结构

1. 5G的时隙配置

5G 要求更加灵活的资源配置，以实现时隙或符号级的资源调度，在同一个时隙中含有上行或下行符号，因此，5G 的 OFDM 符号分为下行符号（Downlink Symbol，D）、上行符号（Uplink Symbol，U）和灵活配置符号（Flexible Symbol，F）等类型。下行符号和上行符号分别在下行或上行时刻传输，灵活配置符号可以根据通信的业务场景需求灵活配置。

灵活配置符号可以由系统进行动态的上行或下行配置。在上行子帧的每个时隙中，上行数据在上行或灵活配置类型的符号上传输。在下行子帧中，下行数据在下行和灵活配置类型的符号上传输，所有的符号根据应用业务的需要，一个时隙可以配置为全上行数据或全下行数据，也可以在一个时隙中包含上行数据和下行数据。

表 8-5（引自 TS 38.213 表 11.1.1-1）所示为常规 CP 下一个时隙中的符号定义格式，其中，D 代表下行符号，U 代表上行符号，F 表示灵活配置符号。在基站的调度指令 DCI 中会告诉用户每个时隙的格式。在 5G 的时隙格式中，上行和下行的转换是以符号为转折点，表 8-5 中的配置适用于 FDD 制式和 TDD 制式。

表 8-5 常规CP下的时隙结构

格式	一个时隙中的符号数													
	0	1	2	3	4	5	6	7	8	9	10	11	12	13
0	D	D	D	D	D	D	D	D	D	D	D	D	D	D
1	U	U	U	U	U	U	U	U	U	U	U	U	U	U
2	F	F	F	F	F	F	F	F	F	F	F	F	F	F
3	D	D	D	D	D	D	D	D	D	D	D	D	D	F
4	D	D	D	D	D	D	D	D	D	D	D	D	F	F
5	D	D	D	D	D	D	D	D	D	D	D	F	F	F
6	D	D	D	D	D	D	D	D	D	D	F	F	F	F
7	D	D	D	D	D	D	D	D	D	F	F	F	F	F
8	F	F	F	F	F	F	F	F	F	F	F	F	F	U
9	F	F	F	F	F	F	F	F	F	F	F	F	U	U
10	F	U	U	U	U	U	U	U	U	U	U	U	U	U
11	F	F	U	U	U	U	U	U	U	U	U	U	U	U
12	F	F	F	U	U	U	U	U	U	U	U	U	U	U
13	F	F	F	F	U	U	U	U	U	U	U	U	U	U

续表

格式	一个时隙中的符号数													
	0	1	2	3	4	5	6	7	8	9	10	11	12	13
14	F	F	F	F	F	U	U	U	U	U	U	U	U	U
15	F	F	F	F	F	F	U	U	U	U	U	U	U	U
16	D	F	F	F	F	F	F	F	F	F	F	F	F	F
17	D	D	F	F	F	F	F	F	F	F	F	F	F	F
18	D	D	D	F	F	F	F	F	F	F	F	F	F	F
19	D	F	F	F	F	F	F	F	F	F	F	F	F	U
20	D	D	F	F	F	F	F	F	F	F	F	F	F	U
21	D	D	D	F	F	F	F	F	F	F	F	F	F	U
22	D	F	F	F	F	F	F	F	F	F	F	F	U	U
23	D	D	F	F	F	F	F	F	F	F	F	F	U	U
24	D	D	D	F	F	F	F	F	F	F	F	F	U	U
25	D	F	F	F	F	F	F	F	F	F	F	U	U	U
26	D	D	F	F	F	F	F	F	F	F	F	U	U	U
27	D	D	D	F	F	F	F	F	F	F	F	U	U	U

5G 的调度基本单位分为两种类型：基于时隙（Slot-based）和非时隙（Non-Slot based）。基于时隙的基本调度单位为时隙，正常的时隙有 14 个 OFDM 符号（常规 CP）或 12 个 OFDM 符号（扩展 CP），非时隙调度对应的基本调度单位是符号。为了更好地适应 5G 的各种应用场景，3GPP 定义了自包含子帧（Self-Contained）和微时隙（Mini-Slot）。

2. 自包含子帧

在 5G 中，为了减小通信时延，希望接收信息和反馈在一个子帧内完成，这就是自包含子帧。自包含子帧是 3GPP 为了满足自动驾驶和工业物联网等 uRLLC 业务的时延要求而定义的，为了降低 HARQ 的反馈时延，把数据和反馈包含在同一个子帧内，发送方可以在一个子帧内发送数据和接收 HARQ 的反馈，降低了因反馈时序而引起的时延。每个时隙中都有自己的 SRS 用于信道估计，这样可以有效地利用 TDD 信道的互易性提高大规模天线的工作效率。

图 8-14 所示为自包含的下行子帧，在 TDD 制式中，下行子帧的控制区域在子帧的前面几个符号上。控制区域包含参考信号和调度信息，对下行数据进行解码以后，根据解码结果，

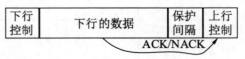

图 8-14　自包含的下行子帧示意

UE 能够在下行和上行切换的保护间隔期间准备好包括 HARQ 反馈信息的上行控制信息，一旦切换成上行链路，就发送上行控制信息，这样基站和终端能够在一个子帧内完成数据

的完整交互，大大减少了时延。

5G 的自包含子帧结构让接收方在解码某一时隙或者某个波束的数据时，不需要缓存其他时隙或者波束的数据。如果没有这种特性，用户端或者基站端就需要增加存储硬件，也会带来额外的计算成本。可以说，5G 自包含特性降低了对终端和基站的软件/硬件配置要求，减少了基站和终端的功率消耗，延长了用户的待机时间。

3．微时隙

为了满足低时延类的通信场景需求，系统需要进行快速和灵活的调度，在 5G 中可以通过微时隙满足这个要求。如图 8-15 所示，微时隙只占用时隙的一部分 OFDM 符号资源，其时域小于 14 个符号，并以 2 个、4 个或 7 个 OFDM 符号为基本单位。当系统以微时隙方式调度资源时，数据可以在时隙内部的任何符号位置上。微时隙调度方式可用于小数据分组传输中，以降低用户等待调度的时延，适用于 uRLLC 和 eMTC 的小数据通信场景。

5G 基于一个常规时隙的调度是 Slot-Based 的调度。在进行 Slot-Based 调度时，除了控制信道占用的资源，用户的上行或下行数据占满一个时隙，基于微时隙的调度是 No-Slot Based 调度，符号的长度不固定，起始点可以在 OFDM 符号的任何位置上。

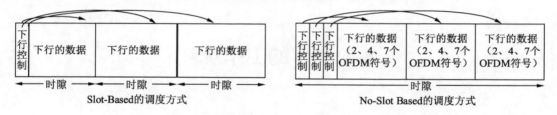

图 8-15　Slot-Based 调度方式和 No-Slot Based 调度方式示意

4．5G主要帧结构

5G 的帧结构可以配置为单独时隙的自包含子帧，也可以配置为多个时隙组合的更长的帧结构，以 30kHz 的子载波间隔为例，主要有 3 种上下行时隙配比，如 2ms 或 2.5ms 的组合帧结构。

如图 8-16 所示，图 8-16a 是以 2ms 为一个周期，每一个周期中有 2 个下行的子帧，用 D 表示，1 个特殊子帧，用 S 表示，1 个上行子帧，用 U 表示，这种帧结构称为 2ms 的单周期。图 8-16b 是以 2.5ms 为一个周期，每一个周期中有 3 个下行的子帧，1 个特殊子帧，1 个上行子帧，这种帧结构称为 2.5ms 的单周期。图 8-16c 是以 5ms 为一个周期，每一个周期含有两个 2.5ms，这两个 2.5ms 内的上下行子帧配置不同：第一个 2.5ms 的结构内有 3 个下行的子帧，1 个特殊子帧，1 个上行子帧；第二个 2.5ms 的结构内有 2 个下行的子帧，1 个特殊子帧，2 个上行子帧，这种帧结构称为 2.5ms 的双周期。三种帧结构的上下行配置不同，用于上下行的数据量也不同，可以根据实际的业务场景进行设置，这里的特殊子帧和 LTE 的特殊子帧类似，由上行符号、保护间隔和上行符号组成。

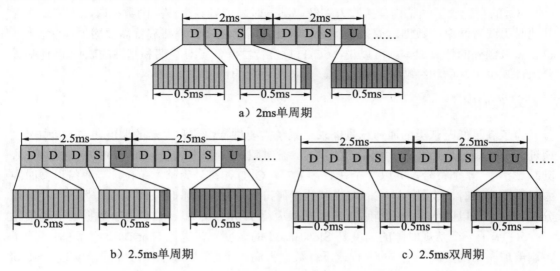

图 8-16　5G 的 3 种上下行时隙/子帧配比示意

8.5　5G 的工作频率

8.5.1　5G 的频段

为了获得足够的带宽来满足大容量、高速率的业务需求，5G 中涵盖高、中、低频的全频段频谱，3GPP 指定了两个频点范围，分别称为 FR1 和 FR2。FR1 的频率范围为 450～6000MHz，属于 6GHz 以下的中低频段，是 5G 主要的网络覆盖频段。FR2 是在 6GHz 以上的频段，主要是毫米波频段，频率范围为 24250～52600MHz。FR2 频段的频谱资源丰富，易于获得大带宽连续频谱，但其覆盖能力弱，无法实现连续覆盖，适用于高速率、高容量要求的热点区域。5G 对频段编号进行了调整，在 LTE 原有的编号前面加了字母 n，并新增了一些频段。表 8-6 所示为 3GPP 中的 FR1 频段定义。表 8-7 是 3GPP 中的 FR2 频段定义。

表 8-6　FR1 的频段定义

NR频段	上　　　行	下　　　行	双　　　工
n1	1920～1980MHz	2110～2170MHz	FDD
n2	1850～1910MHz	1930～1990MHz	FDD

NR频段	上　行	下　行	双　工
n3	1710～1785MHz	1805～1880MHz	FDD
n5	824～849MHz	869～894MHz	FDD
n7	2500～2570MHz	2620～2690MHz	FDD
n8	880～915MHz	925～960MHz	FDD
n20	832～862MHz	791～821MHz	FDD
n28	703～748MHz	758～803MHz	FDD
n38	2570～2620MHz	2570～2620MHz	TDD
n41	2496～2690MHz	2496～2690MHz	TDD
n50	1432～1517MHz	1432～1517MHz	TDD
n51	1427～1432MHz	1427～1432MHz	TDD
n66	1710～1780MHz	2110～2200MHz	FDD
n70	1695～1710MHz	1995～2020MHz	FDD
n71	663～698MHz	617～652MHz	FDD
n74	1427～1470MHz	1475～1518MHz	FDD
n75	N/A	1432～1517MHz	SDL
n76	N/A	1427～1432MHz	SDL
n77	3.3～4.2GHz	3.3～4.2GHz	TDD
n78	3.3～3.8GHz	3.3～3.8GHz	TDD
n79	4.4～5.0GHz	4.4～5.0GHz	TDD
n80	1710～1785MHz	N/A	SUL
n81	880～915MHz	N/A	SUL
n82	832～862MHz	N/A	SUL
n83	703～748MHz	N/A	SUL
n84	1920～1980MHz	N/A	SUL
N86	1710～1780MHz	N/A	SUL

表 8-7　FR2 频段

NR频段	频率范围/MHz	双 工 模 式
n257	26500～29500	TDD
n258	24250～27500	TDD
n260	37000～40000	TDD

表 8-6 中的 SUL 和 SDL 为上下行的辅助频段（Supplementary Bands），SUL 和 SDL 处于低频段，其中，SUL 表示辅助上行，增强上行覆盖，SDL 表示辅助下行，增强下行覆盖。因为 5G 工作在高频段，在无线通信过程中信号的穿透损耗大，信号能量衰减快，

覆盖半径小，通过频段较低的辅助频段可以实现小区覆盖。

SUL 主要用来承载 NR 覆盖边缘的用户，引入 SUL 可以补充高频 NR 的上行覆盖。终端可以通过正常上行链路或 SUL 进行上行传输。当上行载波的覆盖变差时，终端可以从高频的常规上行切换到相对较低的频段（SUL）。如图 8-17 所示，在 TDD 制式下，基站工作频点是 3.5GHz，在这个工作频率下，中心用户和基站之间的通信正常，但是离得比较远的边缘用户，3.5GHz 的上行信号经过衰减后有可能不能正常被基站接收，此时可以结合 1.8GHz 的辅助上行进行数据传输，增强边缘用户的上行覆盖性能。

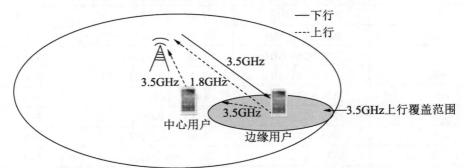

3.5GHz的常规上行+1.8GHz辅助上行，边缘用户上行的覆盖半径大

图 8-17 SUL+UL 的示意

在已经发放牌照的频段中，中国广电是 700MHz 和 4.9GHz 的频段，其他三大运营商的 5G 频段如表 8-8 所示，2.6GHz、3.5GHz 和 4.9GHz 属于 FR1。

表 8-8 三大运营商的频段

运 营 商	5G频段/MHz	带宽/MHz	5G频段号
中国移动	2515~2675	160	n41
	4800~4900	100	n79
中国电信	3400~3500	100	n78
中国联通	3500~3600	100	n78

8.5.2 传输带宽

基站支持一定范围的工作带宽，称为信道带宽，在基站的带宽范围内，用户可以灵活配置不同的带宽。传输带宽是实际可用的带宽，不包括信道带宽两侧的保护带宽。信道带宽和传输带宽示意如图 8-18 所示。

一般用 N_{RB}（RB 的数目）来表示最大传输带宽，在不同的子载波间隔下，不同的工作带宽有不同最小保护带宽，N_{RB} 要确保满足最小保护带宽的需求。传输带宽配置和子载波间隔（Sub-Carrier Space，SCS）有关。一个 RB 中包含 12 个连续的子载波，因此 N_{RB}

的计算公式为：N_{RB}＝（基站信道带宽－两侧保护带）/子载波间隔/12，表 8-9（引自 TS 38.104 表 5.3.2-1）和表 8-10（引自 TS 38.104 表 5.3.2-2）是 FR1 和 FR2 中各种子载波间隔情况下的最大传输带宽和 N_{RB} 的配置。FR1 支持的信道带宽最小是 5MHz，最大是 100MHz。FR2 支持的信道带宽最小是 50MHz，最大是 400MHz。

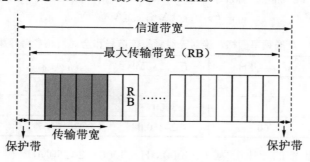

图 8-18　信道带宽和传输带宽示意

表 8-9　FR1 最大传输带宽与 N_{RB} 的配置

SCS	信道带宽									
	5MHz	10MHz	15MHz	20MHz	25MHz	40MHz	50MHz	60MHz	80MHz	100MHz
15 kHz	25	52	79	106	133	216	270	N/A	N/A	N/A
30 kHz	11	24	38	51	65	106	133	162	217	273
60 kHz	N/A	11	18	24	31	51	65	79	107	135

表 8-10　FR2 最大传输带宽与 N_{RB} 的配置

SCS	信道带宽			
	50MHz	100MHz	200MHz	400MHz
60 kHz	66	132	264	N/A
120 kHz	32	66	132	264

8.5.3　全局频率栅格和信道栅格

1. 全局频率栅格和全局射频参考频率

在 5G 中，频段范围是 0～100GHz，将 100GHz 的频段划分出了 3279165 个栅格，划分这些频段的栅格定义为全局频率栅格，用 ΔF_{Global} 表示。全局频率栅格定义了射频参考频率的粒度，表示每个频率编号间隔频率大小，可以理解为频谱的最小刻度。

这些栅格从 0 开始编号，一直到 3279165，每个编号都代表一个绝对的频域位置，称为绝对无线频率信道号（NR Absolute Radio Frequency Channel Number，NR-ARFCN），表

示为 N_{REF}。

全局射频参考频率 F_{REF} 频段的范围是 $0\sim100GHz$，由绝对无线频率信道号确定，范围是 $0\sim3279165$，全局频率栅格、绝对无线频率信道号和全局射频参考频率的关系如式（8-1）所示，其中 $F_{REF\text{-}offs}$ 和 $N_{REF\text{-}offs}$ 的定义在表 8-11 中（引自 TS 38.104 表 5.4.2.1-1）。

$$F_{REF}=F_{REF\text{-}offs}+\Delta F_{Global}(N_{REF}-N_{REF\text{-}offs}) \tag{8-1}$$

表 8-11　全局频率栅格、绝对无线频率信道号和全局射频参考频率的关系

F_{REF}范围/MHz	ΔF_{Global}/kHz	$F_{REF\text{-}offs}$/MHz	$N_{REF\text{-}offs}$	N_{REF}编号范围
$0\sim3000$	5	0	0	$0\sim599999$
$3000\sim24250$	15	3000	600000	$600000\sim2016666$
$24250\sim100000$	60	24250.08	2016667	$2016667\sim3279165$

全局射频参考频率的范围分为 $0\sim3000MHz$、$3000\sim24250MHz$ 和 $24250\sim100000MHz$ 三部分，各部分的 ΔF_{Global} 不同，所以各部分的 N_{REF} 取值范围也不同，$0\sim3000MHz$ 的 ΔF_{Global} 是 5kHz，有 600000 个频点，$3000\sim24250MHz$ 的 ΔF_{Global} 是 15kHz，有 1416667 个频点。

全局射频参考频率可以通过式（8-1）进行计算。例如，计算绝对无线频率信道编号为 599999 对应的全局射频参考频率，$\Delta F_{Global}=5kHz$，$F_{REF\text{-}offs}=0$，$N_{REF\text{-}offs}=0$，$F_{REF}=0+5kHz\times(599999-0)=2999995kHz$。

同理，计算无线频率信道编号为 600000 对应的全局射频参考频率为：$F_{REF}=3000MHz+15kHz\times(600000-600000)=3GHz$。

2. 信道栅格

信道栅格可以理解为载波的中心频点的可选位置。信道栅格是绝对无线频率信道的一系列子集，主要用来标识在上下行链路中无线信道的频域位置。在每一个工作带宽中，来自无线频率信道的不同频率子集用于适配不同的工作频段，信道栅格的粒度 ΔF_{Raster} 和全局频率栅格 ΔF_{Global} 之间的关系可以表示为 $\Delta F_{Raster}=$ 步长 $\times\Delta F_{Global}$。

在 FR1 和 FR2 频段范围内，部分工作频段与信道栅格的映射关系如表 8-12（引自 TS 38.104 表 5.4.2.3-1）和表 8-13（引自 TS 38.104 表 5.4.2.3-2）所示。

表 8-12　FR1 中的部分工作频段与信道栅格的映射关系

工作频段	信道栅格粒度 ΔF_{Raster}/kHz	上行的 N_{REF} 范围（最小频率-<步长>-最大频率）	下行的 N_{REF} 范围（最小频率-<步长>-最大频率）
n1	100	384000-<20>-196000	422000-<20>-434000
n2	100	370000-<20>-382000	386000-<20>-398000
n3	100	342000-<20>-357000	361000-<20>-376000
n5	100	164800-<20>-169800	173800-<20>-178800
n7	100	500000-<20>-514000	524000-<20>-538000

表 8-13 FR2 中的各工作频段与信道栅格的映射关系

工 作 频 段	信道栅格粒度ΔF_{Raster}/kHz	上行和下行的N_{REF}范围 （最小频率-<步长>-最大频率）
n257	60	2054166-<1>-2104165
	120	2054167-<2>-2104165
n258	60	2016667-<1>-2070832
	120	2016667-<2>-2070831
n260	60	2229166-<1>-2279165
	120	2229167-<2>-2279165

以 n1 为例，其上行的无线频率信道号从 384000 到 396000，信道栅格粒度ΔF_{Raster} 为 100kHz，从表 8-11 可知，这个无线频率信道号范围的全局频率栅格ΔF_{Global} 为 5kHz，那么两个信道栅格之间包含 20 个频率栅格，即步长（step size）为 20。在 n1 频段内，上行的载波中心频点的无线信道编号从 384000 开始，每 20 个无线频率信道为 1 个可选的无线信道载波的中心位置，分别为 384000、384020、384040……

3. 同步栅格

同步栅格是同步块（SSB 块）中心频点的可选位置。当用户刚开机进行小区搜索时，只能根据运营商的工作频段及用户支持的频段检测 SSB 信号，实现下行时频同步。5G 的信道带宽大，频率值范围较大，而全局频率栅格的粒度较小，如果直接根据全局频率栅格进行盲检，则会导致同步时延变长，影响用户使用体验。

例如，3GHz 以下的频率的颗粒度ΔF_{Global} 是 5kHz，如果小区带宽是 100MHz，用户开机的时候按照这个粒度来扫频最强信号，开机时间会很长。为了有效降低同步时延，5G 专门引入了同步栅格（Synchronization Raster），为所有频率定义全局同步栅格。如表 8-14 所示，在 3GHz 以下范围内的同步栅格的频率粒度为 1200kHz；在 3000～24250MHz 范围内同步栅格粒度为 1.44MHz；在 24250～100000MHz 范围内同步栅格粒度为 17.28MHz。

表 8-14 同步栅格的频率扫描粒度

频率范围/MHz	BBS块频率栅格/MHz
0～3000	1.2
3000～24250	1.44
24250～100000	17.28

SSB 的中心频率位置定义为 SS_{REF}，其对应的编号为全局同步信道号（Global Synchronization Channel Number，GSCN）。与无线频率信道号类似，GSCN 同样对 0～100GHz 范围内的频段做了定义，每个 GSCN 对应一个 SSB 的检测频点。GSCN 和 SS_{REF} 的关系如表 8-15（引自 TS 38.104 表 5.4.3.1-1）所示。5G 对每个频带使用的同步块的子载

波间隔也进行了定义，FR1 中的部分同步块的子载波间隔定义如表 8-16（引自 TS 38.104 表 5.4.3.3-1）所示。从表 8-11 和表 8-14 中也可以看出，同步栅格和信道栅格不在一个频率范围，它们之间的频率没有对齐。

表 8-15 GSCN所有频率范围的SSREF和GSCN参数

频率范围/MHz	BBS块中心频率位置SS$_{REF}$	GSCN	GSCN的范围
0～3000	$N*1200kHz+M*50kHz$， $N=1:2499$，$M\in\{1,3,5\}$	$3N+(M-3)/2$	2～7498
3000～24250	$3000MHz+N*1.44MHz$， $N=0:14756$	$7499+N$	7499～22255
24250～100000	$24250.08MHz+N*17.28MHz$， $N=0:4383$	$22256+N$	22256～26639

表 8-16 部分频段的同步信号栅格（FR1）

工 作 频 段	SSB块子载波间隔/kHz	SSB块的发送模式	GSCN的范围 (最小频率-<步长>-最大频率)
n1	15	CaseA	5279-<1>-5419
n2	15	CaseA	4829-<1>-4969
n3	15	CaseA	4517-<1>-4693
n5	15	CaseA	2177-<1>-2230
	30	CaseB	2183-<1>-2224
n7	15	CaseA	6554-<1>-6718

8.6 5G 的频域资源

8.6.1 资源块

和 LTE 相同，5G 中的资源栅格也是由时域和频域两个维度来表示的，系统中的最小资源单位是 RE，5G RE 在时域上是一个 OFDM 符号的长度，频域为一个子载波宽度，其频域宽度由子载波间隔决定。

资源调度的基本单位是资源块（RB），LTE 对 RB 的定义是频域 12 个子载波，时域一个时隙（0.5ms），5G 对 RB 和 LTE 的定义不同，5G 的 RB 时域是一个 OFDM 符号长度，频域是 12 个子载波的宽度，不同子载波间隔下频域的宽度不同。

在 5G 中有两种 RB，一种是公共资源块 CRB（Carrier Resource Block），另一种是物

理资源块 PRB（Physical Resource Block）。CRB 表示某带宽所包含的全部 RB 是一种全局编号的资源块，它对整个工作带宽进行编号，编号是从 0 开始向频率增加的方向编号，CRB 的频域宽度和参数集的子载波间隔有关。CRB 的主要作用是作为公共坐标系，定位用户实际使用的频域范围，即部分带宽（Band Width Part，BWP）的位置。PRB 是一种局部编号的资源块，它仅对实际通信所用的带宽——部分带宽（BWP）内的资源块进行编号，表示实际带宽中用户可以使用的 RB 资源。每个 BWP 包含一段连续的物理资源块。构成 PRB 的大小由载波带宽和子载波间隔决定。PRB 编号的最大值是所在 BWP 中包含的最大 RB 数。图 8-19 所示为 CRB 和 PRB 的资源示意图。

图 8-19　CRB 和 PRB 资源示意

8.6.2　RB 资源栅格的公共参考点

资源栅格的公共参考点是 Point A，CRB0 的子载波 0 的中心就是 Point A，如图 8-20 所示。为了获得用户实际使用的 BWP 资源，首先需要获得 Point A 的位置。有两种方法可以获得 Point A 的位置。

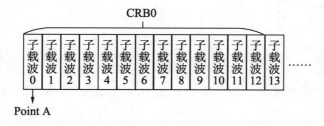

图 8-20　Point A 位置示意

一种方法是系统给用户发送 Point A 使用的绝对无线频率信道号，用户可以直接确定 Point A 的绝对频率位置；另一种方法是以间接的方法获得 Point A 频域位置，用户通过小区搜索完成下行同步以后，获得同步资源块 SSB 的位置，通过 SSB 和 Point A 的相对位置信息确定 Point A 所在的频率位置。

为了准确地描述 Point A 和 SSB 之间的相对位置，在 5G 中引入了参考 PRB。参考 PRB 只是一种尺度表示，不用于资源映射和调度，无论系统中工作的子载波间隔是多少，对于 FR1 来说，参考 PRB 的子载波间隔都是 15kHz，对于 FR2 来说，参考 PRB 的子载波间隔为 60kHz。

在间接方法中，Point A 的位置可以根据同步资源块 SSB 和 point A 的相对位置来计算，SSB 所在资源的起始公共资源块（CRB）用 $N_{\mathrm{CRB}}^{\mathrm{SSB}}$ 表示。在 5G 中，由于有 5 种不同的子载波间隔，所以协议重新定义了同步栅格，它与信道栅格并没有对齐，公共资源块 $N_{\text{CRB}}^{\text{SSB}}$ 子载波 0 和同步块 SSB 子载波 0 间的频率偏移用 K_{ssb} 表示，K_{ssb} 的单位是子载波，和参考 PRB 相同。K_{ssb} 在 FR1 中以 15kHz 为单位，在 FR2 中以 60kHz 为单位，系统可以通过 Point A 和 $N_{\text{CRB}}^{\text{SSB}}$ 之间的参考 PRB 数量、$N_{\text{CRB}}^{\text{SSB}}$ 和 K_{ssb} 定位 Point A。$N_{\text{CRB}}^{\text{SSB}}$ 信息在系统消息 SIB1 中传输，K_{ssb} 信息在 SSB 的 MIB 中传输，通过系统消息获得所需的参数以后，就可以推算 Point A 的具体频域位置了，它们之间的频域关系如图 8-21 所示。

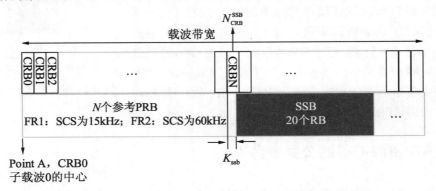

图 8-21　Point A、K_{ssb}、$N_{\text{CRB}}^{\text{SSB}}$ 和 SSB 的频域关系示意

8.6.3　部分带宽

1．BWP的定义

为了提高 5G 的数据速率，带宽从 LTE 的 20M 提高到 5G NR 的 100M 带宽，增加了 5 倍，带宽增加的同时，遇到一个能耗的问题。对于一个大的载波带宽如 100MHz，一个用户需要使用的带宽往往有限，如果让用户实时进行全带宽的检测和维护，用户的能耗将带来极大挑战。3GPP 引入部分带宽（Band Width Part，BWP）主要是为了让用户可以更好地使用大的载波带宽。BWP 就是在整个大的带宽内划出部分带宽供用户接入和数据传输，用户只需要在系统配置的这部分带宽内进行相应的操作即可。BWP 是网络侧在指定载波频率和子载波间隔下，从公共资源块（CRB）的连续子集中，给用户分配的一段连续的物理资源块（PRB），不同用户可配置不同的 BWP。BWP 是当前用户工作的实际带宽，可以小于系统带宽。

5G 可以根据用户的业务和终端的性能自动进行带宽自适应调节，带宽自适应是基站对用户配置一个或多个 BWP，并告知用户使用哪个 BWP 进行数据传输。为了让低带宽能力的用户适应系统大带宽，可以根据用户的性能配置不同的参数集。在带宽自适应机制中，用户的工作带宽可以根据需要进行调整，不需要和小区配置带宽一样大，根据传输的数据量大小可以进行自适应选择，以降低用户的能耗。用户传输数据的带宽位置可以根据信道质量的情况在小区的信道带宽中灵活分配，同时，BWP 中的子载波间隔也根据不同的业务类型进行配置。当用户传输的数据量较小时，在较小的 BWP 上监听系统的控制信息并发送数据，当用户传输的数据流较大时，可以使用较大的 BWP 接收和发送数据。

　　5G 中的 BWP 有自适应功能，可以根据用户的业务情况进行 BWP 带宽自动调整。如图 8-22 所示为不同时刻系统带宽中 BWP 的可能位置示意图，在 t1 时刻，用户的接收带宽小于系统带宽，假设用户在看网络电视，此时需要的带宽较大，可以在系统带宽内部分配一个带宽较大的 BWP0，支持用户的数据传输；在图 8-22 所示的 t2 时刻，可以理解为用户此时只进行微信数据的传输，如果用户还对 BWP0 带宽进行扫描，势必会造成功率浪费，为了省电，可以自适应地切换到 BWP1；在图 8-22 所示的 t3 时刻，系统检测到 BWP0 的信道质量下降，信噪比降低，此时 BWP 自适应切换到 BWP2 中进行数据传输，或者为了执行其他的业务，BWP2 中的子载波间隔更符合业务需求，就进行 BWP 切换。

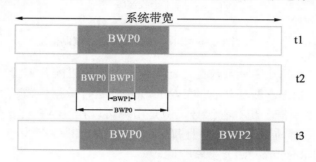

图 8-22　BWP 位置示意

　　5G 中的 BWP 可以对接收带宽（如 20MHz）小于系统带宽（如 100MHz）的用户提供入网支持，根据不同的通信场景，通过不同带宽大小的 BWP 之间的转换和自适应来降低用户的电量消耗。通过切换 BWP，可以实现子载波间隔的调整，不同的用户可以使用不同的 BWP 资源，可充分利用无线资源，降低系统间的干扰。

　　由于定义了 BWP，5G 数据传输不必集中在中心频点，所以信道的中心直流子载波可以用来进行数据传输，如图 8-23 所示为 LTE 和 5G 的直流子载波的使用情况。在 LTE 中，用户 1、2 和 3 的数据在整个工作带宽内传输，为了减少干扰，直流子载波不发送数据，在 5G 网络中，三个用户的数据分别在不同的部分带宽上传输，在直流子载波上可以正常发送数据。

　　在 FDD 制式中，上行 BWP 和下行 BWP 可以独立地自适应调整，在 TDD 制式中，上行 BWP 和下行 BWP 需要同时自适应变换，BWP 的变换由控制信道的 DCI 或 MAC 层的非激活时间（BWP-inactivity-time）来触发。

　　BWP 有两类：初始 BWP 和专用 BWP。初始 BWP 是小区级的概念，在每一个服务小区中，网络会配置一个初始 BWP，包括一个或两个上行 BWP（两个上行初始 BWP 用于上行增强的情况）和一个下行 BWP，用于用户初始接入的 BWP，用户通过初始 BWP 接收系统消息和发起随机接入。专用 BWP 是用户级的概念，由基站通过高层信令配置，主要用于数据业务的传输。

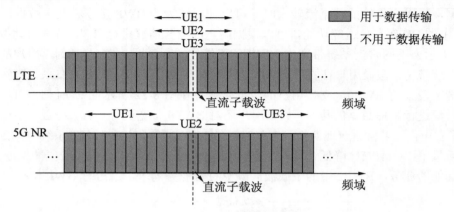

图 8-23　LTE 和 5G NR 的直流子载波调制情况

在下行信道中，在每个单元载波上，一个用户最多可以配置 4 个 BWP，但在某一时刻只有一个处于激活状态。激活状态的 BWP 供用户进行数据传输，用户不会接收 BWP 之外的下行数据、控制信令和参考信号，但是用户可以在 BWP 之外接收探测参考信号（SRS），实现无线信道质量测量。并且每个下行的 BWP 中至少包含一个用户专用的 CORESET（Control-Resource Set）搜索空间。

在上行信道中，在每个单元载波上，一个用户最多可以配置 4 个 BWP，在某一时刻只有一个 BWP 处于激活状态。用户在进行上行数据传输时，如果采用上行增强技术，那么在辅助上行的频段上也可以最多配置 4 个 BWP，并且只有一个激活态的 BWP，用户在发送上行数据和上行控制信息时，只在属于 BWP 的频段进行传输。

2. BWP的特点

（1）BWP 用 PRB 进行资源定义，用 CRB 作为参考坐标，BWP 的资源和子载波间隔有关。在 BWP 内的 PRB 取值范围为 $0 \sim N_{\text{BWP},i}^{\text{size}}-1$，$i$ 代表 BWP 的编号，PRB 的编号用 n_{PRB} 表示，CRB 的编号用 n_{CRB} 表示，两者之间满足 $n_{\text{CRB}}=n_{\text{PRB}}+N_{\text{BWP},i}^{\text{start}}$，$N_{\text{BWP},i}^{\text{start}}$ 表示的是 BWP 资源起始位置的 CRB 编号。

在 LTE 中用户传输数据时需要获得载波频率，而在 5G 中弱化了载波频率的概念，对用户来说，获得 BWP 的位置信息非常重要，只有了解了系统中的 BWP 配置后才能进行数据传输。

如图 8-24 所示，在 BWP 中，PRB 的起始位置从子载波 0 开始，是一个相对坐标，由 Point A 来决定，用户如果能根据高层 RRC 的配置获得 Point A 和 $N_{\text{BWP},i}^{\text{start}}$，即可找到可用资源（BWP）的位置。

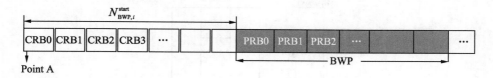

图 8-24 Point A、CRB 和 PRB

（2）每个用户最多可以配置 4 个下行的 BWP，BWP 的带宽大于或等于 SSB 带宽，BWP 可以包含 SSB 块，也可以不包含 SSB 块，每个用户同时只有一个激活的 BWP，每个下行 BWP 至少有一个包含用户特定搜索空间 CORESET（Control-Resource Sets），在主载波上，至少有一个 BWP 包含公共搜索空间 CORESET。

（3）每个用户最大可以配置 4 个上行的 BWP，同时只有一个 BWP 被激活。如果是上行增强的情况，在辅助上行的载波频段上也可以配置最多 4 个上行的 BWP，同时只有一个 BWP 被激活。用户不能在非激活的 BWP 上传输数据和信令。

8.7　同步和系统信息块

用户开机后要进行网络搜索，寻找可以入住的小区，如果用户之前已经在网络侧注册过，则会保存用户的一些先验信息（PLMN ID、接入频点等），以加速接入过程，如果没有注册过，则会根据自己所支持的频段和规定的同步信息块进行全网搜索。当搜到一个能量较强的频段后，根据同步信息和系统消息 MIB 进行时频同步，这就是下行同步的过程。

由于 LTE 中的同步消息和 MIB 消息是分开设计的，同步信号是分布在 10ms 的子帧中，每 10ms 发送一次，系统消息 MIB 在广播信道中发送，周期是 40ms，接收消息的周期较长，也会带来较大的时延。5G 为了减少接入时延，适应多种场景的业务需求，引入了 SSB 块的设计，SSB 块中包含同步信号和 MIB 消息。

8.7.1　SSB 的资源结构

4G 是在固定位置周期性地发送同步信号和 MIB 系统消息，在 5G 中，同步信息和物理广播信道以"打包"的形式发送，同时匹配波束扫描机制，使所有的用户都可以收到同步信息和系统消息，这种"打包"在 5G 中称为 SSB。

SSB 块是由主同步信号（PSS）、辅同步信号（SSS）、物理广播信道（PBCH）和解调参考信号（DMRS）组合在一起构成的，SSB 的资源结构是由 20 个 PRB 和 4 个 OFDM 符号构成，不同的子载波间隔对应不同的 SSB 时域和频域宽度。

在时域上，一个 SSB 包含 4 个 OFDM 符号，编号为 0～3；在频域上，一个 SSB 块占用 240 个连续的子载波，子载波在块内的编号为 0～239，如图 8-25 所示。

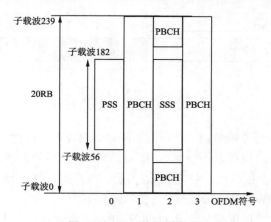

图 8-25　SSB 资源结构图

表 8-17 所示为 SSB 块内的资源配置（引自 TS 38.211 表 7.4.3.1-1）。PSS 和 SSS 在时域上分别占用一个 OFDM 符号，频域占用 127 个子载波。PSS 时域位于 SSB 块中 OFDM 符号 0 的位置，PSS 频域占据 SSB 块中间（第 56 到 182 之间）的 127 个子载波；SSS 时域位于 SSB 块中 OFDM 符号 2 的位置，SSB 频域占据中间（第 56 到 182 之间）的 127 个子载波。

在 PBCH 中传输 MIB 消息，时域上占用 3 个 OFDM 符号，频域上占用 240 个子载波，PBCH 占用 SSB 块中全部的 OFDM 符号 1 和符号 3 及 OFDM 符号 2 的一部分，中间的部分子载波被 SSS 和保护带占用。

表 8-17　SSB块内的资源配置

信道/信号	SSB块内的符号	SSB块内的子载波编号
PSS	0	56，57，…，182
SSS	2	56，57，…，182
Set to 0	0	0，1，…，55，183，184，…，239
	2	48，49，…，55，183，184，…，191
PBCH	1，3	0，1，…，239
	2	0，1，…，47，192，193，…，239
PBCH中的DMRS	1，3	$0+v$，$4+v$，$8+v$，…，$236+v$
	2	$0+v$，$4+v$，$8+v$，…，$44+v$ $192+v$，$193+v$，…，$236+v$

DMRS 的主要作用是解调 PBCH。为了准确解调 PBCH，DMRS 信号散布在 PBCH 中，在频域间隔为 4 个子载波，在 SSB 中的起始位置 v 由物理小区 ID（PCI）模 4 决定，目的是让不同小区中 PBCH 的 DMRS 在频域上错开，以减少小区间的干扰。

在 SSB 块中，PSS、SSS 和 PBCH 使用相同的 CP 和子载波间隔，发送 SSB 块的天线端口是 4000。PSS 序列、SSS 序列和 PBCH 中的 DMRS 序列在 SSB 块中映射时，先按照升序在频域进行映射，然后是时域映射。SSB 块采用 QPSK 调制方式，PBCH 编码方式为 Polar 编码。携带小区标识的 SSB 块的搜索是在同步栅格上进行的，根据固定的 SSB 块结构，当用户检测到同步信号以后，可以对 PBCH 进行解码。

在非独立组网（NSA）模式尤其是在 EN-DC 中，用户不需要在 5G 系统中进行 SSB 块盲检，4G 基站会告知用户 5G 系统的工作频率和子载波间隔等参数；而在独立组网（SA）模式中，用户需要通过盲检获得 SSB 块信息。

8.7.2　SSB 的发送机制

为了增强高频段的覆盖水平，5G 通过多天线的波束赋型方式进行覆盖增强，由于覆盖的波束较窄，在 5G 中按照 TDD 的方式将相同的 SSB 通过波束发送到不同的方向，使各个方向的用户都可以收到 SSB。基站向各个方向发送的这一系列 SSB，称为 SSB 突发集合（SS Burst Set）。SSB 突发集合按照一定的周期进行传送，周期可以是 5ms、10ms、20ms、40ms、80ms 和 160ms 等，其默认周期是 20ms（LTE 中同步信号的发送周期是 5ms），周期可以由 RRC 信令进行配置。

5G 中采用时分多址的波束扫描方式向不同方向发射承载相同内容的 SSB 波束，实现各个方向的覆盖，每个 SSB 都有一个索引号，每个 SSB 覆盖不同的方向，UE 在收到的 SSB 中会选择信号最强的作为自己的 SSB 波束。一个 SSB 突发集合的时长为 5ms。SSB 的数目及起始符号与子载波间隔和频段有关，频率越高，波束越窄，为了实现 SSB 全方位覆盖，需要的 SSB 突发集合就越多。3GPP 在 TS38.213 表 4.1 中定义了 5 种 SSB 突发集合中的多个 SSB 符号位置，分别对应不同的子载波间隔和频域范围，如表 8-18 所示。

表 8-18　SSB 时域位置

类别	子载波间隔/kHz	SSB 所在符号的起始位置	$f \leqslant 3$GHz	3GHz$<f \leqslant 6$GHz	6GHz$<f$
Case A	15	$\{2,8\}+14n$	n=0,1	n=0,1,2,3	
Case B	30	$\{4,8,16,20\}+28n$	n=0	n=0,1	
Case C	30	$\{2,8\}+14n$	n=0,1	n=0,1,2,3	
Case D	120	$\{4,8,16,20\}+28n$			n=0,1,2,3,5,6,7,8,10, 11,12,13,15,16,17,18
Case E	240	$\{8,12,16,20,32,36,40,44\}+56n$			n=0,1,2,3,4,5,6,7,8

- Case A：在 SSB 块中，PSS、SSS 和 PBCH 的子载波间隔是 15kHz。

SSB 所在符号的起始位置满足 $\{2,8\}+14n$。当载频 $f \leqslant 3$GHz 时，n=0,1，由计算得出：SSB 所在符号的起始位置为 2,8,16,22，共发送 4 个 SSB，如图 8-26 所示；当载频 3GHz$<f \leqslant 6$GHz 时，n=0,1,2,3，SSB 所在符号的起始位置为 2,8,16,22,30,36,44,50，共发送 8 个 SSB。

- Case B：在 SSB 块中，PSS、SSS 和 PBCH 的子载波间隔是 30kHz。

SSB 所在符号的起始位置满足{4,8,16,20}+28，在载频 $f \leq 3\text{GHz}$ 时，$n=0$，SSB 所在符号的起始位置为 4,8,16,20，一共发送 4 个 SSB，如图 8-26 所示；当载频 $3\text{GHz}<f \leq 6\text{GHz}$ 时，$n=0,1$，SSB 所在符号的起始位置为 4,8,16,20,32,36,44,48，共发送 8 个 SSB。

- Case C：在 SSB 块中，PSS、SSS 和 PBCH 的子载波间隔是 30kHz。

SSB 所在符号的起始位置满足{2,8}+14n，当载频 $f \leq 3\text{GHz}$ 时，$n=0,1$，SSB 所在符号的起始位置为 2,8,16,22，一共发送 4 个 SSB，如图 8-26 所示；当载频 $3\text{GHz}<f \leq 6\text{GHz}$ 时，$n=0,1,2,3$，SSB 所在符号的起始位置为 2,8,16,22,30,36,44,50，共发送 8 个 SSB。

- Case D：在 SSB 块中，PSS、SSS 和 PBCH 的子载波间隔是 120kHz。

SSB 所在符号起始位置满足{4,8,16,20}+28n，当载频 $f>6\text{GHz}$ 时，$n=0,1,2,3,5,6,7,8$，SSB 所在符号的起始位置为 4,8,16,20,…,512,520,524，共发送 64 个 SSB。

- Case E：在 SSB 块中，PSS、SSS 和 PBCH 的子载波间隔是 240kHz。

SSB 所在符号的起始位置满足{8,12,16,20,32,36,40,44}+56n，在载频 $f>6\text{GHz}$ 时，$n=0,1,2,3,5,6,7,8$，SSB 所在符号的起始位置为 8,12,16,20,…,484,488,492，共发送 64 个 SSB。

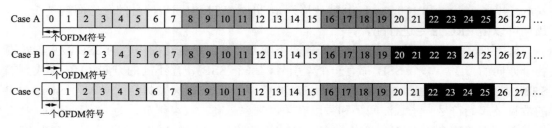

图 8-26　载波频率小于 3GHz 时的 SSB 时域位置示意

图 8-26 是载波频率小于 3GHz 时 Case A、Case B 和 Case C 的 SSB 时域位置示意。在 5G 中，根据载波的频率变化，一个 SSB 突发集合内支持的最大的 SSB 块数目有所不同。当载频 $f \leq 3\text{GHz}$ 时，最大支持 SSB 的数目为 4 个，当载频 $3\text{GHz}<f \leq 6\text{GHz}$ 时，最大支持 SSB 的数目为 8 个，当载频 $f>6\text{GHz}$ 时，最大支持 SSB 的数目为 64 个，也就是说，在 FR2 中支持 Case D 和 Case E 两种 SSB 发送模式，如表 8-19 所示。

表 8-19　SSB突发集合内支持的最大的SSB块数目和频率的关系

类　　别	子载波间隔/kHz	SSB突发集合内支持的最大的SSB块数目		
		$f \leq 3\text{GHz}$	$3\text{GHz}<f \leq 6\text{GHz}$	$f>6\text{GHz}$
Case A	15	4	8	
Case B	30	4	8	
Case C	30	4	8	
Case D	120			64
Case E	240			64

可以这样理解：在低频段，基站以较宽的波束发送 SSB，系统工作频率越高，路径损耗就越大。为了保证理想的覆盖范围，基站在高频段发送的 SSB 波束较窄，同时为了实现各个方向的覆盖，需要更多的 SSB。在实际网络中，一个 SSB 突发集合中的 SSB 不是必须发送的，可以根据实际需要配置发送。

一个载频内可以发送多个 SSB，不同的 SSB 可以使用不同的 PCI，当 SSB 和系统消息 SIB1 相关的时候，SSB 就对应具有唯一 NCGI（NR Cell Global Identifier）标识的单个小区，这样的 SSB 就是 CD-SSB（小区定义的 SSB）。CD-SSB 在同步栅格（GSCN）位置上传输，SSB 所用的子载波间隔和频带有关。

在 5G 中还有一种 SSB 只用来进行无线资源的测量，这样的 SSB 称作 Non-CD SSB（非小区定义的 SSB），用户不能通过其驻留或接入小区，Non-CD SSB 可以在同步栅格的位置上传输，也可以不在同步栅格的位置上传输。在同步栅格位置上的 Non-CD SSB 中携带有 CD-SSB 的位置信息，用户可以据此快速找到 CD-SSB。

8.7.3　SSB 波束扫描

在 5ms 的 SSB 突发集合中，为了识别多个 SSB，可以对其进行编号，这称为 SSB 索引，基站会通过广播信道给用户发送索引信息。例如，当载频小于 3GHz 时，一个 5ms 的半帧中最大支持 4 个 SSB，编号分别为#0、#1、#2、#3。当进行波束扫描时，基站可以通过空间波束扫描的方式发送 SSB 块，一个波束对应发送一次 SSB 块，在一个 SSB 突发集中完成一次完整的波束扫描。低频波段的覆盖能力较好，可以使用少量的较宽的波束实现小区的覆盖，而高频段需要较多的窄波束进行整个小区的覆盖。

最大扫描波束数目等于 SSB 突发集中的最大 SSB 数，表 8-19 中所定义的最大 SSB 数决定了波束的数量。对于 3GHz 以下的频段，最多有 4 个 SSB，可以使用 4 个不同的波束在一个维度（水平方向或垂直方向）上进行波束扫描，当载频 $3\text{GHz} < f \leqslant 6\text{GHz}$ 时，最多有 8 个 SSB，可以使用 8 个不同的波束在一个维度（水平方向或垂直方向）上进行波束扫描。在毫米波频段，此时载频在 6GHz 以上，最多有 64 个 SSB，可以使用 64 个不同的波束在两个维度（水平方向和垂直方向）上进行波束扫描。

用户获得最强波束的过程如图 8-27 所示。图 8-27 使用的是 Case A 模式，子载波间隔为 15kHz，系统频率 $f \leqslant 3\text{GHz}$。SSB 突发集合中有 4 个 SSB，SSB 所在符号的起始位置分别为符号 2、8、16 和 22，每个起始符号位置的连续 4 个符号为一个 SSB 块，一个 5ms 周期内有 4 个 SSB 块，分布在不同方向的 4 个波束上。用户在支持的同步栅格上检测 SSB 块，测量 SSB 突发集合中的每个 SSB，选择信号最强的波束作为和 gNB 通信的工作波束，在图 8-27 中，用户 2 通过对 4 个方向的 SSB 接收检测，将功率最强的 SSB #1 确定为工作波束，用户 2 可以在 SSB #1 所对应的资源和波束上发送上行数据。

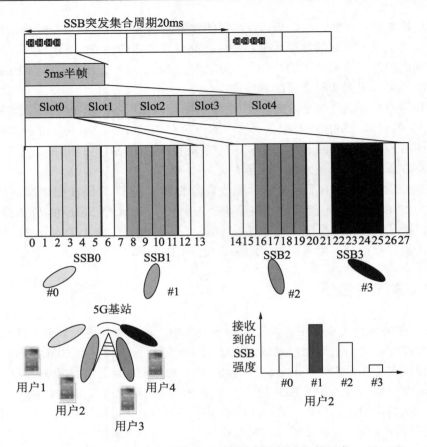

图 8-27 Case A 下的 SSB 时域位置和波束扫描示意

　　5G 的不同频段定义了不同的 SSB 突发集合配置。在 5G 网络通信过程中，基站采用时分多址的波束扫描方式向不同方向发射承载相同内容的 SSB，由于这种设计结构的变化不会因此导致接入时延，所以系统可以在很短的时间（5ms 以内）完成 SSB 的重复发送。

　　在实际的系统中，不是所有的 SSB 突发集合中的 SSB 都需要发送，因为重复发送 SSB 会对网络产生较大的信令开销，所以根据高层的设置，只在需要时进行 SSB 发送。

　　当用户开机后进行小区搜索时，不知道所在小区的子载波间隔参数，需要检测 SSB 块，通过检测 PSS 信号和 SSS 信号可以获得下行的频率同步和部分 SSB 索引信息，然后计算当前小区的 PCI（Physical Cell ID），之后通过解调参考信号（DMRS）实现信道估计，完成 PBCH 解码，获得主系统消息（MIB）。MIB 消息中包含系统帧号（高 6 位），初始接入的子载波间隔、PDSCH 中 DMRS 参考信号的配置、CORESET、搜索空间配置和解调 SIB1 消息所需要的参数等信息，这个过程可以在很短的时间内完成。

8.8 习　　题

1. 5G 的三大典型应用场景和主要特点有哪些？
2. 5G 系统架构和 LTE 有哪些不同？
3. 5G 核心网有哪些特点？
4. 5G 接入网相较于 LTE 有哪些变化？
5. 简述什么是 MEC 技术、网络功能虚拟化（NFV）技术和网络切片技术。
6. 简述 5G 的帧结构和物理资源的定义。
7. 简述 5G 的全局频率栅格和信道栅格。
8. 描述资源栅格公共参考点（Point A）的位置。
9. 简述什么是部分带宽 BWP 及其作用。
10. 简述同步和系统信息块（SSB）的资源位置及其发送模式。

第 9 章　5G 的物理信道和物理信号

5G 的信道分类和 LTE 相同，分为逻辑信道、传输信道和物理信道。5G 在物理层也定义了相应的物理信号，5G 的物理信道和物理信号大部分与 LTE 的名称相同，和 LTE 相比只有一些微小变化。图 9-1 所示为 5G 物理信道和物理信号关系示意。

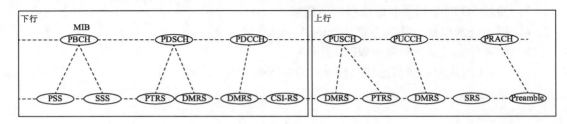

图 9-1　5G 的物理信道和物理信号关系示意

5G 定义的上下行物理信道如下：

- 物理下行共享信道（PDSCH）：其作用和 LTE 基本相同，也是用来传输基站发送给用户的数据、寻呼消息、随机接入（RAP）及其部分的系统消息（SIBx）。
- 物理广播信道（PBCH）：用来传输系统消息中的主信息块（MIB），与主同步信号（PSS）和辅同步信号（SSS）组成一个同步块（SSB），其有固定的传输模式，在整个小区中由不同波束时分传输。
- 物理下行控制信道（PDCCH）：传输下行控制信息（DCI），用来实现上下行资源调度。
- 物理上行共享信道（PUSCH）：传输用户发送给基站的数据，也传输一部分上行控制信息（UCI），每个上行载波上最多只能有一个 PUSCH。
- 物理上行控制信道（PUCCH）：用来发送上行的控制信息（UCI），主要传输 HARQ 反馈、信道状态信息（CSI）、信道质量指示（CQI）、信道秩指示（RI）、预编码矩阵指示（PMI）和调度等信息。
- 物理随机接入信道（PRACH）：用来传输随机接入前导码，实现随机接入。

在 5G 物理层处理过程中，信道编码引入了极化码（Polar 码）和低密度奇偶校验编码（LDPC）。例如，PBCH 和 PDCCH 采用的是 Polar 编码方式，PDSCH、PUSCH 和 PRACH 采用的是 LDPC 编码方式。5G 网络应用的业务场景包含三大类：eMBB、uRLLC 和 eMTC，有高数据速率、超低时延、高接入密度和高可靠性等方面的需求，从而促使 5G 系统运行的保障体系更加庞大和丰富，对应的各物理信道的资源分配和调用也增加了更加灵活的控制机制，分布在各物理信道上的各种物理信号也需要像侦察兵一样保证 5G 移动网络系统的数据正常传输。

5G 定义的上下行物理信号主要包括：

- 同步信号：用于进行下行时频同步，包括主同步信号（PSS）和辅同步信号（SSS），其中，PSS 用于实现载频探测和符号同步，可以由 SSS 和 PBCH 信道辅助实现无线帧同步。
- 相位频率追踪参考信号（PTRS）：分布在 PDSCH 和 PUSCH 中，实现高频率情况下的相位偏移补偿。
- 解调参考信号（DMRS）：用于实现 PDCCH、PDSCH、PUSCH 和 PUCCH 等的数据解调，在 MIMO 预编码之前加入。
- 信道状态信息参考信号（CSI-RS）：用于进行下行信道状态信息测量，并将测量结果上报给基站，基站据此实现下行物理资源调度，包括数据的调制编码策略、数据速率和多天线的工作模式等。
- 探测参考信号（SRS）：用于进行上行信道的质量探测。在 FDD 制式中，由于上下行信道没有互易性，基站需要据此实现上行物理资源的调度。

5G 在参考信号设计方面更加灵活，对不同的应用场景有不同的配置形式，既要满足特定的业务需求，又要节约系统的资源开销。在下行链路中增加了 BWP 的设计，使参考信号不需要分布在整个带宽内。为了降低系统开销，5G 取消了 LTE 中的小区参考信号（CRS），增强了解调参考信号 DMRS 的功能，设计了专用于特定物理信道的解调参考信号 DMRS，如专用于 PDSCH、PUSCH、PBCH、PUCCH 和 PDCCH 的 DMRS。LTE CRS 中的信道估计功能由专门的信道状态信息参考信号（CSI-RS）来完成，小区内的 RSRP 计算和路损估计等任务交由同步信号 PSS/SSS 和 CSI-RS 来完成。5G 中有 6G 以上的毫米波工作频段，导致较大的相位噪声，所以设计了相位跟踪参考信号 PTRS，对晶振相位误差进行校正。

9.1　物理信道的一般处理过程

5G 没有延续 LTE 中的 Turbo 信道编码，在上下行物理共享信道和随机接入信道中采用的是低密度奇偶校验编码（LDPC）技术，广播信道和上下行控制信道以 Polar 码为主，在物理层的处理过程和 LTE 稍有不同。表 9-1 所示为物理信道的主要信道编码方案。

表 9-1　物理信道的信道编码方案

物　理　信　道	信道编码方案
上行共享信道、下行共享信道、随机接入信道	LDPC
广播信道、下行控制信道、上行控制信道（长比特）	Polar码
上行控制信道（短比特）	分组码

9.1.1　基于 LDPC 编码的物理层处理过程

如果信道编码采用 LDPC，物理层的处理过程会有什么变化呢？以物理下行共享信道为例，图 9-2 是 PDSCH 的处理过程。PDSCH 主要传输用户的数据。在发送端，用户数据经过高层协议处理，以 MAC 层传输块的形式进入物理层，物理层完成处理以后，形成 OFDM 符号，通过天线发送出去。PDSCH 的处理过程包括：添加 CRC、基图选择、码块分段、信道编码、速率匹配、交织、码块连接、加扰、调制、MIMO 处理、资源映射和 OFDM 符号生成等。下面主要来看看和 LTE 区别较大的几个模块。

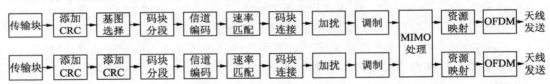

图 9-2　PDSCH 的处理过程

1．添加CRC

和 LTE 一样，5G 物理层为了实现混合重传（HARQ），每个传输块采用 CRC 进行错误检测，需要整个传输块参与计算 CRC。如果传输块比特流大于 3824bit，则 CRC 的长度为 24bit，如果小于 3824bit，则 CRC 长度取 16bit，处理过程如图 9-3 所示。

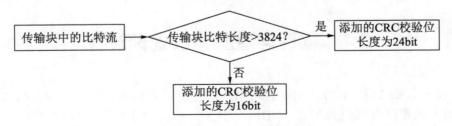

图 9-3　添加 CRC 的处理过程

2．基图选择

PDSCH 采用的是 LDPC 信道编码技术，基图（Base Graph，BG）和 LDPC 有关。为

了降低 LDPC 的编译码复杂度，方便存储和寻址，LDPC 的校验矩阵可以由基图进行扩展，基图中的每个元素可以扩展为大小相等的方阵，每个方阵都是单位矩阵的循环移位矩阵或全 0 矩阵。如图 9-4 所示，G 为基图，H 为校验矩阵，扩展因子为 3，当基图的元素值为 -1 时，扩展矩阵是大小为 3×3 的全 0 矩阵，当基图的元素值为 0 时，扩展矩阵是 3×3 单位阵，基图中的元素值为 $i=1$ 或 $i=2$ 时，扩展矩阵为 3×3 单位阵的 i 次循环右移。

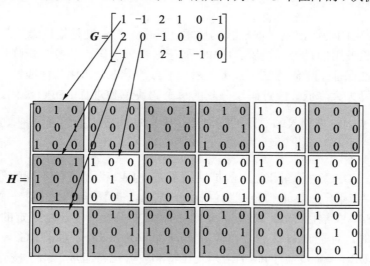

图 9-4　基图 G 的扩展因子为 3 时的校验矩阵示意

基图是整个 LDPC 设计的核心，关系到校验矩阵 H，基图决定了 LDPC 的整体性能。5G 的基图按照图 9-5 进行定义。

基图有 5 个部分，A 矩阵和 D 矩阵都是循环置换矩阵和全零矩阵组成的矩阵阵列，B 矩阵是方阵，C

A	B	C
D		E

图 9-5　基图矩阵的划分

为全 0 矩阵，矩阵 E 是单位矩阵。A 矩阵对应系统信息位，B 矩阵对应校验信息位，矩阵 $[A\ B]$ 对应一个高码率的 LDPC，在编码中对应 Hcore；矩阵 $[D\ E]$ 对应 Hext，是扩展冗余比特部分，可以随着扩展矩阵行数和列数的增加，得到码率任意低的码率 LDPC 校验矩阵。

为了适应不同通信业务场景的需求，同时为 HARQ 提供支持，5G 确定了两类基图，即 BG1 和 BG2。BG1 的大小是 46×68，主要用于对吞吐要求较高、码率较高、码长较长的场景。BG2 的大小为 42×52，主要用于对吞吐量要求不高、码率较低、码长较短的场景。

3. 码块分段

码块分段是为了满足 LDPC 信道编码的输入要求。如果添加 CRC 以后的传输块长度大于 LDPC 支持的最大比特数，则需要进行码块分段，以匹配 LDPC 的输入大小。分段以后，各个码块后面需要额外附加一个 24bit 的 CRC 码，附加的 CRC 的主要作用是对每个分段码块的传输进行错误检测。如果传输码的长度在允许的范围内，则不需要进行码块分段。如果采用的是 BG1，则其码块最大的输入长度是 8448bit；如果采用的是 BG2，则最大的码块输入长度是 3840bit。

4．信道编码

PDSCH 采用的是低密度奇偶校验码技术，其中，低密度是指校验矩阵中为 1 的个数很少，数据校验使用的是奇偶校验。LDPC 属于线性分组码，其校验矩阵是稀疏矩阵，校验矩阵的稀疏性保证了译码算法复杂度随着码长线性增长，相比其他线性分组码的迭代译码的算法复杂度大大降低。经过码块分割的每个码块单独进行 LDPC 编码。LDPC 编码满足：$H \times \begin{bmatrix} C \\ W \end{bmatrix} = 0$，$C$ 为输入的码块的列向量，W 为奇偶校验位的列向量，H 为校验矩阵，H 矩阵由基图扩展产生。

5G 的一个 LDPC 由基图和相应的扩展因子 Zc 构成，为了支持不同的信息块长度，5G 定义了 8 组扩展因子 Zc，取值范围为：$2 \leqslant Zc \leqslant 384$。基图矩阵中的每一个位置可以最大扩展为 384×384（扩展因子 Zc 最大为 384）的稀疏矩阵。对于一个确定的 Zc，扩展矩阵的大小是确定的，对于 BG1 来说，校验矩阵 H 为 46Zc×68Zc，对于 BG2，校验矩阵 H 为 42Zc×52Zc。LDPC 编码之后的码字由系统比特和校验比特组成，由于校验矩阵的前 2Zc 列的列重很大（1 的数量明显大于其他列），所以编码是从 2Zc 开始进行编码，以提高编码效率，减少计算量，前 2Zc 列的数据通过校验比特在译码时可以恢复。BG1 中的 LDPC 编码输出码字长度为 66Zc，BG2 中为 50Zc。

5．速率匹配

经过信道编码之后的比特数与物理资源所能承载的比特数可能不一致，如果分配的物理资源较多，则需要决定传输哪些比特，如果资源较少，则需要决定去掉哪些比特，这就是速率匹配。速率匹配由比特选择和比特交织组成。

和 LTE 相同，系统会将 LDPC 输出的比特存入循环缓存器，实现 HARQ 和速率匹配，每次传输时根据冗余版本从循环缓存器中顺序读取编码比特。图 9-6 所示为循环缓存器示意。

比特选择的起始位置和 RV 值相关，当 RV=0 时，起点为编码输出的第一个比特，其他情况下，如当 RV=1、2、3 时，

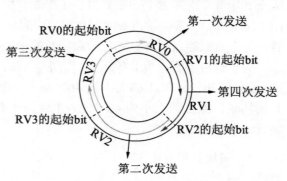

图 9-6　循环缓存器和 HARQ 示意

在 5G 中规定了不同的对应位置，每一次进行 HARQ 传输时，数据在缓存器中根据 RV 提

取数据。为了确保传输过程的稳定性,在速率匹配之后采用交织的方式将比特的顺序打乱。交织使用的是行列交织器,以行进列出方式进行交织,交织器的行数和调制阶数相等,系统比特进行优先交织,这样可以保证高阶调制时,系统比特在高可靠的比特位置上。

9.1.2　基于 Polar 编码的物理层处理过程

物理广播信道采用的是 Polar 码,我们以物理广播信道为例来了解一下 Polar 码的物理层处理过程。图 9-7 所示为物理广播信道的处理流程,包括:传输层加扰、CRC 校验、信道编码、速率匹配、物理层加扰、QPSK 调制和资源映射等。

传输块 → 传输层加扰 → CRC校验 → 信道编码 → 速率匹配 → 物理层加扰 → QPSK调制 → 资源映射

图 9-7　广播信道的处理流程

1．传输层加扰

传输层加扰是采用随机序列对传输块信息进行加扰。各个小区采用不同的随机序列进行加扰,以降低小区之间广播信道的相关性,减少小区间的干扰。

2．CRC校验

数据校验方式也是 CRC 校验,对传输块加扰后的信息添加 CRC 处理。

3．信道编码

PBCH 编码采用的是 Polar 码,目的是在噪声信道中实现无噪声影响的传输效果,通过信道组合实现信道的极化,信道组合是将多个相互独立的子信道进行蝶形的异或操作的过程。

图 9-8 所示为编码长度为 2 的极化信道,输入比特是 a_1, a_2,为等概率,各信道容量为 I(W1)=I(W2)=0.5。

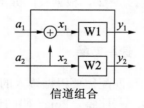

信道组合

图 9-8　编码长度为 2 的极化信道示意

信道组合之后,　$x_1 = a_1 \oplus a_2$,　$x_2 = a_2$。从信道容量的角度进行分析,只有在 y_1, y_2 同时都收到的情况下才能解码出 a_1,因此 W1 的信道容量就是 y_1, y_2 信道的信道容量乘积。对于输入比特 a_2,只有在 y_1, y_2 都收不到的情况下才不能解码 a_2,如表 9-2 所示。对于接收方,根据接收的数据 y_1, y_2,可能有 4 种情况,其中,×表示该信道发生错误,不能正确接收数据;√表示该信道收到正确的数据,此时的信道容量 I(W1)=0.25,I(W2)=0.75,一个比特的信道容量增加了,另一个比特的信道容量减少了,这就是信道极化现象。

表 9-2 图 9-8 所有可能出现的情况

可能出现的情况	接 收 端		发 送 端	
	y_1	y_2	a_1	a_2
1	√	√	√	√
2	√	×	×	√
3	×	√	×	√
4	×	×	×	×

信道容量和信道的可靠性成正比,在可靠性较高的极化信道上传输有用的信息,在可靠性较低的极化信道上传输无用的信息。传输有用信息的位为信息位,传输无用信息的位为冻结位。通过判断信道性能的优劣,可以选择性能最优的信道部分传输信息比特,其余的部分传输冻结比特。

例如:传输 4bit 的数据 a_1, a_2, a_3, a_4,编码长度 N 为 8,如果极化子信道的可靠性从高到低依次为 $\{8,7,6,4,5,3,2,1\}$,那么可以在子信道 $\{8,7,6,4\}$ 上传输信息位,在子信道 $\{5,3,2,1\}$ 上传输冻结位。冻结位对通信双方来说是已知的,可以选 '0',因此 Polar 码在子信道上的输入为 $\{0,0,0, a_1, 0, a_2, a_3, a_4\}$,生成的矩阵在可靠性较高的极化信道上传输有用的数据,在可靠性较低的信道上传输 0。

Polar 码根据 $d = aG_N$ 计算,其中,a 为输入比特序列,G_N 为生成矩阵,设 $F = \begin{bmatrix} 1 & 0 \\ 1 & 1 \end{bmatrix}$,$n = \log_2^N$,$N$ 为编码长度,那么 $G_N = F^{\otimes n}$,G_N 为 F 的 n 次克罗内克积。

在进行 Polar 编码时,首先按照编码协议定义的方式对输入的比特进行交织(变换序列的位置),确定输入的比特长度、冻结比特和信息比特,然后对其进行编码,编码输出的长度为 $N = 2^n$,根据实际分配的物理传输资源,Polar 码需要速率匹配来调整实际发送的比特。

4. 速率匹配

速率匹配需要根据输入的编码长度 N 和信道实际传输比特数 E 的大小,选择丢弃或者重复一些比特,Polar 码的速率匹配是按照编码块定义的,由子块交织、位选择和比特交织组成。

5. 物理层加扰

传输层加扰是直接在传输块比特信息序列上进行的。传输块序列长度只有 32bit,加扰序列短,加扰效果有限。物理层加扰是对编码和速率匹配后的比特序列再次加扰,此时的序列包含编码冗余,长度较长,可进一步降低小区间广播信道的干扰。

在 5G 下行同步过程中,要真正意义上实现时域同步,仅依靠同步信号是不能完成的,必须解析广播信道的内容,确定信道中承载的信息内容,获取高层的配置参数,如系统帧号、SSB 索引和半帧指示等信息。广播信道的信息对用户来说非常重要，只有正确解调出广播信道信息，用户才能正确接入网络。

9.2　物理广播信道

物理广播信道（PBCH）、同步信号和 DMRS（Demodulation Reference Signal）一起形成 SSB（Synchronization Signal Block）块，SSB 块以固定的传输格式进行传输，在整个小区中进行广播，其在不同波束中以时分的方式进行传输。

PBCH 主要传输 MIB（Master Information Block）消息，24bit 的 MIB 信息内容来自 RRC 层，物理层根据 SSB 的时间索引和 SSB 的传输时间产生 8bit 的附加信息，从而组成 32bit 的信息。

图 9-9 所示为 PBCH 传输块示意，8bit 的附加信息位由系统帧号的低 4 位、半帧指示（前半帧或后半帧）和 SSB 块索引编号（SSB index）或 K_{ssb} 的高 1 位（MSB）组成。32bit 的 PBCH 传输块经过传输层加扰、CRC24 校验、Ploar 编码、速率匹配、物理层加扰和 QPSK 调制映射在对应的物理资源上。

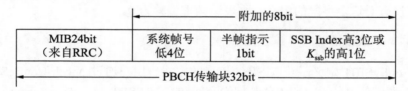

图 9-9　PBCH 传输块信息示意

9.2.1　PBCH 中的 MIB 消息

5G 的 PBCH 中传输的 MIB 消息主要包括系统无线帧号、子载波间隔、SSB 的频率偏移、SIB1 的调度信息和 DMRS 参考信号的配置等信息。

1. 系统无线帧号

和 LTE 一样，5G 中的系统无线帧号（System Frame Number，SFN）范围也是 0～1023，因此需要 10bit，其中，高 6 位来自 MIB 消息，系统帧号的低 4 位来自物理层添加的比特，由此组成 10 位的系统帧号。在 5G MIB 和 LTE MIB 传输的消息中都包括系统帧号，只是在 5G MIB 中传输的是高 6 位的系统帧号，在 LTE MIB 中传输的是高 8 位的系统帧号。在 5G 中通过解调广播消息可以获得完整的系统无线帧号。

2．子载波间隔

子载波间隔（Sub Carrier Spacing Common）表示系统初始接入时使用的子载波间隔，具体是指在传输系统信息 SIB1 和随机接入消息 Msg 2/Msg 4 等过程中采用的子载波间隔，当载频 f<6GHz 时（FR1），传输系统初始接入消息的子载波间隔为 15 或 30 kHz，当载频 f>6GHz 时（FR2），传输系统初始接入消息的子载波间隔为 60 或 120 kHz。

3．SSB的频率偏移

ssb-SubcarrierOffset 表示 SSB 的偏移频率，它传输 K_{ssb} 低位的 4bit 的信息。K_{ssb} 表示公共资源块 N_{CRB}^{SSB} 子载波 0 和同步块 SSB 子载波 0 之间的频率偏移，频率偏移用子载波来表示，这时子载波间隔是固定的，在 FR1 中，子载波间隔是 15kHz，在 FR2 中，子载波间隔为 60kHz。

在 FR1 中，频率偏移 $K_{ssb}\in\{0,1,2\cdots,23\}$，在 FR2 中，频率偏移 $K_{ssb}\in\{0,1,2\cdots,11\}$。而 ssb-SubcarrierOffset 只有 4bit，取值为 0～15，可以胜任 FR2 中的 K_{ssb} 信息传输，但不能满足 FR1 中的 K_{ssb} 信息传输，因此，如果是工作在 FR1 中，则 K_{ssb} 的高一位比特信息由 PBCH 附加的比特进行传输。K_{ssb} 的低 4bit 信息由 ssb-SubcarrierOffset 传输。如果在 MIB 消息中没有对这个字段的定义，则表示频率偏移为 0。

4．SIB1的调度信息

pdcch-ConfigSIB1 定义了获取 SIB1 信息的方式，用户通过 pdcch-ConfigSIB1 可以确定含有 SIB1 调度信息的 PDCCH 公共搜索空间和 CORESET（Control-Resource Set）的信息。如果在小区中不存在 SIB1，那么 pdcch-ConfigSIB1 还可以告知用户在哪些频域位置可能找到带有 SIB1 的 SSB 或网络。

SIB1 信息在 PDSCH 中进行传输，具体的调度信息在 PDCCH 中，CORESET 用来定义 PDCCH 占用的时频资源。要获得 SIB1，首先要找到对应的 PDCCH 并能对其解码。和 LTE 一样，5G 中的 PDCCH 也有 CCE 的资源结构和聚合等级，并且用户在解码 PDCCH 时，也是对可能出现 PDCCH 的位置进行搜索，把这些位置定义为搜索空间。公共搜索空间是所有用户用来检测系统信息所使用的搜索空间，如 SIB1 信息和随机接入过程中的 Msg 2/Msg 4 等使用的搜索空间，还有一种用户专用搜索空间，其是只对某个用户配置的搜索空间。

图 9-10 所示为用户获得 SIB1 的过程示意。通过解码 PBCH，用户得到 SIB1 调度的 CORESET 的资源位置，进而找到 SIB1 消息所在的资源。获得 SIB1 消息以后，用户可以知道小区选择参数的门限、接入控制参数、服务小区的公共配置参数（SSB 突发集的周期，配置 SSB 块/不发送，SSB 块的发射功率和时隙上下行配置）和其他系统消息（SIBx）的调度信息。

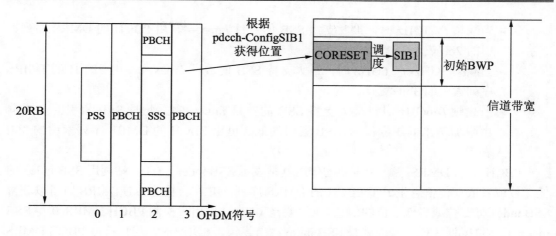

图 9-10　获得 SIB1 的过程示意

在 5G 系统中，MIB 消息和 SIB1 消息是通过周期性的广播形式进行发送的，其他系统（SIBx）消息不是以广播的形式发送，用户可以根据需要向网络提出请求，收到用户的请求后，基站通过广播或用户专用的形式将 SIBx 发送给用户。

5．DMRS参考信号的配置

从 dmrs-TypeA-Position 字段中可以获得第一个下行的 DMRS 符号（Type A）的位置信息。

9.2.2　PBCH 中的附加消息

在 PBCH 中除了传输 MIB 消息之外，还有一部分额外添加比特的信息，这些信息包括：

- 系统帧号的低 4 位，其和 MIB 消息中系统无线帧号高 6 位组成 10 位的系统无线帧号。
- 半帧的信息位，指示当前 SSB 块位于无线帧的前半帧还是后半帧，0 表示 SSB 块出现在无线帧的前半帧，1 表示 SSB 块出现在无线帧的后半帧。
- 在 FR1（载频 $f \leqslant 6\mathrm{GHz}$）中，PBCH 传输 K_{ssb} 的高 1 位信息。只有 1bit，其和 MIB 中的 ssb-SubcarrierOffset 的 4bit 一起构成了 K_{ssb}，此时附加比特的低 2 位保留，不使用。
- SSB 块的编号（SSB index），5G 基站采用时分多址的波束扫描方式，向不同方向发射承载相同内容的 SSB，对一个半帧（5ms，一个 SSB 突发集合）中的 SSB 进行编号，标记为 SSB index，从 0 到 $L\mathrm{max}\text{-}1$（$L\mathrm{max}$ 表示最大可以支持的 SSB 块数量）。SSB 块的编号信息在 5G 中以隐含的方式传输：

> 当载频 $f{\leqslant}3\text{GHz}$ 时，最大支持 SSB 的数目 $L\text{max}=4$，用 PBCH 的 DMRS 序列索引的 2bit 表示。

> 当载频 $3\text{GHz}{<}f{\leqslant}6\text{GHz}$ 时，最大支持 SSB 的数目 $L\text{max}=8$，用 PBCH 的 DMRS 序列索引的 3bit 表示。

> 当载频 $f{>}6\text{GHz}$ 时，最大支持 SSB 的数目 $L\text{max}=64$，此时 SSB 索引的高 3 位由附加消息低 3 位传输，SSB 索引的低 3 位由 PBCH 的 DMRS 序列索引的 3bit 表示。

PBCH 中的 DMRS 有一个重要的作用就是表示 SSB index。5G 基站利用 SSB index 的低 2 位或者低 3 位信息生成了 PBCH 的 DMRS 序列，UE 在盲检 PBCH DMRS 时可以获得 SSB index 低 2 位或者低 3 位的信息。当载频 $f{\leqslant}6\text{GHz}$ 时，用户检测 PBCH DMRS 获得 SSB index 低 2 位或低 3 位代表的就是 SSB index；当载频 $f{>}6\text{GHz}$ 时，用户检测 PBCH DMRS 获得的低 3 位信息和 MIB 消息结合可以得到最大值为 64 的 SSB index。

总之，PBCH 附加信息在不同的载频时稍有不同，示意如图 9-11 所示。

a) 当载频 $f{>}6\text{GHz}$ 时（最大支持 SSB 的数目 $L\text{max}=64$）的 PBCH 附加信息

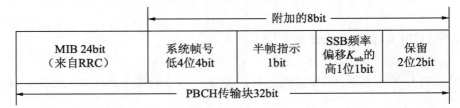

b) 当载频 $f{\leqslant}6\text{GHz}$ 时（最大支持 SSB 的数目 $L\text{max}=4$ 或 $L\text{max}=8$）的 PBCH 附加信息

图 9-11　当载频 $f{>}6\text{GHz}$ 和 $f{\leqslant}6\text{GHz}$ 时的 PBCH 附加信息示意

参考 SSB 块的发送机制，在 8.7.2 小节中已经介绍过，为了加强理解，这里对其再举例介绍一下。如图 9-12 所示，用户 2 把功率最强的 SSB 确定为工作波束，通过解码 PBCH DMRS 可以获得 SSB index 信息，用户 2 获得的 SSB index 为#1，按照 SSB 的映射规则，用户 2 知道 SSB #1 在时域分布的 OFDM 符号为 8、9、10 和 11。在 PBCH 对应的时频位置上，用户解调 PBCH 获得 MIB 消息，从而得知自己的 SSB #1 目前是处于无线帧的前半帧还是后半帧，同时得到系统无线帧号，获得无线帧内某个时隙的边界，完成时隙同步或者帧同步。

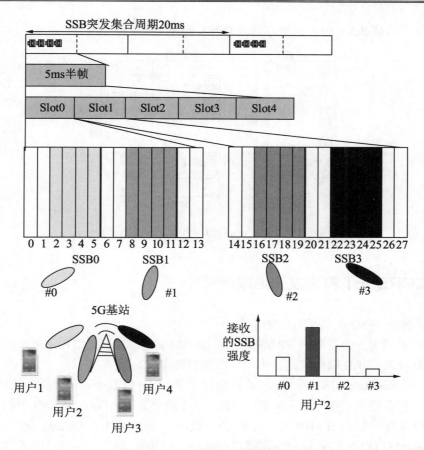

图 9-12　SSB 块发送和检测示意

9.3　物理下行控制信道

基站为了实现对用户的功率和资源分配等控制而建立的联络中心就是物理下行控制信道（PDCCH）。PDCCH 用于调度下行的 PDSCH 和上行的 PUSCH 进行数据传输。对每个用户来说，不是时时刻刻都需要控制信令，为了更好地利用资源，在 LTE 中，在时频资源上划分了 1～3 个 OFDM 符号控制区域用于传输控制信令，LTE 中的 PDCCH 配置采用静态配置的方式，控制区域占用的符号数目通过 PCFICH 指示。

5G 定义了部分带宽（BWP），每个用户在某一时间仅工作在一部分带宽上。5G 设计的下行控制信息的调度也发生了改变，定义了控制资源集来指示 PDCCH 占用的时频资源。控制资源被定位到频域的特定 PRB 上，在时域上最多占用 3 个 OFDM 符号。图 9-13 所示为 LTE 和 5G 的 PDCCH 分布对比。5G PDCCH 上传输的信息依然是下行的控制信息（DCI），信道编码使用的是 Polar 码，调制方式是 QPSK 调制方式。

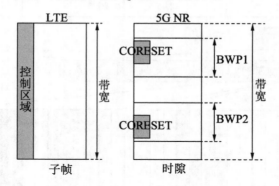

图 9-13　LTE 和 5G NR 的 PDCCH 分布示意

9.3.1　CORESET 概念及资源映射

首先了解一下 5G 中有关资源的定义：

- RE：频域为一个子载波，时域为一个 OFDM 符号。RE 是 LTE 中最小的资源单位，在 5G NR 中 RE 同样也是最小的物理层资源单位。
- REG（Resource Element Group，资源粒子组）：在 LTE 中，一个符号上的连续 4 个 RE（没有被参考信号占用）组成 REG。5G 的定义和 LTE 不同，5G 中的 REG 资源是频域为一个 PRB（BWP 中的 12 个子载波），时域为 1 个 OFDM 符号。多个 REG 形成 REG 绑定（REG bundle），REG bundle 可以由 2、3 或 6 个 REG 组成。REG bundle 内包 REG 的数目长度用 L 表示，具体的长度值由 RRC 参数配置。图 9-14 为 PDCCH 时域分别为 1 个、2 个和 3 个 OFDM 符号时，REG bundle 的长度 L 为 2 或 3 的示意。图 9-15 为 PDCCH 时域分别为 1 个、2 个和 3 个 OFDM 符号时，REG bundle 的长度 L 为 6 的示意。

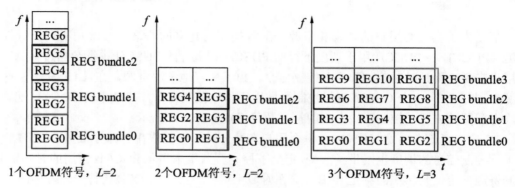

图 9-14　在 PDCCH 使用 1、2、3 个符号时的 REG bundle

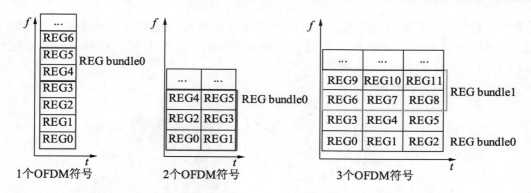

图 9-15　PDCCH 使用 1、2 或 3 个符号，REG bundle 的长度 L 为 6 的 REG bundle

- CCE（Control Channel Element，控制信道单元）：是 PDCCH 的逻辑资源单位，由 6 个 REG 组成，一个 CCE 占用 72 个 RE。为了提高系统的容量和可靠性，根据信道的质量情况，可以实现不同的编码速率，一个 PDCCH 可以由不同数量的 CCE 组成，称为 CCE 聚合等级。根据一个 PDCCH 所占用的 CCE 的个数可知，聚合等级可以分为 1、2、4、8 和 16 等几种情况。表 9-3（引自 TS 38.211 表 7.3.2.1-1）列出了聚合等级的定义。可以看出，信道质量越好，用户的 PDCCH 需要的 CCE 个数就越少。

表 9-3　PDCCH的聚合等级

聚　合　等　级	每个聚合等级中含有的CCE的数量
1	1
2	2
4	4
8	8
16	16

- CORESET（Control Resource Set，控制资源集）：是 PDCCH 可用的时频物理资源，在时域上有 1～3 个 OFDM 符号，频域由多个 RB 组成，可以配置在频域的任何位置。CORESET 的时域长度和频域范围由系统信息或高层信息配置，在每个 BWP 中可以为每个用户分配 1～3 个 CORESET。用户可以在分配的 CORESET 资源区域监听基站发送给自己的 PDCCH 信息。

CCE 映射 CORESET 中的基本资源单位 REG 时，有两种映射方式，一种是交织映射，一种是非交织映射。在非交织方式下，CCE 直接映射到 REG，REG 的编号是时间优先，其次是频域 PRB，从 0 开始编号，REG 按照升序排列，CORESET 也是用不同的 ID 来标识。为了使干扰随机化，并且获得分集增益，可以采用交织映射方式，这种发送的 CCE 资源映射，根据高层的配置可以进行某种特定方式的交织。

图 9-16 所示为 PDCCH 时域分别为 3 个 OFDM 符号，REG bundle 的长度为 6，CCE

的资源映射为非交织映射的情况。当为 CCE 非交织映射时，按照 REG 的编号，先填时域 REG，再填频域 REG，一个 CCE 对应一个 REG bundle（长度为 6），REG bundle 的编号和 CCE 的资源编号相同。

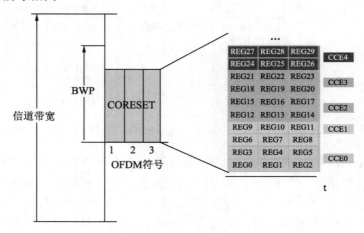

图 9-16　CCE 非交织映射示意

图 9-17 所示为交织映射示意，PDCCH 时域为 3 个 OFDM 符号，REG bundle 的长度为 3，在进行交织映射时，根据交织映射规则，一个 CCE 可以映射到多个不连续的 REG bundle 上，映射时采用先时域再频域的方式，CCE0 映射到 REG bundle3 和 REG bundle6 资源上，CCE1 映射到 REG bundle1 和 REG bundle5 资源上。

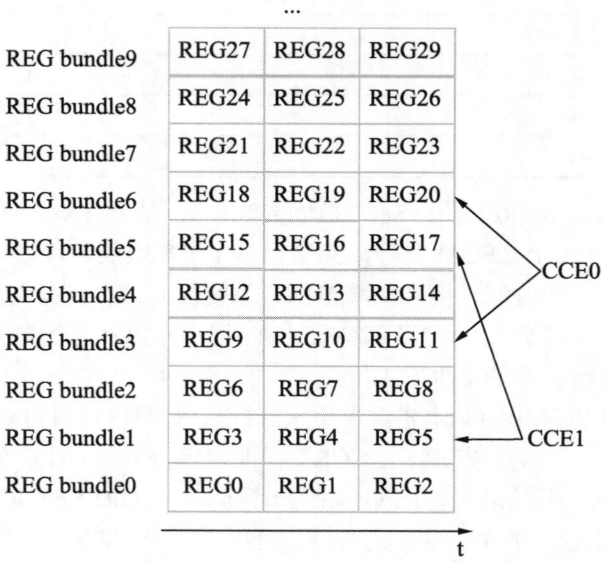

REG bundle9	REG27	REG28	REG29
REG bundle8	REG24	REG25	REG26
REG bundle7	REG21	REG22	REG23
REG bundle6	REG18	REG19	REG20
REG bundle5	REG15	REG16	REG17
REG bundle4	REG12	REG13	REG14
REG bundle3	REG9	REG10	REG11
REG bundle2	REG6	REG7	REG8
REG bundle1	REG3	REG4	REG5
REG bundle0	REG0	REG1	REG2

图 9-17　CCE 时域为 3 个符号（$L=3$）时 CCE 交织映射示意

如果 REG bundle 的长度为 2 或 3 时，可以实现 CCE 内部交织，即 REG bundle 之间的交织，也可以实现 CCE 之间的交织，图 9-17 中的 CCE 映射方式既包括 CCE 内部的 REG bundle 之间的交织映射，也包括 CCE 之间的交织映射。如果 REG bundle 长度为 6，则只能进行 CCE 之间的交映射。

实际在进行 PDCCH 资源映射时，首先将经过物理层处理的 PDCCH 映射到 CCE 上，然后根据实际的 CORESET 资源结构配置和物理资源映射方式进行配置，最后再由 CCE 映射到实际的物理时频资源上。CORESET 在时域上最多占用 3 个符号的长度，每个 PDCCH 在时域上尽可能占满 CORESET 资源中的所有时域符号，在一个 CORESET 内的各 PDCCH 是频分复用方式。对于信道质量足够好的用户，可以分配一个 CCE，对于信道质量差的用户，可以分配较多的 CCE。在一个 BWP 中，每个用户最多可以配置 3 个 CORESET。为了保证 PDCCH 的覆盖能力，需要支持对用户级 PDCCH 的波束赋形。

9.3.2　CORESET 和搜索空间

LTE 中的控制区域分布在整个系统带宽上，时域占用每个子帧开始的 1～3 个 OFDM 符号。5G 中的 PDCCH 没有占用整个带宽，时域的起始位置配置也很灵活，用户要获得自己的调度信息，需要知道 PDCCH 的时域和频域位置，然后才能实现对 PDCCH 的解码。5G 系统把 PDCCH 的频段信息和时域上占用的 OFDM 符号数等资源信息用 CORESET 进行定义。

和 LTE 相同，为了降低用户检索控制信息的复杂度在 5G 中定义了搜索空间。搜索空间定义的是如何搜索 PDCCH，包括所有可能的 PDCCH 的起始位置（符号编号）和 PDCCH 的监听周期等信息。用户通过盲检搜索空间实现 PDCCH 解码，一个 CORESET 和一个 PDCCH 相对应。

用户解码 PDCCH 时需要知道 CCE 编号、聚合等级（1、2、4、8、16）、资源映射方式（交织、非交织）和扰码（X-RNTI）等信息，但用户实际是不知道这些信息的，只能根据系统预先设置的规则，在 CORESET 可能出现的范围中进行盲检（尝试不同的 CCE 编号、聚合等级和 X-RNTI），这些可能出现的位置范围即为搜索空间。

为了降低 PDCCH 盲检的复杂度，5G 中的不同用户可以有不同的搜索空间（包括起始位置和 PDCCH 的监听周期）。5G 中的搜索空间分为公共搜索空间和用户专用搜索空间。在公共搜索空间中主要传送系统控制消息和随机接入消息，用户专用搜索空间用于传输用户的调度信息，在 RRC 建立之后才能使用。搜索空间的类型可以参考表 9-4（引自 TS 38.213 表 10.1）。

表 9-4　搜索空间类型及其用途

搜索空间的类型	搜索空间	扰码（RNTI）	用　途
公共搜索空间	Type 0	SI-RNTI	SIB1调度
	Type 0 A	SI-RNTI	其他系统信息OSI（包括SIB2至SIB9）的调度
	Type 1	PA-RNTI、TC-RNTI、C-RNTI	随机接入信息（Msg2、Msg4）调度
	Type 2	P-RNTI	寻呼信息调度或系统信息变更通知
	Type 3	INT-RNTI、SFI-RNTI、TPC-PUSCH-RNTI、TPC-PUCCH-RNTI、TPC-SRS-RNTI	Group Common DCI（时隙格式指示、功率控制指示）
用户专用搜索空间	用户专用搜索空间	C-RNTI、CS-RNTI、MCS_C_RNTI	用户的PDSCH资源调度

- Type 0：公共搜索空间是有关 SIB1 的 PDCCH 搜索空间，DCI 由 SI-RNTI 加扰。
- Type 0 A：公共搜索空间是其他系统信息 OSI（Other System Information，SIB2～SIBn）的 PDCCH 搜索空间，DCI 由 SI-RNTI 加扰。
- Type 1：公共搜索空间是和随机接入信息（Msg2、Msg4）相关的 PDCCH 搜索空间，对应的 DCI 由 PA-RNTI、TC-RNTI 或 C-RNTI 加扰。
- Type 2：公共搜索空间是和寻呼信息调度或系统信息变更通知相关的 PDCCH 搜索空间，对应的 DCI 由 C-RNTI、CS-RNTI 或 MCS_C_RNTI 加扰。
- Type 3：公共搜索空间是和 Group Common DCI（时隙格式指示、功率控制指示）相关的 PDCCH 搜索空间，对应的 DCI 由 INT-RNTI、SFI-RNTI、TPC-PUSCH-RNTI、TPC-PUCCH-RNTI 或 TPC-SRS-RNTI 加扰。
- 用户专用搜索空间：是和用户调度相关的 PDCCH 搜索空间，对应的 DCI 由 C-RNTI、CS-RNTI 或 MCS_C_RNTI 加扰。这些搜索空间由高层进行配置，一个搜索空间对应一个 CORESET，一个 CORESET 可对应多个搜索空间。每个 UE 最多可以配置 10 个搜索空间，它们可以是公共搜索空间，也可以是用户专用的搜索空间。用户的 CORESET 配置的是 PDCCH 频域的详细位置（PRB），搜索空间配置的是 PDCCH 时域的详细位置（开始的具体时隙和第几个符号、偏移时隙和搜索空间持续时隙数）。

　　如图 9-18 所示为一个搜索空间的定义示例，用户的监听周期为 10 个时隙，在每个监听周期中监听第 4 个时隙的第 3、4 和 5 个 OFDM 符号。

　　根据 CORESET 和搜索空间的配置，用户根据自己期望收到的信息，在调度信息中可能出现的时频位置尝试不同的 CCE 聚合等级的解码，结合期望信息所对应的扰码（X-RNTI），对 CCE 信息进行 CRC 校验，如果校验通过，用户就可以获得需要的实际调度信息，这也是 PDCCH 的盲检过程。例如，用户在随机接入过程中，希望接收基站发送的随机接入响应消息（Msg2、Msg4），随机接入响应的扰码是 PA-RNTI，用户在随机接入的公共搜索空间上进行 PDCCH 盲检，在可能的 CCE 的起始位置上根据不同的 CCE 聚合等级获得 PDCCH 信息，对其解码后，结合 PA-RNTI 进行 CRC 校验，如果 CRC 校验成功，用户便认为该信息是基站发送给自己的随机接入响应的调度信息。

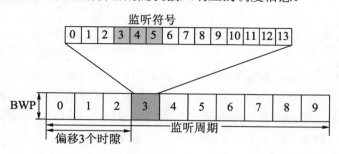

图 9-18　搜索空间配置示意

在 5G 中使用 CORESET 和搜索空间的目的是可以针对不同的业务类型进行灵活的资源配置，CORESET 和搜索空间作为一个共享资源块，所有的用户都可以用，而具体什么时候用、怎么用，还需要根据用户的业务应用场景来调度和配置。

9.3.3　SIB1 盲检

MIB 和 SIB1 在 5G 中称为最少系统消息（MSI），SIB1 又叫作剩余最小系统信息（RMSI）。SIB1 消息对 UE 初始接入网络来说非常重要，在收到 MIB 消息以后，UE 需要继续接收 SIB1 消息。SIB1 包含小区选择的参数门限、用户初始接入网络时需要的关键信息（初始 SSB 的相关信息、初始 BWP 信息和下行信道配置等）、服务小区公共参数和 OSI（SIB2～SIBn）的调度信息。

用户需要根据自己搜索到的 SSB index 的位置，获取对应位置上的 SIB1 消息。在下行同步过程中，系统在初始接入阶段预先配置了一套接收 SIB1 消息的资源调度信息：CORESET 0 和搜索空间 0，这些配置信息在 MIB 中传输。在 MIB 的 pdcch-ConfigSIB1 消息中有两个参数，一个是初始接入 BWP 中的搜索空间 0 的配置参数，另一个是初始接入 BWP 中的 CORESET 0 配置参数，在成功进行 MIB 解码后，用户获得 SIB1 解码所需的 CORESET 0 资源位置和 PDCCH 搜索空间的信息，通过盲检，结合 SIB1 的扰码 SI-RNTI 进行 CRC 校验，获得 SIB1 的调度消息。

不同的 CORESET 定义有不同的 ID，其中，CORESET 0 专门用来承载 SIB1 的调度信息，SIB1 的信息是在 PDSCH 中传输，但是其在 PDSCH 具体的时频资源位置需要解码 CORESET 0。

总之，系统初始接入的必要调度资源 SIB1 封装在 CORESET 0 里，在此之前，用户已经获得 SSB 信息，已经完成了 MIB 消息的解码，在 MIB 中携带有 SIB1 调度的 PDCCH

的公共搜索空间信息和 CORESET 0 的资源位置信息。用户在类型为 Type 0 的搜索空间中盲检 CORESET 0，并根据扰码 SI-RNTI 进行校验，如果成功通过校验，则可以获得 SIB1 的调度信息，然后用户就可以在 PDSCH 的具体时频资源位置上解码 SIB1 信令了。

9.3.4 DCI 格式

DCI（Downlink Control Information）是 PDCCH 所承载的下行控制信息，它是物理层控制面的核心内容，它承载的内容有：数据时频资源分配的相关信息、传输块相关的调制编码方式、HARQ 的相关信息、天线端口、预编码和功率的相关信息等。5G 根据 DCI 承载的内容不同，把 DCI 分为 8 种不同的格式，如表 9-5 所示。

表 9-5 DCI格式及其用法

DCI格式	用 法
Format0_0	用于同一个小区内的PUSCH调度
Format0_1	用于同一个小区内的PUSCH调度
Format1_0	用于同一个小区内的PDSCH调度
Format1_1	用于同一个小区内的PDSCH调度
Format2_0	用于指示UE时隙格式
Format2_1	用于指示UE优先抢占哪些没有数据的PRB（s）和OFDM符号
Format2_2	用于给PUCCH和PUSCH传输功率控制指令
Format2_3	用于传输SRS信号的功率控制

- Format0_1 是上行数据调度的格式，实现对上行的 PUSCH 的调度，包括：DCI 格式指示、时频资源的信息、传输块的相关信息、HARQ 的相关信息、天线的相关信息和 PUSCH 的功率控制信息等。
- Format1_0 是下行数据调度的格式，根据不同的调度信息可以选用不同的扰码。例如，一般下行数据的调度信息用 C-RNTI 加扰，随机接入的 Msg2 用 RA-RNTI 加扰，随机接入的 Msg4 用 TC-RNTI 加扰，系统消息用 SI-RNTI 加扰。Format1_0/1 传输的内容包括：时频资源的信息、传输块信息、HARQ 的相关信息、天线的相关信息、PUCCH 的功率控制和调度等。
- Format0_0 和 Format1_0 为回退 DCI 格式，只支持部分 NR 特征，长度比较小；Format0_1 和 Format1_1 支持所有的 NR 特征，长度变化范围大，分布在用户特定的搜索空间中，用于传输某个特定用户的调度信息。

当进行上行数据传输时，回退格式（Format0_0）的资源信息包括 UL/SUL 指示、时域分配信息、频域分配信息和跳频等；非回退格式（Format0_1）的资源信息包括 CFI 波束指示、UL/SUL 指示、BWP 指示、时域分配信息、频域分配信息和跳频等。回退格式（Format0_0）只支持部分 NR 特征，非回退格式（Format0_1）支持所有的 NR 特征。回退格式主要用在系统更改配置的情况下，用户在一段时间内无法确定应根据哪种配置检测 DCI，此时可以采用回退 DCI 格式进行 DCI 检测或数据调度。Format2 负责其他的调度功能，如功率和时隙格式等，这里不再详细介绍。

如图 9-19 所示为 PDCCH 的处理过程，其处理过程和 LTE 大致相同，DCI 信息首先需要添加隐含 RNTI 的 CRC 校验，通过信道编码、速率匹配、加扰和 QPSK 调制以后进行资源映射，映射到用于监听 PDCCH 的资源上，对应的天线端口 p=2000，形成 OFDM 符号。和 LTE 不同的是，信道编码采用的是 Polar 码，实际的 PDCCH 物理层处理是在 BBU 和 AAU 上完成的。

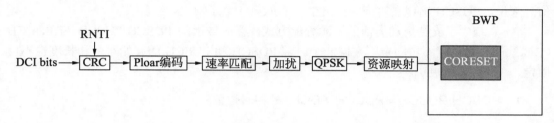

图 9-19　PDCCH 处理过程

5G 中的 PDCCH 有自己的 DMRS，在每个 REG 占据四分之一的时频资源，这比 LTE 里的六分之一要多，为采用 MIMO 的波束赋形技术带来了较大的信道增益，使传输更加可靠。

9.4　物理下行和上行共享信道

PDSCH 和 PUSCH 主要用于承载用户的业务数据，它们都支持 HARQ 功能，可以根据信道质量情况自适应选择调制方式、编码方式和发射功率等，它们都支持动态和半静态资源分配，为了节约用户的能耗，均支持用户的不连续接收（DRX）。

PDSCH 和 PUSCH 都采用的是 LDPC，信道支持的调制方式有 4 种：QPSK、16QAM、64QAM 和 256QAM。如果 UE 检测到 Format1_0/1 格式的 DCI 消息，则对 DCI 指示的 PDSCH 进行解码；如果 UE 检测到 Format0_0/1 格式的 DCI 消息，则对 DCI 指示的 PUSCH 进行解码。

在 5G 中，PDSCH 和 PUSCH 设计要考虑各种应用场景的需求。在 LTE 中，用户收到数据后，要经过 4ms 以上的时间才能收到 ACK/NACK 消息，这种反馈时序不能满足 uRLLC 场景中低时延的要求。为了增强调度的灵活性，满足 uRLLC 场景的短时延的要求，在 5G 中增加了新的反馈时序和灵活的调度机制。

9.4.1　时域资源分配

5G NR 中的用户业务数据的时域资源分配有两种模式：Type A 和 Type B。

- Type A：是基于时隙调度（Slot Based）的资源分配模式。在常规 CP 下，PDSCH 和 PUSCH 在时域上占用 14 个 OFDM 符号（扩展 CP 下是 12 个 OFDM 符号）。
- Type B：是基于微时隙调度（Mini-slot Based）的资源分配模式。在微时隙调度场景中，资源分配是以 OFDM 符号为单位，常规 CP 下 PDSCH 可以调度 2、4 或 7 个 OFDM 符号，PUSCH 可以调度 1～14 个 OFDM 符号，扩展 CP 下 PDSCH 可以调度 2、4 或 6 个 OFDM 符号，PUSCH 可以调度 1～12 个 OFDM 符号。

在 LTE 中，下行调度信息的位置和对应的 PDSCH/PUSCH 是相对固定的时序。例如，在 TDD 制式中，下行调度信息和 PDSCH 肯定是在同一个子帧上，对于大部分上行调度信息来说，PUSCH 出现在对应的调度信息后的第 4 个子帧上。

5G 系统为了支持更加灵活的资源分配方式，在时域上的 PDSCH/PUSCH 与 PDCCH（DCI）的相对位置不再固定，在同一个时隙 PDSCH 和 PUSCH 的起始符号和长度也不再固定，反馈时序也更加灵活。

1．PDSCH/PUSCH与PDCCH（DCI）的相对位置

对于下行调度，正常情况下，收到包含 DCI 的 PDCCH 以后，用户在其后的第 K_0 个时隙上接收 PDSCH 信息。K_0 的取值范围为 0～32，当 $K_0=0$ 时，表示 PDCCH 和其调度的 PDSCH 在同一个时隙，当 $K_0=1$ 时，表示 PDCCH 调度的 PDSCH 在下一个时隙。

为了降低调度单元的时间，在 5G 中采用 PDCCH 可以比 PDSCH 有更大的子载波间隔，考虑到 PDCCH 和 PDSCH 不同子载波间隔的情况，在进行时域调度时对 K_0 进行了修正，PDCCH 和其调度的 PDSCH 的相对位置可以根据式（9-1）进行计算。其中，n 是 PDCCH 中下行资源调度的 DCI 所在的时隙编号，μPDSCH 表示 PDSCH 的子载波间隔参数，μPDCCH 表示 PDCCH 的子载波间隔参数，K_0 参数可以由 RRC 信令获得，在资源分配类型 Type A 中 K_0 默认为 0，时序关系如图 9-20 所示。PDSCH 的起始符号用 S 表示，PDSCH 的持续长度用 L 表示。

$$\left\lceil n \cdot \frac{2^{\mu \text{PDSCH}}}{2^{\mu \text{PDCCH}}} \right\rceil + K_0 \tag{9-1}$$

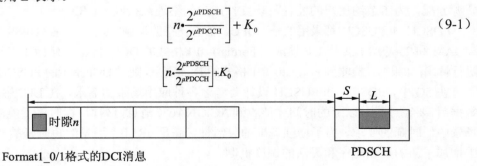

图 9-20　DCI 和 PDSCH 的时域资源关系

同样，对于上行的调度，用 K_2 表示 PDCCH 与其调度的 PUSCH 的时隙偏移，根据式（9-2）可以计算 PUSCH 与 PDCCH 的相对位置，其中，n 是 PDCCH 中上行资源调度的

DCI 所在的时隙编号，K_2 参数和 K_0 类似，可由 RRC 信令获得。μPUSCH 表示 PUSCH 的子载波间隔参数。

$$\left[n \cdot \frac{2^{\mu\text{PUSCH}}}{2^{\mu\text{PDCCH}}}\right] + K_2 \tag{9-2}$$

2. 同一个时隙PDSCH/PUSCH的起始符号S和持续长度L

3GPP 定义了两个参数 S 和 L 来表述时域的 PDSCH/PUSCH，信道的起始符号用 S 表示，信道的持续长度用 L 表示，为了节约资源，把 S 和 L 合成为 SLIV 参数，S 和 L 的取值不是随意选取的，在约束 $0 < L \leq 14-S$ 时，有如下定义：

$$\begin{aligned} &\text{当}(L-1) \leq 7 \text{ 时，SLIV}=14(L-1)+S \\ &\text{反之，SLIV}=14 \cdot (14-L+1)+(14-L-S) \end{aligned} \tag{9-3}$$

表 9-6（引自 TS 38.214 表 5.1.2.1-1）和表 9-7（引自 TS 38.214 表 6.1.2.1-1）分别为 PDSCH 和 PUSCH 有效的 S 和 L 的组合，对 $S+L$ 的定义说明：PDSCH 和 PUSCH 只支持在时隙内的资源映射，不能跨时隙映射。

表 9-6　在PDSCH时域资源分配中有效的S和L组合

PDSCH的映射类型	常规CP			扩展CP		
	S	L	$S+L$	S	L	$S+L$
Type A	{0,1,2,3}	{3,…,14}	{3,…,14}	{0,1,2,3}	{3,…,12}	{3,…,12}
Type B	{0,…,12}	{2,4,7}	{2,…,14}	{0,…,10}	{2,4,6}	{2,…,12}

表 9-7　在PUSCH时域资源分配中有效的S和L组合

PUSCH的映射类型	常规CP			扩展CP		
	S	L	$S+L$	S	L	$S+L$
Type A	0	{4,…,14}	{4,…,14}	0	{4,…,12}	{4,…,12}
Type B	{0,…,13}	{1,…,14}	{1,…,14}	{0,…,12}	{1,…,12}	{1,…,12}

从表 9-6 和表 9-7 中可以看出，时域资源分配方式有两种：Type A 和 Type B。简单来说，Type A 和 Type B 的区别就是两种方式对应的 S 和 L 候选值不一样。Type A 主要面向基于时隙调度的业务，如 eMBB 类业务，起始符号 S 比较靠前，信道持续时间 L 比较长；而 Type B 主要面向 uRLLC 业务，对时延要求较高，因此 S 的位置比较随意，以便于传输随时到达的 uRLLC 业务，信道持续时间 L 较短，这样可以降低传输时延。

3. HARQ反馈

为了保障数据传输的高可靠性，在 5G 中增加了重复发送机制，同一个传输块多次发送，可以减少重传而导致的时延。为了满足不同业务的时延需求，在 5G 中增加了灵活的 HARQ 反馈时序机制，保障了超低时延的业务（uRLLC）。

5G 中的 PDCCH 下行控制信息（DCI）不仅可以实现对传输用户数据的资源调度，而且包含用户处理数据时的 HARQ 反馈信息，通过 DCI 信息解码，用户可以获得 HARQ 反馈的无线资源和发送时刻。用户收到下行数据以后，通过数据校验，在上行的 PUCCH 中 DCI 指示的位置和资源上发送 ACK/NACK 消息，5G 的这种 HARQ 反馈机制只针对下行数据调度，对于上行数据来说，如果基站检测到数据错误，则不会反馈 HARQ 信息，会调度上行的数据再次重传数据。

下行数据的 HARQ 反馈时序图如 9-21 所示，其中，时延 K_1 由调度的 DCI 进行配置，K_1 的取值为 0～15 个时隙。

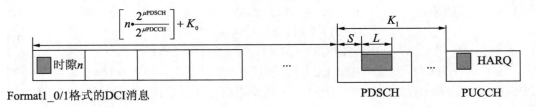

图 9-21　下行数据的 HARQ 反馈时序示意

在 5G 中，用户的处理时间和子载波间隔及信号解调有关，整体上，用户的上行数据处理时间为 0.3～0.8ms，下行数据的 HARQ 反馈最短处理时间是 0.2～1ms。

9.4.2　频域资源分配

RBG 是 PDSCH/PUSCH 的频域调度单位，一个 RBG 可以由 2 个、4 个、8 个或 16 个 PRB 组成，频域资源分配有两种方式：资源分配类型 0（Type 0）和资源分配类型 1（Type 1）。

1. Type 0

Type 0 资源分配支持连续分配和非连续频域资源分配。对于采用 CP-OFDM 波形的 PDSCH 和 PUSCH，频域资源分配以 RBG 为单位，一个 RBG 由 P 个连续的 PRB 组合而成。P 的大小和 BWP 大小有关，可以参考表 9-8（引自 TS 38.214 表 5.1.2.2.1-1）。在 RBG 的配置 1 中，P 取值为 2、4、8 和 16，在 RBG 的配置 2 中，P 取值为 4、8 和 16。

表 9-8　PDSCH和PUSCH的RBG大小

BWP带宽/PRB	配置 1	配置 2
1～36	2	4
37～72	4	8
73～144	8	16
145～275	16	16

RBG 的资源分配用位图表示，每个 RBG 都有一个比特与其对应，RBG 按照频率增加

的顺序进行编号，如果该位对应的比特为 1，则表示该 RBG 已经分配给该用户。如图 9-22a 所示，对于 Type 0，假设 BWP 的带宽为 16 PRB，RBG 为配置 1，根据表 9-8 可知，P 取值为 2。2 个 PRB 组成一个 RBG，资源分配以 RBG 为粒度，在 BWP 中一共有 8 个 RBG，每个 RBG 用 1bit 表示，可以用 8bit 来表示资源分配的情况。图 9-22a 中对应为 1 的 RBG 表示分配给用户的 RBG，该频域资源分配可以用 10010100 表示，最高位对应的是低频的 RBG。

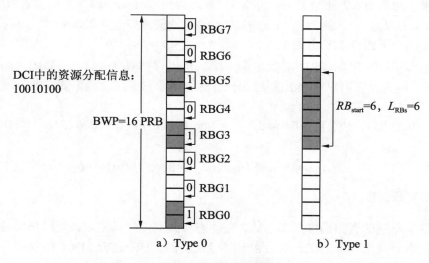

图 9-22　PDSCH/PUSCH 频域资源分配示意

2. Type 1

Type 1 频域只能分配连续的频域资源，主要针对上行的波形 DFT-S-OFDM。Type 1 频域资源方式是给用户分配连续的 N 个 PRB，通过将频域资源的起始位置 $\mathrm{RB_{start}}$ 和频域资源分配长度 L_{RBs} 联合编码，组成一个资源指示值（Resource Indicator Value，RIV）。$\mathrm{RB_{start}}$ 表示起始的 PRB，L_{RBs} 表示分配的资源块长度，$N_{\mathrm{BWP}}^{\mathrm{size}}$ 为用户的 BWP 的 PRB 总数量，基站侧 RIV 的计算方法为：

如果 $(L_{\mathrm{RBs}}-1)\leqslant \left\lfloor N_{\mathrm{BWP}}^{\mathrm{size}}/2 \right\rfloor$（分配的频域资源块的长度小于等于 BWP 的 PRB 总数量的一半），则：

$$\mathrm{RIV}=N_{\mathrm{BWP}}^{\mathrm{size}}(L_{\mathrm{RBs}}-1)+\mathrm{RB_{start}} \tag{9-4}$$

否则（分配的频域资源块的长度大于 BWP 的 PRB 总数量的一半）：

$$\mathrm{RIV}=N_{\mathrm{BWP}}^{\mathrm{size}}(N_{\mathrm{BWP}}^{\mathrm{size}}-L_{\mathrm{RBs}}+1)+(N_{\mathrm{BWP}}^{\mathrm{size}}-1-\mathrm{RB_{start}})\text{，其中 } L_{\mathrm{RBs}}\geqslant 1\text{，且不大于 } N_{\mathrm{BWP}}^{\mathrm{size}}-\mathrm{RB_{start}} \tag{9-5}$$

用户侧根据接收的 RIV 值计算起始位置 $\mathrm{RB_{start}}$ 和频域资源分配长度 L_{RBs}。计算方法为：

$$\begin{cases} x = \text{floor}(\text{RIV} / N_{\text{BWP}}^{\text{size}}) + \text{RIV} \bmod N_{\text{BWP}}^{\text{size}} \\ \text{若}x < N_{\text{RB}}^{\text{DL}}, \text{RB}_{\text{start}} = \text{RIV} \bmod N_{\text{RB}}^{\text{DL}}; L_{\text{RBs}} = \text{floor}(\text{RIV} / N_{\text{RB}}^{\text{DL}}) + 1 \\ \text{若}x \geqslant N_{\text{RB}}^{\text{DL}}, \text{RB}_{\text{start}} = N_{\text{RB}}^{\text{DL}} - \text{RIV} \bmod N_{\text{RB}}^{\text{DL}} - 1; L_{\text{RBs}} = N_{\text{RB}}^{\text{DL}} + \text{floor}(\text{RIV} / N_{\text{RB}}^{\text{DL}}) + 1 \end{cases} \quad (9\text{-}6)$$

一组（RB_{start}，L_{RBs}）和一个 RIV 值对应，基站侧根据系统配置情况计算 RIV 值并发送给用户，用户收到 RIV 值后计算对应的（RB_{start}，L_{RBs}），由此获得 PUSCH 的频域资源位置。如果用户的 BWP 分配了 16 个 PRB，基站为用户分配资源的起始位置 RB_{start} =6，连续的 RB 长度 L_{RBs} =6，则对应 PUSCH 占用的频域资源如图 9-22b 所示。

可以计算一下图 9-22b 中的 RIV，由于（L_{RBs}-1）=5<$\lfloor 16 / 2 \rfloor$，即分配的频域资源块的长度小于等于 BWP 的 PRB 总数量的一半，可以根据式（9-4）计算 RIV，RIV=16×(6-1)+6=86。再来看看用户收到 RIV 后如何计算 RB_{start} 和 L_{RBs}，根据式（9-6）进行计算。

由于

$$\text{floor}(\text{RIV} / N_{\text{BWP}}^{\text{size}}) + \text{RIV} \bmod N_{\text{BWP}}^{\text{size}} = \text{floor}(86 / 16) + 86 \bmod 16 = 5 + 6 = 11 < 16 \quad (9\text{-}7)$$

所以

$$\text{RB}_{\text{start}} = 86 \bmod 16 = 6, \quad L_{\text{RBs}} = \text{floor}(86/16) + 1 = 6 \quad (9\text{-}8)$$

3．5G资源调度

移动通信系统的资源调度是动态的，在动态资源调度过程中，如果用户要发送上行的数据，首先需要发送调度请求，然后由基站分配资源，UE 监听 PDCCH 获得分配的资源信息。

当用户有大量的数据传输时，网络可以通过预测得到用户在将来时间的资源需求，如果每次通过动态的资源调度请求获得资源，反而会带来时延和信令开销。怎样提高资源利用率，降低时延，节约系统信令开销呢？LTE 中的半静态调度（SPS）就是为解决这个问题而引入的。半静态调度就是基站一次性给用户分配多次发送数据的资源，如果传送数据，可以随时通过 DCI 激活使用。

在 5G NR 中，SPS 的功能得到了进一步增强，这种由网络进行资源配置的方式称为可配置调度。5G 下行可配置调度在协议中沿用的是 LTE 的 SPS，上行资源调度使用的是增强的可配置调度。5G 上行的可配置调度通过高层一次性给 UE 分配多次数据传输的资源，可以让很多用户共享，减少了资源浪费，需要时可以直接传输数据，不需要激活 SPS，节约了控制信令，缩短了时延，适用于超低时延场景。除了在调度机制上保障 5G 的超低时延场景通信之外，在 5G 中还引入了中断传输指示和优先抢占，以优先保障 uRLLC 场景的资源调度请求。如果出现资源分配碰撞的情况，如有 uRLLC 需求的业务和无 uRLLC 需求的业务共享频谱资源，此时，基站已经完成下一时刻的资源调度，没有给刚触发的 uRLLC 分配传输资源，这就是资源分配碰撞。在这种情况下，uRLLC 业务可以抢占其他非 uRLLC 业务的资源，抢占成功后给被抢占的用户发送中断传输的指令，告诉被抢占用户自己的资源被其他用户占用。5G 中给中断传输指令的 DCI 分配的扰码是 INT-RNTI，当用户通过 INT-RNTI 校验成功的，就获得了中断传输指令。根据中断信息，用户可以把接收的被抢占的对应时域和频域的数据从缓存中删除，避免接收数据错误。

9.5　物理上行控制信道

无线接口的行为都是在基站（gNB）的控制下进行的，基站通过 PDCCH 对用户进行控制和调度，用户通过 PUCCH 反馈自己的状态和需求，在 PUCCH 中传输的信息是上行控制信息（Uplink Control Link，UCL）。用户通过 PUCCH 发送给基站的反馈信息主要包括：下行信道质量状态（CSI）、基站的下行数据传输是否正确（ASK/NASK）和上行资源请求（SR）。其中，上行资源请求可以在 PUSCH 或 PUCCH 上发送，如果用户没有可用的 PUSCH 资源，则只能在 PUCCH 上发送。

5G 系统充分考虑到各种通信场景中系统的可靠性、时延及其覆盖要求，在设计 PUCCH 时采用了不同的格式，主要有 5 种格式，每种格式的 PUCCH 所占的 OFDM 符号数不同，可用于不同的业务场景需求。表 9-9（引自 TS 38.211 表 6.3.2.1-1）是 PUCCH 的主要格式。由于无线信道的变幻莫测，不同的 PUCCH 格式需要根据信道情况进行动态变换。

表 9-9　PUCCH格式

PUCCH格式	OFDM符号长度	比　特　数	波　　形	适 用 场 景
0	1～2	≤2	CP-OFDM	超低时延场景
1	4～14	≤2	DFT-S-OFDM	增强上行覆盖
2	1～2	>2	CP-OFDM	超低时延场景
3	4～14	>2	DFT-S-OFDM	增强上行覆盖
4	4～14	>2	DFT-S-OFDM	增强上行覆盖

- 格式 0：短 PUCCH 格式，OFDM 符号长度为 1～2 个符号，最多携带 2bit 的信息。
- 格式 1：长 PUCCH 格式，OFDM 符号长度为 4～14 个符号，最多携带 2bit 的信息。
- 格式 2：短 PUCCH 格式，OFDM 符号长度为 1～2 个符号，携带的信息超过 2bit。
- 格式 3：长 PUCCH 格式，OFDM 符号长度为 4～14 个符号，携带的信息超过 2bit。
- 格式 4：长 PUCCH 格式，OFDM 符号长度为 4～14 个符号，携带的信息超过 2bit。

PUCCH 格式有长格式和短格式，短格式适用于自包含时隙，用于 uRLLC 的超低时延场景，以提高 CSI、SR 和 HARQ 的反馈效率，缩短时延。最短的 PUCCH 是 1 个 OFDM 符号，PUCCH 的格式 0、2 属于短格式，用户可以在同一个时隙的不同符号上发送 UCI，这种设计极大缩短了反馈时延，满足了低时延场景的通信指标。

短格式的 PUCCH 由于使用的符号数目较少，不适用于增强覆盖的场景。为了增大覆盖面积，在 5G 中设计了长格式的 PUCCH，其长度为 4～14，可以在多个时隙中重复发送，格式 1、3 和 4 属于长格式。在使用波形方面,短格式的格式 0 和格式 2 使用的是 CP-OFDM 波形,为了保证大的覆盖范围,长格式的格式 1、格式 3 和格式 4 使用基于 DFT 预编码的单载波 DFT-S-OFDM 波形,以降低系统峰值平均功率比。携带比特数较少的 PUCCH,在一个 PRB 上可以复用多个用户,如格式 0、格式 1 和格式 4 支持多个用户的复用,这 3 种不同格式的 PUCCH 复用的用户数目不同,携带比特数较多的 PUCCH,格式 2 和格式 3 不支持多用户复用,同一个 PRB 上没有用户复用。

PUCCH 的时频资源位置由 4 个参数来确定,这 4 个参数包括 PRB 数、起始 PRB、起始符号和符号数。参数 PRB 数仅适用于 PUCCH 格式 2 和格式 3。用户具体的 PUCCH 资源位置由 RRC 信令配置,如果初始接入时高层没有配置用户专用的 PUCCH 资源,那么用户可以使用 SIB1 中预先设置的 PUCCH 时域配置。

在 5G 中不单独发送 PUCCH,而是将 UCL 和数据复用到同一调度资源。在 PUSCH 中传输时,如果基站给 UE 分配了专用的 PUCCH 资源,则可以在该资源里进行 PUCCH 传输,PUCCH 中也有 PUCCH 资源集。大部分情况下 PUCCH 都采用 QPSK 调制方式,当 PUCCH 占用 4～14 个 OFDM 符号且只包含 1bit 信息时,采用 BPSK 调制方式。PUCCH 的信道编码方式也比较丰富:当只携带 1bit 信息时,PUCCH 编码采用重复码(Repetition Code);当携带 2bit 信息时,PUCCH 编码采用线性码 Simplex;当携带信息为 3～11bit 时,PUCCH 编码采用李德-米勒(Reed Muller)块编码;当携带信息大于 11bit 时,PUCCH 编码采用 Polar 码。PUCCH 的天线端口从 2000 开始。

9.6　随机接入信道

在 LTE 中,随机接入主要有两个任务:其一,实现用户初始接入网络时的上行同步,用户获得上行提前量 TA;其二,用户通过随机接入获取上行资源。5G 在 LTE 的基础上增加了用户向基站的波束反馈功能。在 5G 中,同步信号块(SSB)在时域周期内有多次发送机会,每个 SSB 对应一个不同方向的下行波束,用户通过 SSB 的参考信号接收功率判断各个波束的信道质量,并选择最佳波束方向作为通信波束,并通过随机接入方式反馈给基站,基站通过用户反馈的随机接入信道的时频位置,计算用户选择的 SSB 索引。5G 中定义的随机接入触发事件主要包括:

- 空闲状态下(RRC_IDLE)的初始接入。
- RRC 连接重建。
- 小区切换。
- 在 RRC_CONNECTED 态下,有上行或下行,但不同步。
- 添加辅小区(Secondary Cell,SCell)时建立时间对齐。
- 请求其他系统消息(OSI)。
- 波束故障恢复。

5G 随机接入触发事件比 LTE 多了几种：从 RRC-INACTIVE 态转换、请求其他系统消息（OSI）和波束故障恢复。LTE 中的 RRC 只两种状态，即 RRC_IDLE 和 RRC_CONNECTED，5G 中增加了 RRC-INACTIVE。OSI 是指 5G 系统中一些不广播的系统消息，如 SIB2 和 SIB3 等，用户通过随机接入流程，根据需要可以申请这些不广播的系统消息。波束故障恢复和波束扫描有相同的机制。

9.6.1　随机接入前导序列

物理随机接入信道（PRACH）承载的信息是随机接入的前导序列（Preamble）。5G 的 Preamble 序列的生成方式和 LTE 一样，都是 ZC 根序列。5G 支持两种长度的 Preamble 序列，分别是 839 和 139。长度为 839 的 Preamble 序列是长格式，长度为 139 的 Preamble 序列是短格式。每个小区有 64 个可用的前导序列，是由一个或多个长度为 839 或 139 的 ZC 根序列生成的并映射在特定的时频资源上。

为了支持 uRLLC 场景低时延的要求，在 5G 中引入了自包含帧结构，要求 HARQ 反馈信息在一个时隙内进行传输，因此上行和下行的数据要短一些，短的前导序列可以满足该要求。

5G 的 PRACH 一般由三部分组成：CP + Preamble（重复）+ GP，其中，CP 的时间长度包括双向传输的传输时延和信道时延扩展。为了消除多径效应带来的干扰，CP 长度要大于无线传输中的信道时延扩展。Preamble 部分是重复若干次的前导序列，取决于不同的格式，GP 是保护时间，用来消除由于上行数据传输时延在基站侧形成的干扰。GP 的大小和小区覆盖半径有关，小区的覆盖半径可以通过简单计算得到：$GP \times 3 \times 10^8 / 2$。5G PRACH 的结构有利于在频域上检测 PRACH 前导，从而降低接收机的复杂度。5G 的 PRACH 格式如表 9-10 所示。

表 9-10　5G 的 PRACH 格式

格式	Preamble序列长度 L_{RA}	子载波间隔 $\Delta f_{RA}/kHz$	序列长度 N_u	CP长度 N_{CP}^{RA}	应用场景
0	839	1.25	24576κ	3168κ	和LTE相同
1	839	1.25	2×24576κ	21024κ	100km
2	839	1.25	4×24576κ	4688κ	覆盖增强场景
3	839	5	4×6144κ	3168κ	高速场景
A1	139	$15 \times 2^\mu$	$2 \times 2048 \times 2^{-\mu}$	$288\kappa \times 2^{-\mu}$	覆盖面积小的场景
A2	139	$15 \times 2^\mu$	$4 \times 2048 \times 2^{-\mu}$	$576\kappa \times 2^{-\mu}$	正常覆盖
A3	139	$15 \times 2^\mu$	$6 \times 2048 \times 2^{-\mu}$	$864\kappa \times 2^{-\mu}$	正常覆盖
B1	139	$15 \times 2^\mu$	$2 \times 2048 \times 2^{-\mu}$	$216\kappa \times 2^{-\mu}$	覆盖面积小的场景
B2	139	$15 \times 2^\mu$	$4 \times 2048 \times 2^{-\mu}$	$360\kappa \times 2^{-\mu}$	正常覆盖

格式	Preamble序列长度 L_{RA}	子载波间隔 Δf_{RA}/kHz	序列长度 N_u	CP长度 N_{CP}^{RA}	应用场景
B3	139	$15 \times 2^\mu$	$6 \times 2048 \times 2^{-\mu}$	$504\kappa \times 2^{-\mu}$	正常覆盖
B4	139	$15 \times 2^\mu$	$12 \times 2048 \times 2^{-\mu}$	$936\kappa \times 2^{-\mu}$	正常覆盖
C0	139	$15 \times 2^\mu$	$2048 \times 2^{-\mu}$	$1240\kappa \times 2^{-\mu}$	正常覆盖
C2	139	$15 \times 2^\mu$	$4 \times 2048 \times 2^{-\mu}$	$2048\kappa \times 2^{-\mu}$	正常覆盖

由表 9-10 可知，PRACH 的前导序列有两种长度，长格式为 839，短格式为 139。

PRACH 的子载波间隔和其他的物理信道不同，所采用的最小子载波间隔是 1.25kHz，其他信道的最小子载波间隔是 15kHz，是 PRACH 最小子载波间隔的整数倍。长度为 839 的长序列可以采用的子载波间隔为 1.25kHz 和 5kHz，长度为 139 的短序列可以采用的子载波间隔有 15kHz、30kHz、60kHz 和 120kHz。

序列长度 N_u 表示的是 PRACH 的检测窗口，κ 的定义为：$\kappa = T_s/T_c = 64$。

- T_s 是 LTE 中最小时间单位，LTE 中的子载波间隔为 15kHz，其符号周期为 1/15000，FFT 最大的采用阶数为 2048，相当于在一个符号中采样 2048 个点，$T_s = 1/(15000 \times 2048) = 32.55ns$。
- T_c 是 5G 中的最小时间单位，5G 中的最大子载波间隔为 480kHz，FFT 阶数为 4096，$T_c = 1/(480000 \times 4096) = 0.509ns$。
- $\kappa = T_s/T_c = 64$，5G 中规定的 κ 为固定常数 64。

例如，在格式 0 中，序列长度 $N_u = 24567\kappa = 24576 \times 64 = 1572864$ 个采样值，实际占用的时间长度为 $N_u = 1572864 \times 0.509ns = 0.8006ms$。格式 0 中的 CP 长度 $N_{CP}^{RA} = 3168\kappa = 3168 \times 64 \times 0.509ns = 0.1032ms$。

通过计算，可以得到所有的 PRACH 的时域分布情况，如图 9-23 所示。其中短格式为当 $\mu = 0$ 时，采用的子载波间隔为 15kHz 时 PRACH 各种格式的时域分布情况。

长格式中的#0 和#3 序列总时长为 1ms，在时域中占用 1 个子帧的长度，#3 的前导序列长度较小，专用于高速场景；#1 序列总时长为 3ms，占用 3 个子帧。短格式中包括 A1、A2、A3、B1、B2、B3、B4、C0 和 C2 等，它们的时长都小于 1ms，短格式的序列时长和 PRACH 子载波间隔有关，PRACH 子载波间隔越大，序列各部分的时长就越小。

不同的格式的 Preamble 长度不同，CP 长度不同，Preamble 序列的重复次数也不同，GP 长度也不同，可以根据业务覆盖场景的需要进行设置。和 LTE 系统相同，CP 越大，对时延的容忍度就越大，相应小区就可以支持更大的覆盖范围。

长格式的 CP 较长，可以支持的小区覆盖半径大，可以在广域覆盖的场景中配置，但长格式的 Preamble 占用的时域资源较多。短格式的 Preamble 中 CP 长度短，可以支持的小区覆盖半径小，可以用于街道、热点和室内微站等覆盖范围小的场景，短格式的 Preamble 占用的时域资源较少，但频域资源占用较多。长格式的 Preamble 序列仅用在载频小于 6GHz

时基于竞争的随机接入和非竞争的随机接入，采用的子载波间隔为 1.25kHz 和 5kHz。短格式的 Preamble 序列可以用在 6GHz 以下频段，也可以用在 6GHz 以上的频段，在 6GHz 以下频段中，可以采用的子载波间隔为 15kHz 和 30kHz，在 6GHz 以上的频段中，可以采用的子载波间隔为 60kHz 和 120kHz。

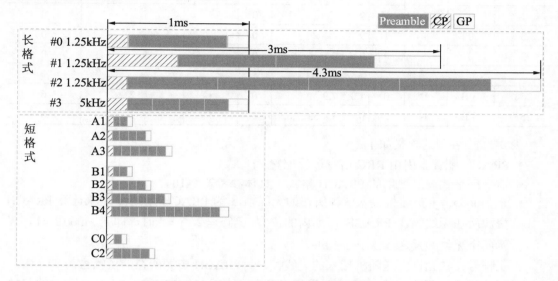

图 9-23　当 $\mu=0$ 时 PRACH 的时域结构示意

9.6.2　PRACH 的资源位置

5G 中使用的 PRACH 的天线端口是 4000，用户在哪些时频资源上可以发送随机接入前导码呢？5G 中通过高层参数定义了可以发送随机接入的时频资源位置，这些高层参数由基站发送给用户，用户通过接收 RRC 信令来获得 PRACH 资源的相关配置。

基站下发的随机接入配置信令包括：PRACH 配置的索引、信道的时域和频域的随机接入发送时机及 PRACH 的子载波间隔。PRACH 配置的索引告知用户发射 PRACH 的时域位置，即哪个无线帧、哪个子帧、哪个时隙和起始符号等。用户根据系统工作的频率范围（FR1 或 FR2）和 PRACH 配置的索引，计算 PRACH 所需的时域资源。表 9-11（引自 TS38.211 表 6.3.3.2-3）为 FR1 频段和 TDD 制式的随机接入配置。

表 9-11　FR1 频段和TDD制式的随机接入配置

PRACH 配置索引	前导码格式	$n_{SFN} \bmod x=y$		子帧号	开始符号	子帧内 PRACH 时隙数	单一PRACH时隙内时域PRACH时机数量 $N_t^{RA,slot}$	PRACH时机占用的符号数 N_{dur}^{RA}
		x	y					
0	0	16	1	9	0			0

PRACH 配置索引	前导码格式	$n_{SFN} \bmod x = y$		子帧号	开始符号	子帧内 PRACH 时隙数	单一PRACH时隙内时域PRACH时机数量 $N_t^{RA,slot}$	PRACH时机占用的符号数 N_{dur}^{RA}
		x	y					
1	0	8	1	9	0			0
2	0	4	1	9	0			0
3	0	2	0	9	0			0
……								
254	A3/B3	1	1	1,3,5,7,9	0	1	2	6
255	A3/B3	1	0	0,1,2,3,4,5,6,7,8,9	2	1	2	6

表 9-11 中各项的含义如下：
- PRACH 配置索引由 RRC 信令进行配置。
- 前导码格式表示使用的 PRACH 格式，具体参考表 9-10。
- $n_{SFN} \bmod x = y$ 是随机接入资源所在的无线帧，x 为 PRACH 周期，y 用来计算 PRACH 资源所在无线帧在 PRACH 周期内的位置。当 $x = 2$，$y = 1$ 时，即 $n_{SFN} \bmod 2 = 1$，表示两个无线帧发送一次 Preamble。
- 子帧号：在允许发送随机接入的无线帧内，PRACH 资源所在的子帧号。
- 开始符号：每个包含随机接入发送时机的子帧内，PRACH 资源在时隙中的起始符号。
- 子帧内 PRACH 时隙数：在一个子帧内包含随机接入时机的时隙数。
- 单一 PRACH 时隙内时域 PRACH 时机数量 $N_t^{RA,slot}$：在一个 PRACH 时隙内包含的时域随机接入时机的个数。
- PRACH 时机占用的符号数 N_{dur}^{RA}：PRACH 资源在 PRACH 时隙中占用的 OFDM 符号数（只针对 $L=139$ 的 Preamble 短格式）。

下面举例说明一下。假设系统工作在 FR1 频段、TDD 制式，用户通过接收随机接入配置信令来获得配置参数，如果此时发送的 PRACH 配置索引为 1，那么通过表 9-11 可知，用户使用前导码格式为 0，可以间隔 8 个无线帧发送一次随机接入，发起随机接入的子帧号为 9，子帧内的开始符号为 0。因为前导码格式 0 的时域为 1ms，所以随机接入在时域占用一个子帧的时长，如图 9-24 所示。

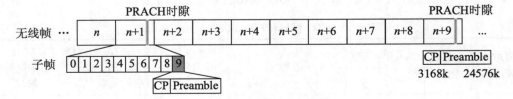

图 9-24 PRACH 时域资源配置示例

PRACH 时域资源的基本配置单位有两种：一种是系统子载波间隔为 15kHz 所对应的时隙，即一个子帧；另一种是系统子载波间隔为 60kHz 所对应的时隙。第一种情况适用于随机接入子载波间隔是 1.25kHz、5kHz、15kHz 和 30kHz 的场景；第二种情况适用于随机接入信道子载波间隔是 60kHz 和 120kHz 的场景。一个 PRACH 时隙内包含的随机接入时机的个数由时域资源基本配置单位决定。

例如，对于 PRACH 长格式（序列长度为 839），时域资源基本配置是系统子载波间隔为 15kHz 的一个子帧，在一个子帧中只包含一个 PRACH 时隙（PRACH slot），一个 PRACH 时隙中只包含一个 PRACH 传输时刻（PRACH transmission occasion）。

对于随机接入短序列（序列长度为 139），时域资源的基本配置是子载波间隔为 60kHz 时隙，其中包含一个或两个 PRACH 时隙，每个 PRACH 时隙包含一个或者多个 PRACH 发送时机。通过接收 PRACH 配置索引，用户可以获得 PRACH 的时域资源，PRACH 的频域资源也可以通过高层 RRC 配置信息获得，主要由参数 msg1-FrequencyStart 和 msg1-FDM 决定。

- msg1-FrequencyStart：告诉用户 PRACH 资源的起点距离初始 BWP 或当前激活 BWP 起点的偏移，得到 PRACH 资源在 BWP 的相对位置。
- msg1-FDM：表示用户在当前时间点上，频域 PRACH 发送时机的数量，取值为 {1,2,4,8}。

在每个频域发送时机中可能占用 PUSCH 中的 RB 数，由前导格式、PRACH 的子载波间隔和 PUSCH 的子载波间隔共同决定，如表 9-12（引自 TS 38.211 表 6.3.3.2-1）所示。$\bar{k}$ 决定随机接入前导在资源块中的频域位置，是一个常量。

表 9-12　系统支持的PRACH子载波间隔和PUSCH子载波间隔和 $\bar{k}$ 的关系

L	PRACH的子载波间隔	PUSCH的子载波间隔	N_{RA}^{RB} 数，以PUSCH的RB表示	$\bar{k}$
839	1.25	30	3	1
839	1.25	60	2	133
839	5	15	24	12
839	5	30	12	10
839	5	60	6	7
139	15	15	12	2
139	15	30	6	2
139	15	60	3	2
139	30	15	24	2
139	30	30	12	2
139	30	60	6	2
139	60	60	12	2
139	60	120	6	2

L	PRACH的子载波间隔	PUSCH的子载波间隔	N_{RA}^{RB} 数，以PUSCH的RB表示	$\bar{k}$
139	120	60	24	2
139	120	120	12	2

从表 9-12 中可以看出，PRACH 的带宽由 Preamble 的长度、随机接入子载波间隔和 PUSCH 子载波间隔共同决定。例如，Preamble 序列长为 839，随机接入子载波间隔为 1.25kHz，PUSCH 子载波间隔为 15kHz，则 PRACH 占用的 RB 数（用 PUSCH 的 RB 表示）为 839×1.25/15/12=6（RB）。LTE 中的 PRACH 所映射的 RB 数只有 6RB 一种情况，5G 系统中设计了灵活的子载波间隔，PRACH 可以映射的 RB 数有 2、3、6、12 或 24 等多种情况，决定 PRACH 在资源块中的频域位置 $\bar{k}$ 也有多种取值。

如图 9-25 所示，msg1-FrequencyStart=8 表示 PRACH 资源的起点距离 BWP0 的 PRB0 为 8 个 PRB，msg1-FDM=2 表示频域的发送时机配置为 2，频域占用 2 个连续的随机接入频域资源。当随机接入序列选择为长格式时，PUSCH 的子载波间隔是 15kHz，随机接入信道子载波间隔为 1.25kHz，每个频域的资源是 6RB；当随机接入序列选择为短格式时，PUSCH 的子载波间隔是 60kHz，随机接入信道子载波间隔为 15kHz，每个频域的资源是 3RB。

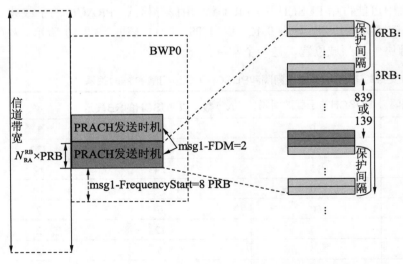

图 9-25　PRACH 的频域资源示意

在发起随机接入之前，5G 的用户首先需要探测波束，选择信号强度最大的波束用于随机接入。5G 基站有多个波束，在小区搜索时，用户会选择 SSB 信号最强的一个波束驻留。如果用户要发起随机接入并且已经计算出 PRACH 的时频资源位置，那么用户可以在最佳的 SSB 接收波束方向发送 PRACH。3GPP 将不同时频资源的 PRACH 和不同的

Preamble 与 SSB index 进行了关联，基站通过在不同的时域或频域上检测 Preamble 就能推算出哪个波束是当前用户的最佳工作波束。

9.7　物理参考信号

5G 和 LTE 中的物理参考信号均没有承载高层信息，它只在物理层使用，占用物理时频资源。为了最大限度地利用物理资源，5G 物理层参考信号设计为按需传输，不需要的时候不占用时频资源。5G 物理参考信号的特点是每一类参考信号都有专门的用途，主要包括：

- 信道状态信息参考信号（CSI-RS）：用于获取信道状态信息。
- 解调参考信号（DMRS）：在预编码为非码本的场景下，用于对无线信道做信道估计。5G 根据用途设计了 PDSCH 解调参考信号（PDSCH DMRS）、PDCCH 解调参考信号（PDCCH DMRS）和 PBCH 解调参考信号（PBCH DMRS）。
- 相位跟踪参考信号（PTRS）：用于对 PDSCH 和 PUSCH 的相位噪声做补偿。
- 探测参考信号（SRS）：应用于上行链路中基站对上行信道的质量检测和数据解调。

9.7.1　信道状态信息参考信号

信道状态信息参考信号（CSI-RS）主要用于调度过程，基站根据用户反馈的信道质量报告进行资源调度，传输密度较小。CSI-RS 支持用户测量下行信道的信噪比，并据此发送 CQI（Channel Quality Indication，信道质量指示）、秩指示（RI）和预编码矩阵（PMI）给基站，基站根据用户的报告，确定频谱效率、码率、调制方式与编码策略（MCS，Modulation and Coding Scheme），实现对资源的调度和 MIMO 处理。除此之外，CSI-RI 还可以用于对下行波束的管理、时频跟踪、移动性管理和速率匹配。波束管理是获取波束赋形的预编码矩阵等参数；CSI-RS 的时频跟踪功能相当于 LTE 中的 CRS；移动性管理是通过不断测量服务小区和邻小区的 CSI-RS，感知小区的信号质量，如果满足切换条件则进行小区切换。如果在为用户调度的 PDSCH 中包含配置的 CSI-RS，则 PDSCH 在资源映射时需要避开使用这些 RE，这些 RE 即为速率匹配的 RE。

5G 中的 RSRP、RSRQ、SINR 和 RSSI 都是基于 CSI-RS 或 SSB 测量而得到的，SSB 主要用于移动性测量，CSI-RS 主要用于下行信道的测量和上报，如表 9-13 所示。

表 9-13　5G中的系统测量指标

测 量 指 标	物理信号对应的指标
RSRP	同步参考信号接收功率SS-RSRP
	CSI接收功率CSI-RSRP
	SRS接收功率SRS-RSRP
RSRQ	同步参考信号接收质量SS-RSRQ
	CSI接收质量CSI-RSRP
SINR	同步参考信号的信噪比SS-SINR
	CSI信噪比CSI-SINR
RSSI	接收信号强度指示

1. CSI-RS序列生成

CSI-RS 序列是一个模值为 1 的复数序列，定义如式（9-9）所示。

$$r(m) = \frac{1}{\sqrt{2}}[1 - 2 \cdot c(2m)] + j\frac{1}{\sqrt{2}}[1 - 2 \cdot c(2m+1)] \tag{9-9}$$

其中，$c(m)$ 为伪随机序列，是序列长度为 31 的 gold 序列，$m = 0,1,\cdots,M_{PN}$，由式（9-10）～式（9-12）定义。

$$c(m) = [x_1(m + N_c) + x_2(m + N_c)]\bmod 2 \tag{9-10}$$

$$x_1(m + 31) = [x_1(m + 3) + x_1(m)]\bmod 2 \tag{9-11}$$

$$x_2(m + 31) = [x_2(m + 3) + x_2(m+2) + x_2(m+1) + x_2(m)]\bmod 2 \tag{9-12}$$

其中，$N_c = 1600$，x_1 序列的初始化为 $x_1(0) = 1, x_1(n) = 0, n = 1,2,\cdots,30$，$x_2$ 序列的初始化由 C_{init} 得到，定义如式（9-13）所示。不同的应用有不同的 C_{init}，CSI-RS 序列在每个符号的起始点的初始化公式如式（9-14）所示。

$$C_{\text{init}} = \sum_{i=0}^{30} x_2(i)2^i \tag{9-13}$$

$$C_{\text{init}} = [2^{10}(N_{\text{symb}}^{\text{slot}} n_{s,f}^{\mu} + l + 1)(2n_{\text{ID}} + 1) + n_{\text{ID}}]\bmod 2^{31} \tag{9-14}$$

其中，$n_{s,f}^{\mu}$ 是无线帧内的时隙编号，l 是时隙内的符号编号，n_{ID} 为高层配置的扰码 ID。由式（9-9）生成 $r(m)$ 序列再乘以时域和频域的加权序列和功率缩放因子，然后再映射到特定的 CSI-RS 资源中，如果 CSI-RS 成功发送给用户，则用户就可以获取信道状态信息。详细的资源映射参考 TS 38.211 表 7.4.1.5.3。

2. CSI-RS的分类

5G 的 CSI-RS 设计为零功率 ZP CSI-RS（Zero power CSI-RS）和非零功率 NZP CSI-RS（Non Zero power CSI-RS）两种。为了避免不同用户的 CSI-RS 传输干扰，将一个用户的下行数据传输中的一些 RE 设置为 ZP CSI-RS（即在该 RE 上的功率传输为 0），这样就避免了不同用户 CSI-RS 传输的干扰，提高了对下行信道测量的准确性。

对一个特定用户来说，其调度的资源中包含分配给自己或其他用户的 CSI-RS 时，PDSCH 进行速率匹配和资源映射时，需要避免使用这些 RE，那么其他用户的 CSI-RS 对应的这些 RE 就是 ZP CSI-RS。ZP CSI-RS 主要用于干扰监控和 PDSCH 的速率匹配。用户根据 NZP CSI-RS 和 ZP CSI-RS 的时频资源集定义，接收 NZP CSI-RS 信号进行 CSI-RS 测量，对于 ZP CSI-RS 的时频资源集，用户认为是其他用户的 CSI-RS 资源，不做处理。

3. CSI-RS的时频资源

CSI-RS 在资源分配时需要避开用户配置的 CORESET、PDSCH 中的 DMRS 和 SSB 所包含的资源，原则上，可以配置在 RB 的任何位置。

在频域上，CSI-RS 在给定的下行 BWP 中配置，和 BWP 使用相同的子载波间隔，可以覆盖整个 BWP 或一部分 BWP。在 CSI-RS 所在的 BWP 带宽内，CSI-RS 可以在每个 RB 中发送，也可以每 2 个 RB 发送一次，如果是单个天线端口，则 CSI-RS 在一个 RB 中可以对应一个 RE，也可以在一个 RB 中分配 3 个 RE，在这种方式下，CSI-RS 可以作为跟踪参考信号（Tracking Reference Signal，TRS）的一部分。

用户在接收下行数据传输的时候，基站和用户的物理晶振的频率不会完全一致，存在小小的偏差，用户需要由 TRS 补偿时偏和频偏，在 LTE 中这个功能由 CRS 完成。TRS 包括多个周期性的 NZP CSI-RS。

CSI-RS 在发送方式上有周期、半持续周期和非周期 3 种，由高层根据需要进行灵活配置。高层配置好周期性的发送方式后，用户在 PUCCH 上周期性地上报 CSI，半持续周期和非周期性的发送方式需要控制信令的激活/去激活和触发。例如，半持续周期地发送 CSI-RS，需要控制指令（MAC CE1）激活 CSI-RS，一旦 CSI-RS 被激活，就会按照所配置的周期开始发送 CSI-RS，然后再由控制指令（MAC CE2）激活用户 CSI 的上报，此时基站即可获得信道状态信息，非周期性的发送方式需要 DCI 进行触发。

4. CSI-RS复用模式

在 5G 中，CSI-RS 对应的天线端口可以是单天线端口也可以是多天线端口，它们对应要探测的信道，CSI-RS 最多可以对应 32 个天线端口。每一个天线端口都是独立的信道，要求对应各天线端口的 CSI-RS 信号也相互独立。

如果是单天线端口，则没有资源复用，是将 CSI-RS 序列的一个值映射在一个 RE 上。如果是多天线端口时，则把多个 CSI-RS 序列值映射在同一资源 RE 上，这种情况就用到了资源复用。资源复用分为时分复用（TDM）、频分复用（FDM）和码分复用（CDM）等方式，通过性能评定，5G 采用的 CSI-RS 资源共享方式是码分复用（CDM）方式，即多个天线端口的 CSI-RS 序列可以在相同时频资源上通过 CDM 方式加以区分。

5G 中定义了 3 种方式的 CDM：FD-CDM2、CDM4（FD2+TD2）和 CDM8（FD2+TD4）。如图 9-26 所示为对应的资源使用情况，可以看出，为了实现不同端口的 CSI-RS 相互独立，时频资源上相邻的多个 RE 作为一个基本的映射单位，构成了不同的天线端口 CSI-RS。

- FD-CDM2：频域 2 个子载波，时域 1 个符号，在 2 个 RE 上实现 2 个天线端口的复用。
- CDM4（FD2+TD2）：频域 2 个子载波，时域 2 个符号，在 4 个 RE 上可以实现 4 个天线端口的复用。
- CDM8（FD2+TD4）：频域 2 个子载波，时域 4 个符号，在 8 个 RE 上可以实现 8 个天线端口的复用。

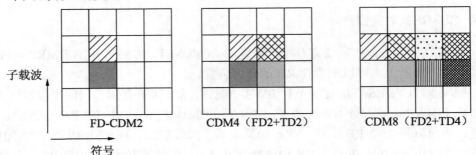

图 9-26　FD-CDM2、CDM4（FD2+TD2）和 CDM8（FD2+TD4）3 种方式的资源使用情况

那么如何实现多个端口的复用呢？关键在于 CDM 码分，再结合时域、频域的多种组合，可以实现多端口的 CSI-RS 复用。通常情况下，每个 M 端口的 CSI-RS 在一个 RB 和一个时隙的时频资源内占用 M 个 RE。

以 2 个天线端口为例，2 个端口的 CSI-RS 占用 2 个 RE 资源，CDM2 在这两个 RE 的频域使用了两个相互正交的序列，即 $[w_f(0), w_f(1)] = [1,1]$ 和 $[w_f(0), w_f(1)] = [1,-1]$，这样就可以将 2 个天线端口区分开，如图 9-27 所示。

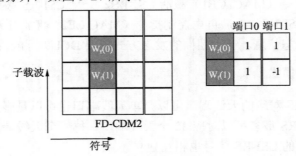

图 9-27　FD-CDM2 的正交码示意

CDM4 和 CDM8 包括频域和时域的正交码，5G 定义了不同情况下的复用正交码，如表 9-14 所示。在实际的资源映射场景中，可以根据 CSI-RS 的情况灵活构造复用方式。

表 9-14　CSI-RS中 4 天线端口和 8 天线端口的正交码

	端 口 序 号	频域正交码	时域正交码
CDM4	0	[1,1]	[1,1]
	1	[1,-1]	[1,1]

续表

	端 口 序 号	频域正交码	时域正交码
CDM4	2	[1,1]	[1,−1]
	3	[1,−1]	[1,−1]
CDM8	0	[1,1]	[1,1,1,1]
	1	[1,−1]	[1,1,1,1]
	2	[1,1]	[1,−1,1,−1]
	3	[1,−1]	[1,−1,1,−1]
	4	[1,1]	[1,1,−1,−1]
	5	[1,−1]	[1,1,−1,−1]
	6	[1,1]	[1,−1,−1,1]
	7	[1,−1]	[1,−1,−1,1]

5. CSI-RS在时隙内的资源映射

CSI-RS 序列在时隙内的资源映射主要参考 TS 38.211 表 7.4.1.5.3-1 中的描述，引入的部分内容如表 9-15（引自 TS 38.211 表 7.4.1.5.3-1）所示。

表 9-15　时隙内的CSI-RS位置

Row	Ports X	Density	CDM-Type	$(\bar{k},\bar{l})$	CDM Index	k'	l'
1	1	3	No CDM	$(k_0,l_0),(k_0+4,l_0),(k_0+8,l_0)$	0，0，0	0	0
2	1	1,0.5	No CDM	(k_0,l_0)	0	0	0
3	2	1,0.5	FD-CDM2	(k_0,l_0)	0	0,1	0
4	4	1	FD-CDM2	$(k_0,l_0),\ (k_0+2,l_0)$	0,1	0,1	0
5	4	1	FD-CDM2	$(k_0,l_0),\ (k_0,l_0+1)$	0,1	0,1	0
6	8	1	FD-CDM2	$(k_0,l_0),\ (k_1,l_0),(k_2,l_0),\ (k_3,l_0)$	0,1,2,3	0,1	0
7	8	1	FD-CDM2	$(k_0,l_0),(k_1,l_0),(k_0,l_0+1),(k_1,l_0+1)$	0,1,2,3	0,1	0
8	8	1	CDM4	$(k_0,l_0),\ (k_1,l_0)$	0,1	0,1	0,1

其中：

- Ports X 对应的是端口数。
- Density 对应的是一个 RB 内 CSI-RS 的密度（重复次数）。
- CDM-Type 是复用方式，由 No CDM、FD-CDM2、CDM4（FD2+TD2）和 CDM8（FD2+TD4）4 种方式。
- $(\bar{k},\bar{l})$ 是 CSI-RS 的资源时频位置。k_0 由系统的频域资源映射位置的 Bitmap 流携带，

l_0 由高层系统配置。

- CDM Index 表示需要复用的 CDM 组的序号。
- k' 和 l' 是 CDM 组中的资源单元索引。

CSI-RS 映射到 PRB 的时频位置为 (k,l)，$k = \bar{k} + k'$ 表示 CSI-R 映射在 PRB 中的频域位置，$l = \bar{l} + l'$ 表示 CSI-RS 映射到 PRB 中的符号位置。

例 1：假设 Row=1 时，天线端口数 Ports X=1，Density=3，频域分配的 Bitmap=0001；系统配置 l_0=3，查表 l'=0，$k'=0$，此时时隙内的 CSI-RS 位置如图 9-28 所示，CSI-RS 在频域中重复了 3 次且是均匀分配。这种结构的 CSI-RS 就是 TRS。TRS 可以配置在一个 PRB 中的不同时域位置，实现时频同步跟踪，根据 TRS 可以估算频率和时间上存在的误差，从而对接收数据进行修改。

例 2：假设 Row=4 时，天线端口数 Ports X=4，Density=1，频域分配的 Bitmap=010；系统配置 l_0=3，复用模式是 FD-CDM2，此时时隙内的 CSI-RS 位置如图 9-29 所示。有两组 FD-CDM2 以频分的方式复用，实现 4 个天线端口的 CSI-RS，并且在频域上是连续分布的。

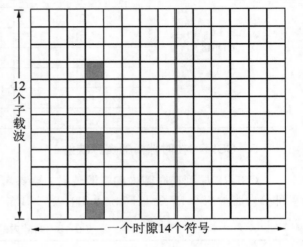

图 9-28 例 1 的 CSI-RS 资源

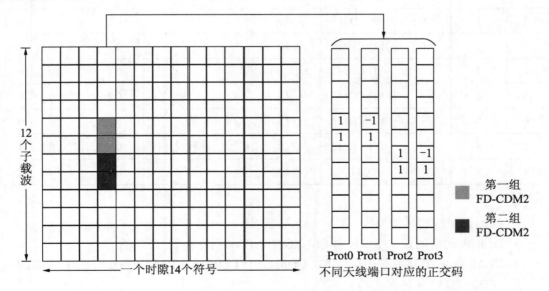

Prot0 Prot1 Prot2 Prot3
不同天线端口对应的正交码

第一组 FD-CDM2

第二组 FD-CDM2

图 9-29 例 2 的 CSI-RS 资源

例 3：以 8 个天线端口为例，假设频域是连续分布的方式，5G 中的 CSI-RS 可以有 3 种结构。

- 当 Row=6 时，在由 4 个 FD-CDM2 组成的 8 个天线端口的 CSI-RS 中，时域占用一个 OFDM 符号，频域占用 8 个子载波，4 组 FD-CDM2 以频分的形式进行复用，如图 9-30 所示，此时 $l_0=5$。

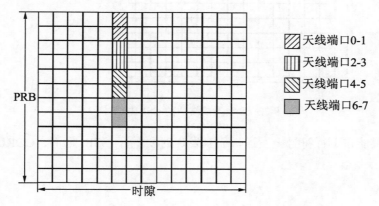

图 9-30　8 个天线端口的 CSI-RS 结构 1

- 当 Row=7 时，在由 4 个 FD-CDM2 组成的 8 个天线端口的 CSI-RS 中，时域占用 2 个 OFDM 符号，频域占用 4 个子载波，4 组 FD-CDM2 以频分和时分的形式进行复用，如图 9-31 所示，此时 $l_0=4$。

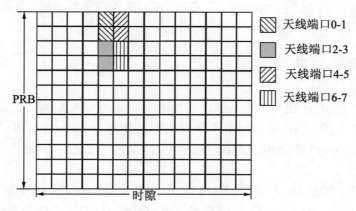

图 9-31　8 个天线端口的 CSI-RS 结构 2

- 在由 2 个 CDM4（FD2+TD2）组成的 8 个天线端口的 CSI-RS 中，时域占用 2 个 OFDM 符号，频域占用 4 个子载波，2 组 FD-CDM2 以频分的形式进行复用，如图 9-32 所示，此时 $l_0=4$。

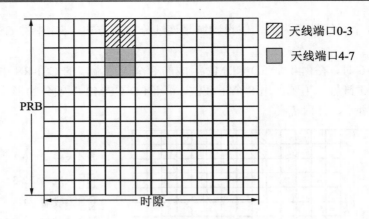

图 9-32　8 个天线端口的 CSI-RS 结构 3

CSI-RS 只能在下行符号上发送，而且发送时要避开 SSB 信道、CORESET、DMRS 和 PTRS 等信号。

6. CSI-IM

CSI-RS 除了可以用于探测信道，也可以用于估计相邻小区的干扰，此时的 CSI-RS 称为 CSI-IM（Interference Measurement），CSI-IM 占用的时频资源和发射方式与 CSI-RS 类似。CSI-IM 占用的是小区中的空闲 RE，当要测量邻区干扰时，邻区在 CSI-IM 对应的 RE 上传输正常的业务数据，用户接收并测量相应的时频资源位置的 CSI-IM 信号功率，即可估计出相邻小区对本小区的干扰程度。CSI-RS 使用的是空闲的 RE，所采用的资源是 ZP CSI-RS 资源。

9.7.2　解调参考信号

解调参考信号（DMRS）主要是进行 MIMO 估计和信噪比检测，实现上下行的信号解调，发送密度较高。5G 中不使用小区专用参考信号（CRS），所以信道估计依赖于 DMRS，LTE 只在上行链路使用 DMRS，由于 5G NR 没有 CRS，因此其下行链路也需要用到 DMRS。

5G 在 PBCH、PDSCH、PUCCH 和 PUSCH 中都设计了相应的 DMRS。DMRS 在预定的资源内和相应的信道一起发送，实现对应信道的解码。DMRS 中的信息由系统提前告知用户，但不是每个时刻都需要发送。在低速运动的通信场景中，信道变化较小，信道状态比较平稳，基站只需要间隔一段时间发送一次 DMRS 即可，而在高速运动的场景中，信道变化较快，需要更多的 DMRS 监控信道变化情况，有时会增加附加 DMRS，实现信道的准确解调。这里主要介绍一下 PBCH DMRS、PDCCH DMRS 和 PDSCH DMRS。

1. PBCH DMRS

PBCH 中的 DMRS 在 5G 中主要用于实现对自身的 PBCH 状态估计，实现 PBCH 解调。PBCH 的每个 RB 中都含有 DMRS 信息并且均匀地分布在其中。从表 9-16（引自 TS 38.211 表 7.4.3.1-1）中可以看到 PBCH 中的 DMRS 资源映射，3GPP 对 PBCH 的 DMRS 的映射进行了明确的规定。

表 9-16　SSB 块内的资源配置

信道/信号	SSB 块内的符号	SSB 块内的子载波编号
PSS	0	56，57，…，182
SSS	2	56，57，…，182
Set to 0	0	0，1，…，55，183，184，…，239
	2	48，49，…，55，183，184，…，191
PBCH	1，3	0，1，…，239
	2	0，1，…，47，192，193，…，239
PBCH中的DMRS	1，3	0+υ，4+υ，8+υ，…，236+υ
	2	0+υ，4+υ，8+υ，…，44+υ 192+υ，193+υ，…，236+υ

在频域上，DMRS 每 4 个子载波映射一个 RE；在时域上，DMRS 映射在 SSB 块中的符号 1、2 和 3 上，即 PBCH 所在的 3 个符号上。其中，变量 υ 和物理小区 ID 相关，用 $N_{\text{ID}}^{\text{cell}}$ 表示物理小区 ID，$υ = N_{\text{ID}}^{\text{cell}} \bmod 4$，PBCH DMRS 有 4 个频域偏移，在相邻的同频小区中，PBCH DMRS 的频域映射位置不同，有利于降低参考信号之间的干扰，如图 9-33 所示。

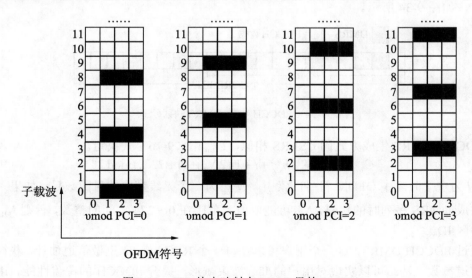

图 9-33　SSB 块中映射在 PBCH 里的 DMRS

这里的 DMRS 不仅可以用来解调 PBCH，还有一个作用是用来确定 SSB 索引值。当载频大于 6GHz 时，最大支持 SSB 的数目为 64 个，SSB 的索引需要用 6bit 表示，SSB 索引的高 3 位由附加消息的低 3 位传输，SSB 索引的低 3 位由 PBCH 的 DMRS 序列索引的 3bit 表示，因此在 DMRS 的生成规则中会涉及 SSB 索引值的相关信息。

PBCH DMRS 序列是一个模值为 1 的复数序列，生成方式与 CSI-RS 类似。$c(m)$ 在每个起始 OFDM 符号处初始化，序列的初始化值 C_{init} 由式（9-15）决定。

$$\begin{cases} C_{\text{init}} = 2^{11}(\tilde{i}_{\text{SSB}}+1)(N_{\text{ID}}^{\text{cell}}/4+1) + 2^6(\tilde{i}_{\text{SSB}}+1)(N_{\text{ID}}^{\text{cell}} \bmod 4) \\ L_{\max}=4, \tilde{i}_{\text{SSB}} = i_{\text{SSB}} + 4n_{\text{hf}} \\ L_{\max}>4, \tilde{i}_{\text{SSB}} = i_{\text{SSB}} \end{cases} \tag{9-15}$$

其中，$N_{\text{ID}}^{\text{cell}}$ 是物理小区 ID，n_{hf} 表示半帧指示。$n_{\text{hf}}=0$ 表示 PBCH 在无线帧的前半帧中发送，$n_{\text{hf}}=1$ 表示在无线帧的后半帧中发送。$L_{\max}$ 是 SSB 块数最大值，i_{SSB} 是 SSB 块索引编号的低有效位，如果一帧中最大可以支持的 SSB 块数量 $L_{\max}=4$，则 i_{SSB} 表示 SSB 索引的低 2 位。如果 $L_{\max}=8$ 或 64，那么 i_{SSB} 表示 SSB 索引的低 3 位。可见，一旦用户端的 PBCH DMRS 解码成功，即可获得这些初始化参数信息。

2. PDCCH DMRS

PDCCH DMRS 用于估计 PDCCH，实现对 PDCCH 的解调，PDCCH DMRS 信号序列只在传输 PDCCH 的资源上传输，初始接入时，映射在系统消息配置的 CORESET#0 内的资源上，其他时候是在公共资源 CRB 上进行映射。

频域上，PDCCH DMRS 映射在 PDCCH 的每个 RB 资源的子载波 1,5,9,13…相当于每 4 个子载波映射一个 DMRS，位置固定；时域上，PDCCH DMRS 映射在每一个 PDCCH 符号上，如图 9-34 所示。

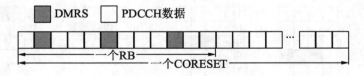

图 9-34　PDCCH 中的 DMRS 映射示意

PDCCH DMRS 生成方式同 CSI-RS 相似，C_{init} 由（9-16）式决定。

$$C_{\text{init}} = (2^{17}(N_{\text{symb}}^{\text{slot}} n_{s,f}^{\mu} + l + 1)(2N_{\text{ID}}+1) + 2N_{\text{ID}}) \bmod 2^{31} \tag{9-16}$$

其中，l 为一个时隙中 OFDM 符号的索引，$N_{\text{symb}}^{\text{slot}}$ 为一个无线帧中的时隙数目。如果系统配置了生成 DMRS 序列时的扰码，N_{ID} 可能取值为范围在 0～274 之间的整数，否则 N_{ID} 等于物理小区 ID。

通过 PDCCH DMRS，每一个用户可以在每一个 REG bundle 里做信道估计，获得更精确的信道参数。基站可以实现对用户的准确波束赋形，提升 PDCCH 的覆盖性能。用户也可以不局限于自己的 CORESET，在整个 PDCCH 带宽内做信道估计，这类似于 LTE 采用小区参考信号在整个频带内做信道估计，也即宽带信道估计，这样做的局限是估计信道在波束赋形的时候，性能受到限制。

3. PDSCH DMRS

在进行 PDSCH DMRS 设计时，充分考虑到了 5G 的多种应用场景需求，如低时延、多天线和高速运动等场景。例如：为了满足这些通信场景的需求，设计了多种资源映射类型；为了实现对高速运行中的信道精确估计，在时隙中设计了附加 DMRS；为了满足超低时延的要求，设计了 Type A 和 Type B 时域映射类型；为了多天线通信的需要，设计了 Type 1 和 Type 2 频域映射类型。系统可以根据通信的需求灵活配置 DMRS。

1）PDSCH DMRS 序列的生成

PDSCH DMRS 序列的生成方式同 CSI-RS 类似，C_{init} 由式（9-17）决定。

$$C_{\text{init}} = [2^{17}(N_{\text{symb}}^{\text{slot}} n_{s,f}^{\mu} + l + 1)(2N_{\text{ID}}^{n_{\text{SCID}}} + 1) + 2N_{\text{ID}}^{n_{\text{SCID}}} + n_{\text{SCID}}] \bmod 2^{31} \qquad (9\text{-}17)$$

其中，$N_{\text{symb}}^{\text{slot}}$ 表示一个时隙中包含的符号数。$n_{s,f}^{\mu}$ 表示一个无线帧中包含的时隙数。当系统配置了 DMRS 的扰码时，$N_{\text{ID}}^{n_{\text{SCID}}} \in \{0,1,\cdots,65535\}$，如果没有配置，$N_{\text{ID}}^{n_{\text{SCID}}} = N_{\text{ID}}^{\text{cell}}$。$n_{\text{SCID}} \in \{0,1\}$，具体取值由 DCI 决定。PDSCH DMRS 序列在频域的所有 CRB 上生成，是基于 CRB0 的全频域的 DMRS 序列，但是其只在 PDSCH 中传输。

在映射到实际的时频域之前，按照式（9-17）生成的序列 $r(m)$ 需要和功率扩展因子 $\beta_{\text{PDSCH}}^{\text{DMRS}}$ 相乘以满足传输功率的要求。如果是多天线的情况，还要进行正交码相乘，生成多个正交的 DMRS 序列，如式（9-18）所示。

$$a_{k,l}^{(p,\mu)} = \beta_{\text{PDSCH}}^{\text{DMRS}} w_f(k') w_t(l') r(2n + k') \qquad (9\text{-}18)$$

其中，l 是 DMRS 的时间索引，k' 是 CDM 组内的偏移量，$w_f(k')$ 是频域的正交码，$w_t(l')$ 是时域的正交码，这些参数在协议中都有定义，详细内容可参考 TS 38.211 的表 7.4.1.1.2-1 和表 7.4.1.1.2-2。

2）前置 DMRS 和附加 DMRS

5G 中设计了两种 DMRS：前置 DMRS 和附加 DMRS。附加 DMRS 是在高速移动场景下增加 DMRS 分布，以减少信道估计误差。前置 DMRS 和附加 DMRS 的示意如图 9-35 所示。

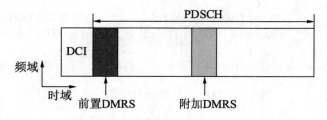

图 9-35　前置 DMRS 和附加 DMRS 示意

在时隙中，前置 DMRS 分配在调度资源的前面，主要用于降低系统时延。将 DMRS 映射的符号位置尽量提前，可以使接收端尽快地进行信道估计，只要接收端完成了信道估计，就可以对收到的数据进行相关解调，而不用等到系统接收完所有数据后才进行解调处理，这也是资源映射时先频域后时域的原因。

前置 DMRS 结构是 5G 中的基本配置，可以实现低时延。前置 DMRS 首次出现的位置应当尽可能靠近 PDSCH 的起始点，以映射到 1 个或 2 个相邻的 OFDM 符号上。只要从前置 DMRS 中获得信道估计，接收端便可立即实现数据区域的数据解调。前置 DMRS 结构可以减少移动通信中的解码时延，低移动场景中的信道相干时间比前置 DMRS 时间段长。

附加 DMRS 用来提供更加精确的信道估计，尽管前置 DMRS 可以降低系统时延，但是其在时域上分布不够密集，不能很好地适应信道的快速变化。为了支持高速移动场景，在一个时隙内可以配置额外的 DMRS 发送时刻，在接收端可以根据这些额外的 DMRS 进行更加准确的信道估计。

附加 DMRS 主要应用在高速移动场景中，在该场景中，信道环境状态随着时间快速变化，相干时间变小。当相干时间小于一个时隙时，如果只分配前置 DMRS，尽管数据区域的信道信息可以通过插值得到，但是信道估计的准确度会随着移动速度的提高而严重降低，给系统的数据解调带来较高的误码率，此时就需要增加 DMRS 的时域密度，加入附加 DMRS 来提升解调性能，系统根据需要可以在更多的位置进行 DMRS 配置。

附加 DMRS 一般位于时隙的中间，具体的资源位置由系统调度分配。附加 DMRS 的时域分布密度和高速移动场景中用户的运动速度有关。例如，运动速度是 500km/h 的用户比 300km/h 的用户需要的附加 DMRS 时域密度更高，对于附加 DMRS 来说，运动速度越高，时域分布密度就越大，同时，频域的分布密度可以适当减少，可以小于前置 DMRS 的频域密度，以降低系统的资源开销。

3）时域映射类型：Type A 和 Type B

为了满足 uRLLC 场景中的超低时延要求，在 5G 中设计了两种 DMRS 的时域映射类型：Type A 和 Type B。图 9-36 是两种映射的示意。

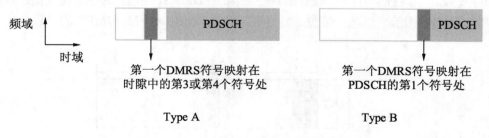

图 9-36　Type A 和 Type B 映射类型示意

- Type A：基于时隙的调度类型，DMRS 起始符号在时隙内的第 3 个或第 4 个 OFDM

符号上，DMRS 的映射根据时隙边界映射，此时的数据占用的了大部分的时隙资源，对应的 PDSCH 有 4～14 个符号。

- Type B：基于微时隙调度类型，DMRS 起始符号在数据调度资源的第 1 个 OFDM 符号上，位于实际数据传输资源的边界，此时的数据只占用时隙的很少一部分资源，用于小数据传输，实现超低时延的通信业务要求。

4）频域映射类型：Type 1 和 Type 2

在多天线应用场景中，为了支持更多的天线端口，引入了单符号和双符号的 DMRS。如图 9-37 所示为 Type A 下的单符号和双符号 DMRS 映射示意。

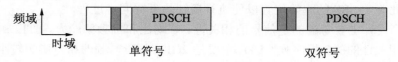

图 9-37　Type A 下的单符号和双符号 DMRS 映射示意

通过复用技术，可以获得更多的正交 DMRS，5G 设计了频域 DMRS 配置类型 Type 1 和 Type 2，一般情况下默认配置为 Type 1。

- Type 1 有 2 组 CDM，每个 CDM 组内有两个频域正交码。对单符号的 DMRS 序列，每个 CDM 组内有 1 个时域正交码，可得到最多 4 个正交的 DMRS 序列；对双符号的 DMRS，每个 CDM 组内有 2 个时域正交码，最多有 8 个正交的 DMRS 序列。
- Type 2 有 3 组 CDM，每个 CDM 组内有 3 组频域正交码。对单符号的 DMRS，每个 CDM 组内有 1 个时域正交码，最多有 6 个正交的 DMRS 序列，对双符号的 DMRS，每个 CDM 组内有 2 个时域正交码，最多有 12 个正交的 DMRS 序列。

图 9-38 所示为单符号情况下 Type 1 和 Type 2 频域映射示意。

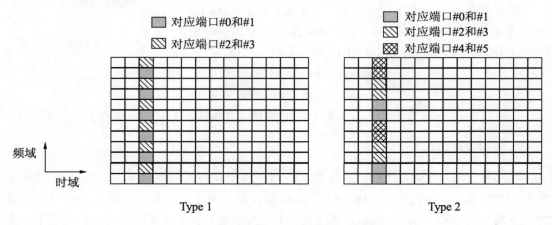

图 9-38　单符号情况下 Type 1 和 Type 2 频域映射示意

9.7.3 同步信号

1．主同步信号

主同步信号（PSS）是用户刚开机需要进入网络时，第一个需要检测的信号。下行同步首先需要进行 PSS 检测，实现下行的时频同步。和 LTE 相同，PSS 检测还可以得到物理小区组内标识 $N_{ID}^{(2)}$，并且由于 PSS 和 SSS 的时频位置在 SSB（SS/PBCH）块中是固定的，可以由此确定 SSS 的起始位置以便执行后续的下行同步过程。

PSS 序列设计主要考虑的是信号的相关性、峰均比和抗频偏能力。LTE 中的 PSS 采用了有较高自相关性的 ZC 根序列，LTE 主要是 2GHz 频段，频偏相对影响较小，而 5G 的 FR2 频段工作范围是 5～60GHz，频率越高，系统中的频偏就越大。ZC 根序列在系统有频偏时，自相关性会受到影响，相关峰值会降低，从而导致漏检的情况增大。为了消除频偏带来的影响，在 5G 中 PSS 信号采用了 m 序列，在初始接入有较大频偏时，通过增加 m 序列长度的方法可以取得较好的检测性能。

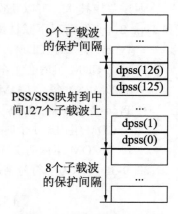

图 9-39　PSS 频域映射示意

5G 分配给同步信号的带宽是 LTE 的 2 倍，PSS 映射到 12 个 PRB 中间连续的 127 个子载波上，实际占用了 144 个子载波，所在频域的两端有 8 个或 9 个子载波作为保护带，保护带内的发射功率为 0。如图 9-39 所示为 PSS 的频域分布，在 5G 中定义了 3 个长度为 127 的 m 序列 {dpss(0), dpss(1)，…，dpss(126)}。

频域序列 dpss(n) 的生成方式如式（9-19）所示，$x(m)$ 是一个长度为 127 的 m 序列，由式（9-20）生成，初始值 $[x(0), x(1), x(2), x(3), x(4), x(5), x(6)]=[0,1,1,0,1,1,1]$。

$$\begin{cases} dpss(n)=1-2x(m) \\ m=(n+43N_{ID}^{(2)})\bmod 127, 0\leqslant n<127 \end{cases} \tag{9-19}$$

$$x(i+7)=(x(i+4)+x(i))\bmod 2 \tag{9-20}$$

2．辅同步信号

辅同步信号即 SSS，下行同步检测 SSS 时可以得到小区组标识 $N_{ID}^{(1)}$。5G SSS 使用长度为 127 的 BPSK 调制的 Gold 码序列，Gold 序列是由两个长度为 127 的 m 序列异或生成的，生成公式如式（9-21）所示。该序列具有较好的自相关和互相关特性，构造简单，并且产生的序列数比 m 序列多，可以生成 336 个 SSS 序列。$x_0(n)$ 和 $x_1(n)$ 由式（9-22）生成，两个 m 序列的初值均为 $[x(0), x(1), x(2), x(3), x(4), x(5), x(6)]=[1,0,0,0,0,0,0]$，SSS 的频域分布和 PSS 相同。

$$\begin{cases} dsss(n)=[1-2x_0((n+m_0)\bmod 127)][1-2x_1((n+m_1)\bmod 127)] \\ m_0=15\left\lfloor\dfrac{N_{ID}^{(1)}}{112}\right\rfloor+5N_{ID}^{(2)}, m_1=N_{ID}^{(1)})\bmod 112,0\leqslant n<127 \end{cases} \tag{9-21}$$

$$\begin{cases} x_0(i+7)=(x_0(i+4)+x_0(i))\bmod 2 \\ x_1(i+7)=(x_1(i+1)+x_1(i))\bmod 2 \end{cases} \tag{9-22}$$

SSS 和 PSS 共定义了 1008 个物理小区 ID（PCI），$N_{ID}^{cell}=3*N_{ID}^{(1)}+N_{ID}^{(2)}$，取值范围为 0～1007。明显 5G 的 PCI 比 LTE 大了很多，满足 5G 密度更大的应用场景需求。

PSS 是用户接入 5G 系统的第一个物理信号。当用户成功解出 PSS 时，可以完成符号级别的时间同步，知道了一个符号长度。根据 SSB 的时频结构，用户也可以知道 SSS 和 MIB 消息在哪个符号上，通过对 SSS 信号的检测，完成 PCI 计算，进一步检测 PBCH DMRS，由信号的相关性盲检 DMRS，可以确定 SSB 索引的全部或者部分信息及半帧信息。

PBCH DMRS 检测完成后，用户获得的信息由 SSB 块数来决定。

- 当 L_{max}=4 时，用户可获得 SSB 的索引信息和半帧信息，实现半帧同步，也确定了无线帧的起始位置，但此时还不能确定系统帧号（SFN）。
- 当 L_{max}=8 时，用户可以获得 SSB 索引信息，可以实现半帧同步，但不能确定目前是无线帧的前半帧还是后半帧，不能确定系统帧号。
- 当 L_{max}=64 时，用户可获得 SSB 索引最低的 3bit，SSB 索引的高 3 位信息、半帧信息、无线帧的起始位置和系统帧号等不能确定。

从 PBCH DMRS 中不能获取的信息，都需要进一步解调 PBCH 来获得。

9.7.4　相位跟踪参考信号

相位噪声会破坏 OFDM 系统的正交性，LTE 中使用的频段较低，这种噪声影响不大，但在 6GHz 以上的频段，相位噪声的影响比较严重。为了解决这个问题，在 5G 中引入了相位跟踪参考信号（Phase-Tracking Reference Signals，PTRS），跟踪接收机和发射机本地振荡器的相位。一般在 6GHz 以上的高频段和 DMRS 中配合使用 PTRS，6GHz 以下的频段不使用 PTRS。PTRS 由系统配置，并在 PUSCH 和 PDSCH 上启用。

相位噪声对频域上所有子载波的相位偏移影响基本相同，但在不同符号上的影响比较大，因此 PTRS 在时域上有较高的分布密度，频域分布密度较低，以实现相位的跟踪。如果系统配置了 PTRS，则 PTRS 和相应的数据传输信道（PUSCH 或 PDSCH）及 DMRS 有关，PTRS 和一个 DMRS 端口相关联，只在调度的时频资源上使用。

在资源映射方面，PTRS 时域有 4 种分布情况：没有配置 PTRS、每个符号都有 PTRS（时域密度为 1）、间隔 1 个符号有 PTRS（时域密度为 2）或间隔 3 个符号有 PTRS（时域密度 4）。PTRS 频域分布有 3 种情况：没有配置 PTRS、间隔 1 个 RB 的子载波上配置 PTRS

或间隔 3 个 RB 的子载波上配置 PTRS。图 9-40 所示为 PUSCH 采用 CP-OFDM 时的 PTRS 配置情况，PTRS 的时域分布是从 PUSCH 开始调度的位置配置，直到 PUSCH 结束，PTRS 的时域密度为 2；PTRS 的频域分布是在间隔 1 个 RB 的子载波上配置 PTRS。

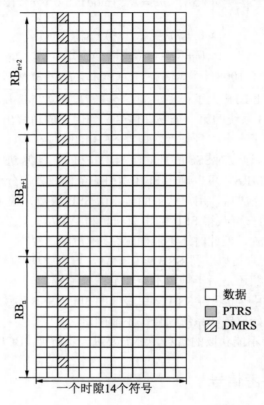

图 9-40　PUSCH 使用 CP-OFDM 时的 PTRS 配置情况示意

9.7.5　探测参考信号

5G 中的 SRS 和 LTE 中的 SRS 的作用相同，主要用于估计上行信道的状态并实现上行同步，在上下行信道互易时，可以用来获取下行信道的状态。在时域上，SRS 传输占用时隙最后 6 个 OFDM 符号中连续 1 个、2 个或 4 个 OFDM 符号；在频域上，SRS 需要探测整个带宽。虽然 5G 的 BWP 最大为 275 个 PRB，但是 SRS 在频域的 PRB 数目是 4 的整数倍，所以 SRS 在频域以梳齿（Comb）结构分布在 4 ～272 个 PRB 上，以间隔 1 个或 3 个子载波进行映射，也可以称为 Comb2 或 Comb4 结构。如图 9-41a 所示为时域占用 1 个符号，频域为 Comb2 结构的 SRS 示意，图 9-41b 所示为时域占用 2 个符号，频域为 Comb4 结构的 SRS 示意。